高职高专"十三五"规划教材

PLC 原理与编程方法
（松下 & 西门子 S7 – 200）

汪明添　编著

U0271764

北京航空航天大学出版社

内 容 简 介

市场上可编程序控制器机型很多,本书以松下 FP0 作为主修内容,同时也用相当的篇幅介绍了西门子 S7‑200。对于这两种不同类型的 PLC,本书既强调其共性,也注重各自特点,在内容编排上互有侧重,相互联系,对于拓宽学生思维、学习不同类型 PLC 的原理及编程起到举一反三作用。

本书对 PLC 的系统特点、工作原理、指令系统做了详细讲解,突出了程序设计的方法。主要内容包括 PLC 的基础、PLC 的基本指令和控制要点、PLC 的程序设计方法、PLC 的高级指令和设计举例、西门子 PLC、变频器和触摸屏实训环节。

本书可作为高职高专院校电类和机电一体化等专业的教材,也可作为工程技术人员的参考书。

图书在版编目(CIP)数据

PLC 原理与编程方法：松下 & 西门子 S7‑200 / 汪明添编著. -- 北京 ：北京航空航天大学出版社,2017.1

ISBN 978‑7‑5124‑2325‑1

Ⅰ. ①P… Ⅱ. ①汪… Ⅲ. ①PLC 技术 Ⅳ.
①TM571.61

中国版本图书馆 CIP 数据核字(2016)第 307491 号

PLC 原理与编程方法
(松下 & 西门子 S7‑200)

汪明添　编著

责任编辑　董立娟

*

北京航空航天大学出版社出版发行

北京市海淀区学院路 37 号(邮编 100191)　http://www.buaapress.com.cn
发行部电话:(010)82317024　传真:(010)82328026
读者信箱: emsbook@buaacm.com.cn　邮购电话:(010)82316936
北京市同江印刷有限公司印装　各地书店经销

*

开本:710×1 000　1/16　印张:15.75　字数:336 千字
2017 年 3 月第 1 版　2017 年 3 月第 1 次印刷　印数:3 000 册
ISBN 978‑7‑5124‑2325‑1　定价:39.00 元

前　言

可编程序控制器（PLC）是以微处理器为核心，融合大规模集成电路技术、自动控制技术、计算机技术、通信技术为一体的新型工业自动化电子系统装置。PLC 是现代工业自动化的三大支柱之一，对传统的技术改造和发展新型工业具有重大意义。

市场上可编程序控制器机型很多，本书以松下 FP0 作为主修内容，在此基础上，也用相当的篇幅介绍了西门子 S7 - 200。对于这两种不同类型的 PLC，本书既强调其共性，也注重各自特点，在内容编排上互有侧重，相互联系，对于拓宽学生思维、学习不同类型 PLC 的原理及编程起到举一反三作用。

本书由贵州电子信息职业技术学院汪明添老师编著。编者长期从事高职高专可编程序控制器的教学和应用工作，注重基础性和实用性相结合。传统的 PLC 教材先讲理论指令等，后讲实例应用；项目式教材先列项目，然后理论指令等插在其中。本书在两者间择中，理论指令等与对应实例按知识结构相对集中，从而使教师有实例好教、学生好学。

本教材在编写的过程中力求突出以下特点：

① 从实际应用出发，以松下 FP0 为例，对 PLC 的系统特点、工作原理做了详细说明，对指令系统，特别是应用较多的指令做了详细介绍。

② 程序设计是 PLC 应用的关键问题。结合高职高专教学的特点，本教材系统介绍了 PLC 的程序设计方法，包括梯形图经验设计方法、继电器电路图替换法、时序图设计法、逻辑设计法、顺序控制设计法和功能指令应用法。这些方法易学易懂，掌握后能给开关量控制系统的梯形图设计带来很大的方便，力争使学生对 PLC 项目或比赛题的编程有规律、有思路。

本书实训部分介绍了配合 PLC 工作的变频器和触摸屏的基本原理和操作。书中 PLC 的程序均可上机操作模拟运行，使读者能在实际操作中较好地理解掌握知识。

为了叙述方便，本书采用了 3 个符号，即"◎"、"＃"、"[　]"。文字符号前不加前

缀符表示线圈,加"◎"前缀表示动合触点,加"♯"前缀表示动断触点,文字符号后加
"[ ]"表示电气元件所在的图区或编程元件所在的梯级或段。例如,"◎KM₁(1-3)
[4]"表示动合触点在图区 4;"X0[3]"表示输入继电器线圈在梯级 3,"◎X0[5]"表示
输入继电器 X0 的动合触点在梯级 5。

　　本教材共分 6 章,分别为 PLC 的基础、PLC 的基本指令和控制要点、PLC 的程
序设计方法、PLC 的高级指令和设计举例、西门子 PLC、变频器和触摸屏实训环节。

　　本书编写过程中参考了大量文献和书籍,在此对这些文献的作者深表感谢。

　　由于编者的水平有限,并且 PLC 新技术、指令、功能、机型不断出现,本书难免有
欠妥之处,真诚希望广大读者批评指正、完善和更新。

　　本书配有免费电子课件,并可提供西门子仿真软件包,读者可与作者(邮箱:
wmt8899@sina.com)联系索取。

编者

2017 年 2 月

目　录

项目目录

第 **1** 章

PLC 的基础

1.1 PLC 的基础知识

1.1.1 PLC 的定义、特点与应用

1. PLC 的定义

PLC 是在继电器控制技术、计算机技术和现代通信技术的基础上逐步发展起来的一项先进的控制技术。在现代工业发展中,PLC 技术、CAD/CAM 技术和机器人技术并称为现代工业自动化的三大支柱。PLC 主要以微处理器为核心,用编写的程序进行逻辑控制、定时、计数和算术运算等,并通过数字量和模拟量的输入/输出(I/O)来控制各种生产过程。

PLC 是一种由程序指挥的控制器,程序由电气技术人员根据被控机器的控制要求而编写,简称可编程序控制器。国际电工委员会(IEC)1987 年将其定义为:"可编程序控制器是一种数字运算操作的电子系统,专为在工业环境下的应用而设计。它采用可编程序的存储器,用来在其内部存储执行逻辑运算、顺序控制、定时、计数和算术运算等指令,并通过数字式或模拟式的输入/输出接口,控制各种类型的机器设备或生产过程"。

目前,我国设备上使用较多的 PLC 主要有德国的西门子公司,日本的三菱公司、松下公司和欧姆龙公司等的产品,美国的 AB 公司和 GE 公司也有产品在我国使用。不同公司产品的程序指令各有不同,因此,应用任何一种不同公司的 PLC 产品时,都需要提前学习。

世界上第一台 PLC 是由美国数字设备公司(DEC 公司)在 1969 年为美国通用

汽车公司的生产线研制的,以后经过不断改进与发展,在 1970—1980 年进入结构定型,当时主要面向机床、生产线的应用。从 1980 年开始,PLC 应用开始普及,PLC 应用向顺序控制的各个工业领域扩展。到了 1990 年,PLC 逐渐实现多功能与小型化,其应用也由顺序控制向现场控制拓展。从 2000 年至今,PLC 继续向高性能与网络化发展,应用面向全部工业自动化控制领域。目前,PLC 已广泛应用于钢铁、采矿、石油、化工、电力、电子、机械制造、汽车、船舶、装卸、造纸、纺织、环保等行业中。

2. PLC 的特点

PLC 从开始研制到成熟应用只有短短几十年,作为工业自动控制的核心器件,其在工业自动控制领域应用非常广泛,很大程度上在于它具备以下两个优势:一是强大的功能与很高的可靠性,二是 PLC 的程序编写思路与继电器控制电路很相似,容易为电气技术人员所掌握。因此,PLC 深受电气技术人员的欢迎。

PLC 的特点简单归纳如下.

① 可靠性高。PLC 可适应不同的工业环境,抗外部干扰能力强,无故障时间长,系统程序与用户程序相对独立,不容易发生死机现象。

② 使用灵活。PLC 以基本单元加扩展模块的形式,来满足更多的接口需要与多功能需要。

③ 编程容易。PLC 编程语言面向电气技术人员,采用与继电器控制电路相似的梯形图(或顺序控制流程图)进行设计,简洁直观,易于理解和掌握。

④ 安装、调试、维修方便。PLC 只需要在输入/输出接口接线,外部连接线少;有自诊断和动态监控功能,方便调试,可现场进行程序调整与修改。

⑤ 设计施工周期短。

用 PLC 完成一项控制工程时,在系统设计完成以后,现场控制柜(台)等硬件的设计、现场施工和 PLC 程序设计可以同时进行。PLC 的程序设计可以在实验室模拟调试。输入信号可通过外接小开关送入,输出信号通过观察 PLC 主机面板上相应的发光二极管获得。程序设计好后,再将 PLC 安装在现场统调。

PLC 用软件取代了继电接触器控制系统中大量的中间继电器、时间继电器、计数器等低压电器,从而使整个的设计、安装、接线工作量大大减少。又由于 PLC 程序设计和硬件的现场施工可同时进行,因此大大缩短了施工周期。

3. PLC 的应用

从应用类型看,PLC 的应用大致可归纳为以下几个方面:

① 开关量逻辑控制:利用 PLC 最基本的逻辑运算、定时、计数等功能实现逻辑控制,可以取代传统的继电器控制,用于单机控制、多机群控制、生产自动线控制等。例如,机床、注塑机、印刷机械、装配生产线、电镀流水线及电梯的控制等。这是 PLC 最基本的应用,也是 PLC 最广泛的应用领域。

② 运动控制:大多数 PLC 都有拖动步进电机或伺服电机的单轴或多轴位置控

制模块。

③ 过程控制:大、中型 PLC 都具有多路模拟量 I/O 模块和 PID 控制功能,有的小型 PLC 也具有模拟量输入/输出。所以 PLC 可实现模拟量控制,而且具有 PID 控制功能的 PLC 可构成闭环控制,用于过程控制。这一功能已广泛用于锅炉、反应堆、水处理、酿酒以及闭环位置控制和速度控制等方面。

④ 数据处理:现代的 PLC 都具有数学运算、数据传送、转换、排序和查表等功能,可进行数据的采集、分析和处理;同时,可通过通信接口将这些数据传送给其他智能装置,如计算机数值控制(CNC)设备,进行处理。

⑤ 通信联网:PLC 的通信包括 PLC、PLC 与上位计算机、PLC 与其他智能设备之间的通信,PLC 系统与通用计算机可直接或通过通信处理单元、通信转换单元相连构成网络,以实现信息的交换;并可构成"集中管理、分散控制"的多级分布式控制系统,满足工厂自动化(FA)系统发展的需要。

1.1.2　PLC 的编程语言

PLC 是专为工业自动控制开发的装置,主要使用对象是广大电气技术人员。考虑到传统习惯和技术人员的掌握能力,为利于推广普及,通常 PLC 不采用计算机的编程语言,而采用梯形图语言、助记符语言、逻辑功能图、逻辑方程等。

1. 梯形图语言

作为一种图形语言,梯形图语言将 PLC 内部的各种编程元件和具有特定功能的命令用专用图形符号定义,并按控制要求将有关图形符号按一定规律连接起来,构成描述输入、输出之间控制关系的图形。这种图形称为 PLC 梯形图。

梯形图的许多图形符号与继电器控制系统电路图的对应关系如表 1.1 所列。

表 1.1　符号对照表

项　目	物理继电器	PLC 继电器
线　圈	─□─	[　]
常开触点	─╱─	|　|
常闭触点	─╱─	|/|

图 1.1 是典型的两种控制示意图。梯形图左右两侧垂直的线称作母线(图中右母线省略)。左右侧两母线之间是触点的逻辑连接和线圈的输出,这些触点和线圈都是 PLC 一定的存储单元,即软元件。

PLC 梯形图的一个关键概念是能流,是一种假想的能量流。图 1.1(b)把左边的

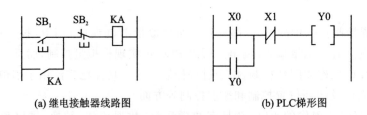

(a) 继电接触器线路图　　　　　　　　(b) PLC梯形图

图 1.1　两种控制图

母线假设为电源"相线",而把右边的母线(右母线省略)假想为电源"零线"。如果有能流从左至右流向线圈,则线圈被激励。如果没有能流,则线圈未被激励。

两种图形所表述的思想是一致的,但具体表述方式及其内涵是有区别的:

(1) 电气符号

继电接触器线路图中的电气符号代表的是一个实际的物理器件,如继电器、接触器的线圈或触点等。图 1.1(a)中的连线是"硬接线",线路图两端有外接电源,连线中有真实的物理电流。PLC梯形图表示的并不是一个实际电路,而是一个控制程序。图 1.1(b)中的继电器线圈、触点实际是存储器中的一位,因此称为"软继电器"。相应位状态为"1",表示该继电器线圈通电,带动自己的触点动作,常开触点闭合,常闭触点断开。相应位状态为"0",表示该继电器线圈断电,其常开、常闭触点保持原状态。PLC梯形图两端没有电源,连线上并没有真实电流流过,仅是"概念"电流(能流)。

(2) 线　圈

继电接触器线路图中的继电器线圈包括时间继电器线圈、中间继电器线圈以及接触器线圈等。PLC梯形图中的继电器线圈是广义的,除了有输出继电器线圈、内部继电器线圈,还有定时器、计数器以及各种运算等。

(3) 触　点

继电接触器线路图中的继电器触点数量是有限的,长期使用有可能出现接触不良。PLC梯形图中继电器的触点对应的是存储器的存储单元,在整个程序运行中是对这个单元信息的读取,可以多次重复使用。因此,可认为PLC内部的"软继电器"有无数个常闭或常开触点来供用户使用,没有使用寿命的限制,无须用复杂的程序结构来减少触点的使用次数。

(4) 工作方式

继电接触器线路图是并行工作方式,也就是按同时执行的方式工作,一旦形成电流通路,可能有多条支路电器同时工作。PLC梯形图是串行工作方式,按梯形图先后顺序自左至右、自上而下执行,并循环扫描,不存在几条并列支路电器同时动作因素。当逻辑继电器状态改变时,其众多触点只有被扫描的触点才会工作。这种串行工作方式可以在梯形图设计时减少许多有约束关系的连锁电路,使电路设计简化。

2. 助记符语言

助记符语言类似于计算机的汇编语言,它采用一些简洁易记的文字符号表示各种程序指令,但比汇编语言简单易学,是应用较多的一种编程语言。助记符语言与梯形图语言相互对应,而且可以相互转换。梯形图语言虽然直观、方便、易懂,但必须配有一个较大的显示器才能输入图形,一般多用于计算机编程环境中。而助记符语言常用于手持编程器,可以通过输入助记符语言在生产现场编制、调试程序。

助记符语言包含两个部分,即操作码、操作数。

操作码表明该条指令应执行的操作种类,如数据传送、算术运算、逻辑运算等;操作数一般由标识符和参数组成。标识符表明输入的是继电器、输出继电器、计数器、定时器等;参数可以是一个常数,如计数器、定时器的设定值等。

与计算机相比,PLC 的硬件、软件体系结构都是封闭的,而不是开放的。因此,各厂家生产的 PLC 除梯形图相似,指令系统并不一致,使 PLC 互不兼容。

3. 逻辑功能图和逻辑方程

在开关量控制系统中,输入和输出仅有两种截然不同的逻辑状态,如触点的接通和断开、脉冲的有和无、电动机的转动和停止等。这种二值变量可以用逻辑函数来描述,而"与"、"或"、"非"是逻辑函数的最基本的表达形式,由这 3 种基本逻辑形式可以组合成任意复杂的逻辑关系。

用逻辑符号描述的 PLC 梯形图称为逻辑功能图。逻辑方程为对应的逻辑函数图表达式。与图 1.2(a)所示"与"门梯形图对应的逻辑功能图如图 1.2(b)所示。

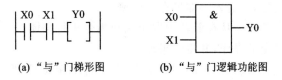

(a)"与"门梯形图　　　　　(b)"与"门逻辑功能图

图 1.2　"与"门梯形图和逻辑功能图

对应与门的逻辑方程为:

$$Y0 = X0 \cdot X1$$

1.1.3　PLC 的基本构成和面板图

1. PLC 的基本构成

PLC 生产厂家很多,产品的结构也各不相同,但它们的基本构成相同,都采用计算机结构,如图 1.3 所示。可见,主要由 6 个部分组成,包括 CPU(中央处理器)、存储器、输入/输出接口电路、电源、外设接口、I/O 扩展接口。

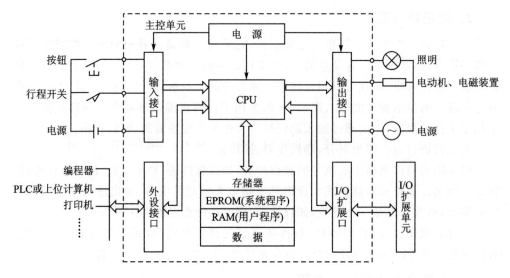

图 1.3　PLC 结构示意图

(1) CPU

CPU 是中央处理器,是 PLC 的核心,相当于人的大脑,是控制指挥的中心。它主要由控制电路、运算器和寄存器组成,并集成在一块芯片上。CPU 通过地址总线、数据总线和控制总线与存储器、输入/输出接口电路相连接,完成信息的传递、转换等。

CPU 的主要功能:

① 接收输入信号,并送入存储器存储起来;

② 按存放指令的顺序从存储器中取出用户指令进行翻译;

③ 执行指令规定的操作,并将结果输出;

④ 接收输入、输出接口发来的中断请求,并进行中断处理,然后再返回主程序继续顺序执行。

PLC 常用的 CPU 主要是通用的微处理器、单片机和双极型位片式微处理器。通用微处理器常用的是 8 位或 16 位,如 Z80A、8080、8085、8086、M68000 等。单片机集成了 CPU、部分存储器和部分 I/O 接口,因此性价比高,多为中小型 PLC 采用。单片机常用的有 8051、8098 等。位片式微处理器主要特点是运算速度快,以 4 位为一片,可以多片级联,组成任意字长的微处理器,因此多为大型 PLC 采用。位片式微处理器常用的有 AM2900、AM2901、AM2903 等。目前,PLC 的位数多为 8 位或 16 位,高档机已采用 32 位,甚至更高位数。

(2) 存储器

PLC 的存储器包括系统存储器和用户存储器两部分。

系统存储器一般存放系统程序。系统程序具有开机自检、工作方式选择、键盘输入处理、信息传递和对用户程序的翻译解释等功能。系统程序关系到 PLC 的性能,由制造厂家用微机的机器语言编写,并在出厂时已固化在 ROM 或 EPROM 芯片中,用户不能直接存取。PLC 的具体工作都是由这部分程序来完成的,这部分程序的多少也决定了 PLC 性能的高低。

用户存储器主要用于存放用户程序、逻辑变量和其他一些信息。用户程序是在采用编程的方式下,用户从键盘输入并经过系统程序编译处理后放在 RAM 中的。它构成 PLC 的各种内部器件,也可称为软件。用户存储器容量的大小关系到用户程序容量的大小和内部器件的多少,是反应 PLC 性能的重要指标之一。

(3) 输入、输出接口电路

输入、输出接口电路是 PLC 与现场 I/O 设备相连接的部件,作用是将输入信号转换为 CPU 能够接收和处理的信号,将 CPU 送出的弱电信号转换为外部设备所需要的强电信号。因此,它不仅能完成输入、输出接口电路信号传递和转换,而且有效地抑制了干扰,起到了与外部电信号的隔离作用。

1) 输入接口电路

输入接口一般接收按钮开关、限位开关、继电器触点等信号。通常,PLC 的开关量输入接口按使用的电源不同有 3 种类型,分别是直流 12~24 V 输入接口、交流 100~120 V 或 200~240 V 输入接口、交直流(AC/DC)12~24 V 输入接口。输入开关可以是无源触点或传感器的集电极开路的晶体管。

直流 12~24 V 输入接口电路如图 1.4 所示。其中,虚线框内为 PLC 内部输入电路。图中只画出了对应一个输入点的输入电路,各个输入点所对应的输入电路相同。外接直流电源极性任意。其中,R1 为限流电阻,R2 和 C 构成滤波电路,发光二极管和光学电三极管封装在一个管壳内,构成光电耦合器。LED 发光二极管指示该点输入状态。当闭合开关 SB 后,光电耦合器的二极管中有电流流过,光电三极管在光信号照射下导通,将开关 SB 闭合的信号送入内部电路,同时发光二极管 LED 点亮,指示现场开关闭合。输入接口电路不仅使外部电路与 PLC 内部电路实现了电的隔离,提高了 PLC 的抗干扰能力,而且实现了电平转换(外部直流电源 24 V,而 CPU 的工作电压一般为 5 V)。

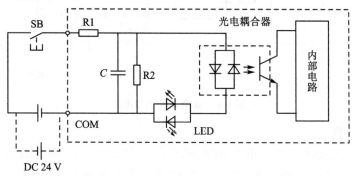

图 1.4　直流输入接口电路

图 1.5 为交直流(AC/DC)12～24 V 输入接口电路。

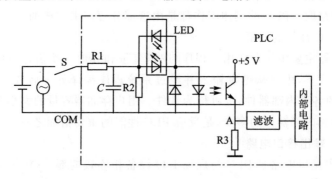

图 1.5　交、直流输入接口电路

2) 输出接口电路

输出接口电路按照 PLC 的类型不同一般分为继电器输出型、晶体管输出型和晶闸管输出型 3 类,以满足各种用户的要求。其中,继电器输出型为有触点的输出方式,可用于直流或低频交流负载;晶体管输出型和晶闸管输出型都是无触点输出方式,前者适用于高速、小功率直流负载,后者适用于高速、大功率交流负载。

图 1.6 为继电器输出型电路。在继电器输出型中,继电器作为开关器件,同时又是隔离器件。图中只画出了对应一个输出点的输出电路,各输出点所对应的输出电路相同。电阻 R 和发光二极管 LED 组成输出状态显示器。KA 为一个小型直流继电器。当 PLC 输出一个接通信号时,内部电路使继电器线圈通电,继电器常开触点闭合使负载回路接通;同时,发光二极管 LED 点亮,指示该点有输出。根据负载要求可选用直流电源或交流电源。

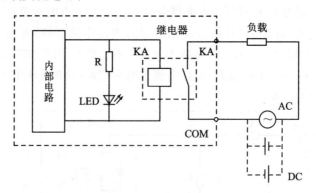

图 1.6　继电器输出型电路

(4) 电　源

PLC 的供电电源一般是市电,也有用直流 24 V 供电的。电源电路将交/直流供电电源转化为 PLC 内部电路需要的(5 V)直流工作电源和 I/O 单元需要的 24 V 直流电源。小型 PLC 电源往往和 CPU 单元合为一体,大中型 PLC 都有专门电源单元。有些 PLC 提供 24 V 直流电源,用于对外部传感器供电,但它的电流往往是毫安级的。

(5) 外设接口

外设接口是指在主机外壳上与外部设备配接的插座。通过电缆线可配接编程器、计算机、打印机、EPROM 写入器、触摸屏等。

(6) I/O 扩展接口

I/O 扩展接口用来扩展输入、输出点数。当用户所需的输入、输出点数超过主机(控制单元)的输入、输出点数时,可通过 I/O 扩展接口与 I/O 扩展单元相接,以扩充 I/O 点数。A/D、D/A 及链接单元一般也通过该接口与主机相接。

2. FP1 可编程序控制器主控单元面板图

日本松下电工株式会社生产的 FP 系列机主要有 FP0、FP1、FP2、FP3、FP5、FP10 等。

FP1 系列机是 PLC 中的小型机产品。产品型号以字母 C 开头来代表主控单元(又称主机),以字母 E 开头代表扩展单元,后面跟的数字代表 I/O 点数。主控单元有 C14～C72 这 6 种,扩展单元有 E8～E40 这 4 种。图 1.7 为 FP1 - C24 可编程序控制器主控单元面板图。

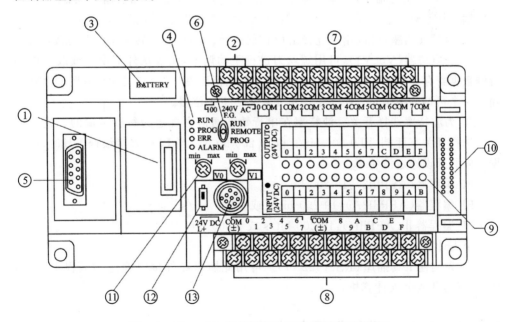

图 1.7　FP1 - C24 可编程序控制器主控单元面板图

下面结合面板图将各部分名称及用途做简单说明。

① 为存储器和主存储器插座,用来连接存储器 EPROM 和主存储器 EEPROM。

② 为电源端子。FP1 主控单元有交流(AC)、直流(DC)两种电源类型,对于交

流型控制单元,该端子接 100~240 V AC;对于直流型控制单元,则接 24 V DC。

③ 为备份电池插座。为了使控制单元在断电后仍能保持信息,控制单元中设有备份用电池,其使用寿命是 3~6 年。如果备份电池电压较低,面板上指示灯 ERR 亮,则提醒应更换电池。

④ 为运行监视指示灯。当运行程序时,RUN 指示灯亮,当执行强制输入/输出命令时,该指示灯闪烁;当控制单元中止执行程序时,PROG 指示灯亮;当发生自诊断错误时,ERR 指示灯亮;当检测到异常情况或 watchdog 定时故障时,ALARM 指示灯亮。

⑤ 为 RS - 232 口(C24、C40、C56、C72 型有)。可用此插口连接有关外设,如智能操作板、条码判读器和串行打印机等。

⑥ 为工作方式选择开关。共有 3 个工作方式档位,RUN 档为运行挡;PROG 档为编辑程序档;REMOTE 档则可使用编程工具(编程器或编程软件)改变可编程序控制器的工作方式为 RUN 或 PROG。

⑦和⑧分别为输出、输入接线端。C24 型主控单元有 8 个输出端子,编号为 Y0~Y7;有 16 个输入端子,分为 2 组(共地),编号为 X0~X7、X8~XF。输出、输入端子板为两条带螺丝可拆卸的板。

⑨ 为 I/O 状态指示灯,用来显示输入、输出的工作状态。当某输入触点闭合时,相应输入指示灯亮。当某输出继电器接通时,相应输出指示灯亮。

⑩ 为扩展插座,可以用来连接 I/O 扩展单元、A/D、D/A 转换单元及链接单元。

⑪ 为电位器(V0、V1),可用螺丝刀进行手动调节,实现从外部设定或改变内部特殊数据寄存器 DT9040、DT9041 的内容,变化范围在 0~255 之间,相当于由外部输入一个可调的模拟量。C24 主控单元只有 2 个电位器。

⑫ 为波特率选择开关。波特率在串行数据通信中规定为每秒传输的二进制位数。选择开关有两档,即 9 600 bit/s 和 19 200 bit/s。当 PLC 外接编程工具时,应根据不同的外设选定波特率。

FP 编程器(AFPlll2):19 200 bit/s。

FP 编程器(AFPlll2A):19 200 bit/s 或 9 600 bit/s。

FP 编程器Ⅱ(AFPlll4):19 200 bit/s 或 9 600 bit/s。

个人计算机:9 600 bit/s。

⑬ 为编程工具插座(RS - 422 口)。可用此插座经外接电缆连接编程工具,如 FP 编程器Ⅱ或个人计算机。

1.1.4　PLC 的性能指标与分类

1. PLC 的性能指标

PLC 的主要性能指标主要有 I/O 点数、程序容量和扫描速度。

(1) I/O 点数

I/O 点数即输入、输出端子的个数,这些端子可通过螺钉与外部设备相连接。I/O 点数是 PLC 的重要指标,I/O 点数越多表明可以与外部相连接的设备越多,控制规模越大。PLC 的 I/O 点数一般包括主机 I/O 点数和最大扩展 I/O 点数。一台主机的 I/O 点数不够时,可外接 I/O 扩展单元。

(2) 程序容量

程序容量决定了存放用户程序的长短。PLC 中的程序是按"步"存放的,一条指令少则一步,多则十几步。一步占用一个地址单元,一个地址单元占用 2 字节(通常一个字节等于 8 个二进制位 bit)。例如,一个程序容量为 1 000 步的 PLC,可推知其容量为 2 KB。一般中、小型 PLC 的程序容量为 8 KB 以下,大型 PLC 程序容量可达几兆字节。

(3) 扫描速度

PLC 基本工作原理是采用循环扫描方式,扫描周期由输入采样、程序执行和输出刷新 3 个阶段构成,主要与用户程序的长短有关。为了衡量 PLC 的扫描速度,一般以执行 1 000 步指令所用的时间作为标准,即 ms/千步,也有时以执行一步所用的时间 μs/步。例如,松下电工的 FP1 型 PLC 的扫描速度均为 1.6 μs/步。

其他主要指标还有指令条数、内部继电器和寄存器、特殊功能及高级模块等。

2. PLC 的分类

PLC 分类方法有多种:

① 从结构上分,PLC 分为固定式(整体式)和组合式(模块式)两种。

固定式 PLC 包括 CPU 板、I/O 板、显示面板、内存块、电源等,这些元素组合成一个不可拆卸的整体。模块式 PLC 包括 CPU 模块、I/O 模块、内存、电源模块、底板或机架,这些模块可以按照一定规则组合配置。

② 按 I/O 点数、内存大小和功能强弱来分,PLC 分为大型、中型和小型 PLC。

➤ 小型 PLC:I/O 点数<256 点;单 CPU,8 位或 16 位处理器,用户存储器容量 4K 字以下。

➤ 中型 PLC:I/O 点数为 256~2 048 点;双 CPU,用户存储器容量 2~8K 字。

➤ 大型 PLC:I/O 点数>2 048 点;多 CPU,16 位、32 位处理器,用户存储器容量 8~16K 字。

1.1.5　PLC 的内部寄存器和工作原理

1. PLC 的内部寄存器

这里以 FP1 为例介绍主控单元内部寄存器的作用、意义和 I/O 分配情况。表 1.2 为 FP1 内部寄存器及 I/O 配置情况。可见,内部寄存器(又称软继电器)大致分为如下几类:外部输入/输出继电器、内部继电器、定时/计数器、数据寄存器、系统寄存器、索引寄存器及常数寄存器。它们分别承担着不同的作用,而且有自己的固定编号。下面根据表1.2 做如下几点说明:

表 1.2　FP1 系列 PLC 控制单元内部寄存器表

名　称	符号(bit/word)	编号		
		C14、C16	C24、C40	C56、C72
输入继电器	X(bit)	208 点:X0～X12F		
	WX(word)	13 字:WX0～WX12		
输出继电路	Y(bit)	208 点:Y0～Y12F		
	WY(word)	13 字:WY0～WY12		
内部继电路(寄存器)	R(bit)	256 点:R0～R15F	1 008 点:R0～R62F	
	WR(word)	16 字:WR0～WR15	63 字:WR0～WR62	
特殊内部继电路(寄存器)	R(bit)	64 点:R9000～R903F		
定时器	T(bit)	100 点:T0～T99		
计数器	C(bit)	28 点:C100～C127	44 点:C100～C143	
定时/计数器设定值寄存器	SV(word)	128 字:SV0～SV127	144 字:SV0～SV143	
定时/计数器经过值寄存器	EV(word)	128 字:EV0～EV127	144 字:EV0～EV143	
数据寄存器	DT(word)	256 字:DT0～DT255	1 660 字:DT0～DT1659	6 144 字:DT0～DT1643
特殊数据寄存器	DT(word)	70 字:DT9000～DT9069		
系统寄存器	(word)	No. 0～No. 418		
索引寄存器	IX(word)	一个字/每个单元,无编号系统		
	IY(word)			
十进制常数寄存器	K	16 位常数(字):K-32768～K32767		
		32 位常数(双字):K-2147483648～K2147483647		
十六进制常数寄存器	H	16 位常数(字):H0～HFFFF		
		32 位常数(双字):H0～HFFFFFFFF		

① X 和 Y 分别表示输入、输出继电器,可以直接和外部设备相连接。X 用来接收外部的控制信号,不能由内部其他继电器对其实施控制。因此,在梯形图中只能出现"输入继电器触点",而不能出现"输入继电电器线圈"。Y 用来存储程序运行结果并输出,决定了外部负载的通、断。

其中,X、Y 是以位(bit)寻址的。X 和 Y 的编号规则如下:最低位用十六进制数(位地址)表示,前 2 位用十进制数(字地址)表示,如图 1.8(a)所示。X0～X12F 共有

208 个继电器,如图 1.8(b)所示。

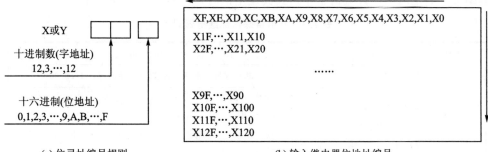

(a) 位寻址编号规则	(b) 输入继电器位地址编号

图 1.8　继电器编号

同样,Y0～Y12F 也有 208 个继电器。这样,FP1 的 I/O 点数共有 416 个点。但受外部接线端子和主控单元驱动能力的限制,最多只能连接二级扩展单元,I/O 最大点数为 152 点(C72 型)。注意,没有输出接线端子的输出继电器可作为内部寄存器使用。

② WX 和 WY 分别是"字"输入继电器和"字"输出继电器,它们都是以字(word)寻址,一个字对应 16 位继电器。WX0～WXl2 内有 13 个字继电器,同样 WY 也有 13 个字继电器。

X 和 WX 的区别是:X 是按位寻址,WX 只能按字(16 位)寻址。例如,WX1 包含了 X10～X1F 共 16 个输入继电器。FP1 运行时,既可按字存取 WX1,也可按位存取 X10～X1F 中任何一个继电器,可用图 1.9 表示 WX 与 X 编号的关系。Y、WY 的编号关系与 X、WX 相同。

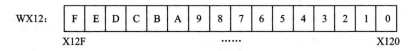

图 1.9　WX 与 X 的关系

③ 表 1.2 中的内部继电器 R、WR 可供用户存放中间变量,其作用与继电接触器控制系统中的中间继电器相似,不能提供外部输出。其中,R 按位寻址,WR 按字寻址。根据主控单元型号不同,继电器的数量不同,因此编号也不同。R 和 WR 之间的编号关系与 X、WX 相同。

从 R9000 开始为特殊内部继电器,它们具有专门的用途,例如,可以作为某种错误或异常的标志,还可以作为多种时钟脉冲继电器等。表 1.3 为常用特殊内部继电器列表。

④ FP1 系列控制单元提供 100 个定时器和 28 个(C14、C16)或 44 个(C24 以上型号)计数器。定时器和计数器的编号是统一编排的,出厂前按照定时器在前、计数器在后进行编排,0～99 号为定时器编号,从 100 号开始为计数器编号。如果不改变

定时/计数器总数,若想调整定时器和计数器的个数,则用户可通过系统寄存器改变其编号。当定时器或计数器工作达到其设定值时,带动自己的触点动作。

表 1.3　常用特殊内部继电器列表

位地址	名　称	功能说明
R9000	自诊断错误	当自诊断错误发生时为 ON,自诊断错误存在 DT9000 中
R9007	操作错误标志(保持)	当操作错误发生时为 ON 且保持此状态,错误地址存在 DT9017 中
R9009	进位标志	出现溢出或移位指令被置为"1"时瞬间为 ON,也可用于数据比较[F60/F61]
R900A	>标志	在数据比较指令[F60/F61]中,当 S1>S2 时,瞬间为 ON,参考[F60/F61]指令说明
R900B	=标志	在数据比较指令[F60/F61]中,当 S1=S2 时,瞬间为 ON,参考[F60/F61]指令说明
R900C	<标志	在数据比较指令[F60/F61]中,当 S1<S2 时,瞬间为 ON,参考[F60/F61]指令说明
R900D	辅助定时器指令	当设定值递减到 0 时变成 ON
R900E	RS - 422 错误标志	当 RS - 422 发生错误时为 ON
R900F	扫描常数错误标志	扫描常数错误发生时为 ON
R9010	常 ON 继电器	常 ON
R9011	常 OFF 继电器	常 OFF
R9012	扫描脉冲继电器	每次扫描交替开闭
R9013	初始为 ON 的继电器	只在运行第一次扫描时为 ON,从第二次扫描开始为 OFF 并保持此状态
R9014	初始为 OFF 的继电器	只在运行第一次扫描时为 OFF,从第二次扫描开始为 ON 并保持此状态
R9015	步进开始为 ON 的继电器	仅在开始时执行步时指令(SSTP)的第一次扫描到来瞬间为 ON
R9018	0.01 s 时钟脉冲继电器	以 0.01 s 为周期重复通/断动作(ON:OFF=0.005 s:0.005 s)
R9019	0.02 s 时钟脉冲继电器	以 0.02 s 为周期重复通/断动作(ON:OFF=0.01 s:0.01 s)
R901A	0.1 s 时钟脉冲继电器	以 0.1 s 为周期重复通/断动作(ON:OFF=0.05 s:0.05 s)
R901B	0.2 s 时钟脉冲继电器	以 0.2 s 为周期重复通/断动作(ON:OFF=0.1 s:0.1 s)
R901C	1 s 时钟脉冲继电器	以 1 s 为周期重复通/断动作(ON:OFF=0.5 s:0.5 s)
R901D	2 s 时钟脉冲继电器	以 2 s 为周期重复通/断动作(ON:OFF=1 s:1 s)
R901E	1 min 时钟脉冲继电器	以 1 min 为周期重复通/断动作(ON:OFF=30 s:30 s)
R9020	运行方式标志	当 PLC 方式置为 RUN 时为 ON

续表 1.3

位地址	名　称	功能说明
R9026	信息标志	当信息显示指令 MSG(F149) 执行时为 ON
R9027	远程方式标志	当方式选择开关置为 REMOTE 时为 ON
R9029	强制标志	在强制通/断操作期间为 ON
R902A	中断标志	当允许外部中断时为 ON，参见 INTL 指令说明
R902B	中断错误标志	发生中断错误时为 ON
R9032	RS-232C 口选择标志	在系统寄存器 No.412 中，当 RS-232 口被置为 GENERAL (K2) 时为 ON
R9033	打印输出标志	在 F147(PR) 指令执行期间为 ON 状态，参见 F147(PR) 指令
R9036	I/O 链接错误标志	正在与 S-LINK 输入/输出单元通信时为 ON
R9037	RS-232C 错误标志	当 RS-232C 错误发生时为 ON
R9038	RS-232C 接收标志 (F144)	在串行数据通信时，接收到结束符后置 1
R9039	RS-232C 发送标志 (F144)	在串行数据通信时，发送结束后置 1。在串行数据通信时，请求发送时置 0
R903A	高速计数器 CHO 控制标志	正在执行高速计数器指令(F166～F170)时为 ON
R903B	高速计数器 CH1 控制标志	正在执行高速计数器指令(F166～F170)时为 ON
R903C	高速计数器 CH2 控制标志	正在执行高速计数器指令(F166～F170)时为 ON
R903D	高速计数器 CH3 控制标志	正在执行高速计数器指令(F166～F170)时为 ON

SV 寄存器是定时/计数器的设定值寄存器，其编号与定时/计数器一一对应。

EV 寄存器是定时/计数器的经过值寄存器，其编号与定时/计数器一一对应。

程序中没有使用的定时器或计数器，其对应的 SV 和 EV 寄存器可以作为数据寄存器使用。

⑤ 数据寄存器 DT 用于存放各种数据，例如，从外设采集进来的数据或运算、处理的结果。数据寄存器只能按字(16 位)存取。

从 DT9000 开始为特殊数据寄存器，它们具有特殊的功能，例如，用作存储高速计数器的经过值、目标值，用作存储时钟/日历数据等。表 1.4 为部分常用特殊数据寄存器列表。

⑥ 系统寄存器专门用于对系统设置。表 1.5 为部分系统寄存器列表。

⑦ FP1 内有 2 个 16 位的索引寄存器 IX、IY，可以作为数据寄存器使用，也可用作对寄存器地址及常数的修正。

⑧ 常数寄存器 K 和 H 主要用来存放 PLC 输入数据，K 为十进制常数寄存器，H 为十六进制常数寄存器。十进制、十六进制常数字头分别用 K、H 表示。它们的数值范围已在表 1.2 列出。

表 1.4　部分常用特殊数据寄存器列表

地　址	名　称	说　明
DT9000	自诊断错误代码寄存器	自诊断错误发生时,错误代码存入 DT9000
DT9014	辅助寄存器(用于 F105 和 F106 指令)	当执行 F105 或 F106 指令时,移出的十六进制数据位被存储在该寄存器十六进制位置 0(即位址 0~3)处;参考 F105 和 F106 指令的说明
DT9015	辅助寄存器(用于 F32、F33、F52 和 F53 指令)	当执行 F32 或 F52 指令时,除得余数被存于 DT9015 中;当执行 F33 或 F53 指令时,除得余数低 16 位存于 DT9015 中。参见 F32、F52、F33 和 F53 指令的说明
DT9016	辅助寄存器(用于 F33 和 F53 指令)	当执行 F33 或 F53 指令时,除得余数高位存于 DT9016 中。参见 F33 和 F53 指令的说明
DT9040	手动拨盘寄存器(V0)	电位器的值(V0、V1、V2 和 V3)存于 C14 和 C16 系列 V0:　V0 DT9040
DT9041	手动拨盘寄存器(V1)	C24 系列:　　　　　V0 DT9040 　　　　　　　　　　V1 DT9041
DT9042	手动拨盘寄存器(V2)	C40、C56 和 C72 系列:　V0 DT9040 　　　　　　　　　　V1 DT9041
DT9043	手动拨盘寄存器(V3)	V2 DT9042 　　　　　　　　　　V3 DT9043

表 1.5　部分系统寄存器列表

位址号	分　类	定　义	默认值	设定范围及说明
0	用户存储区设定	程序容量设定	K1/K3/K5	K1:C14/C16(900 步) K3:C24/C40/FP - M 2.7K 型(2 720 步) K5:C56/C72/FP - M 5K 型(5 000 步)
4		电池失效检测指令	K0	0:使能;1:禁止
5	内部 I/O 设定	计数器的起始号码	K100	C16:0~128 C24/C40/C56/C72/FP - M:0~144
6		定时/计数器保持区域的起始号	K100	C16:0~128 C24/C40/C56/C72/FP - M:0~144
7		内部继电器保持区域的起始号码	K10	C24/C40/C56/C72/FP - M:0~63
8		数据寄存器保持区域的起始号码	K0	C16:0~256 C24/C40/FP - M 2.7K 型:0~1 660 C56/C72/FP - M 5K 型:0~6 144
14		步进位址的保持与非保持设定	K1	0:保持;1:非保持

2. PLC 的基本工作原理

PLC 的工作方式为循环扫描方式。PLC 的工作过程大致分为 3 个阶段,即输入采样、程序执行和输出刷新。PLC 重复地执行这 3 个阶段,周而复始。每重复一次的时间称为一个扫描周期。

(1) 输入采样

PLC 在系统程序控制下以扫描方式顺序读入输入端口的状态(如开关的接通或断开),并写入输入状态寄存器,此时输入状态寄存器被刷新,接着转入程序执行阶段。在程序执行期间,即使输入状态发生变化,输入状态寄存器的内容也不会改变。输入状态的改变只能在下一个扫描周期输入采样到来时,才能重新读入。因此,如果输入是脉冲信号,则该脉冲信号的宽度必须大于一个扫描周期,才能保证在任何情况下该输入均能被读入。

(2) 程序执行

PLC 按照梯形图先左后右、先上后下的顺序扫描执行每一条用户程序。执行程序时所用的输入变量和输出变量是在相应的输入状态寄存器和输出状态寄存器中取用,运算的结果写入输出状态寄存器。

在用户程序执行过程中,只有输入点在 I/O 状态寄存器内的状态和数据不会发生变化,而其他输出点和软设备在 I/O 状态寄存器或系统 RAM 存储区内的状态和数据都有可能发生变化,而且对于排在上面的梯形图,其程序执行结果会对排在下面的凡是用到这些线圈或数据的梯形图起作用;相反,对于排在下面的梯形图,其被刷新的逻辑线圈的状态或数据只能到下一个扫描周期才能对排在其上面的程序起作用,这就有一定的滞后性。为了解决这个问题,有的 PLC 支持立即 I/O 指令,即在程序执行的过程中可以读取外部信号,而不是读取 I/O 映像区内的数据,就如同在程序和外部信号之间建立了一条绿色通道。

(3) 输出刷新

扫描用户程序结束后,PLC 就进入输出刷新阶段。在此期间,CPU 按照 I/O 状态寄存器对应的状态和数据刷新所有的输出锁存电路,再经输出电路驱动相应的外设。这时才是 PLC 的真正输出。

上述 3 个阶段构成了 PLC 的一个工作周期。实际上 PLC 的扫描工作还要完成自诊断,与编程器、计算机等进行通信,如图 1.10 所示。自诊断即检查各部件是否工作正常,这部分工作是由厂家编写的系统程序完成的。通信即 PLC 与上位机或其他联网设备传递信息的过程。这 5 个工作阶段构成了一个扫描周期。一般扫描时间长

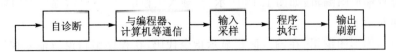

图 1.10　PLC 工作过程图

短主要取决于程序的长短,通常扫描周期为几十毫秒,这对工业控制对象来说几乎是瞬间完成的。

1.2　FPWIN GR 编程软件简介

1.2.1　基本操作

1. PLC 的启动

PLC 的启动步骤如下:

① 启动 FPWIN GR 程序。

② 程序启动后,弹出的界面如图 1.11 所示,有 3 个选项,按需要选择,此处选择创建新文件。

③ 选择机型。如图 1.12 所示,按所用 PLC 的机型来选择机型型号。单击 OK 进入程序。

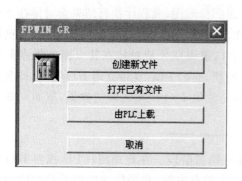

图 1.11　FPWIN GR 选择启动菜单

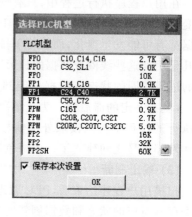

图 1.12　选择 PLC 机型

2. PLC 的程序编辑

步骤如下:

① 在 FPWIN GR 程序界面打开视图菜单,如图 1.13 所示。

➢ 符号梯形图编辑:如图 1.13 所示,在输入区栏中显示符号,程序编辑窗口输入梯形图。

➢ 布尔梯形图编辑:在输入区栏显示指令代码,在程序编辑窗口输入梯形图。

➢ 布尔非梯形图编辑:在输入区栏显示指令代码,在程序编辑窗口输入指令表。

从 3 种编辑方式选择任一种编辑方式输入后均可转换到另两种编辑方式下

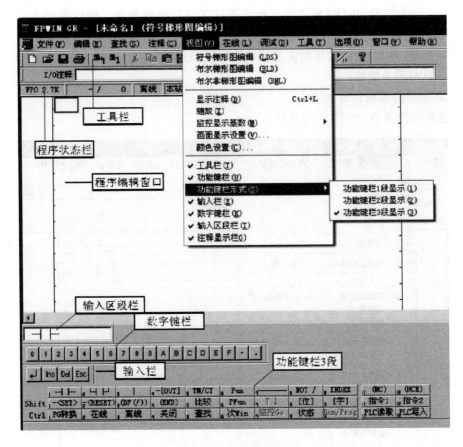

图 1.13　视图菜单选择

显示：

> 显示注释：当程序中有注释输入时，控制注释的显示和隐藏。

> 缩放：可选择程序编辑窗口的缩放比例。

> 监控显示基数：选择程序数据监控时默认的基数。

② 工具栏工具按钮功能如下：

> 由 PLC 上载：要从所连接的 PLC 内部读出程序时，选择此项。

> 下载到 PLC：将 PLC 中的程序下载到 PLC 中。

> 离线切换、在线切换：PLC 的编辑方式有两种，离线编辑方式和在线编辑方式。在离线编辑方式下改写 PLC 程序，PLC 内部程序并不改变，程序改变后必须重新下载才能运行新程序。在线编辑方式下工作时需要注意：

● 若 PLC 处于 PROG 模式下，则可以改写 PLC 内部程序，但程序并不直接运行，在程序状态栏显示"PLC=遥控 PROG"的状态下进行。

● 若在 RUN 模式下，则可直接改写 PLC 内部程序，程序状态栏显示"PLC=遥控 RUN"的状态下进行，PLC 按照改写后的程序继续进行处理。其中，

RUN 和 PROG 模式的切换可通过工具栏按钮实现。所以在修改程序时最好改为离线、PROG 模式。

➢ 启动/停止监控:按下时为监控状态,可通过软件监控 PLC 内部运行情况,弹出时停止监控。

③ 程序的编辑步骤如下:

选择编辑菜单,如图 1.14 所示。

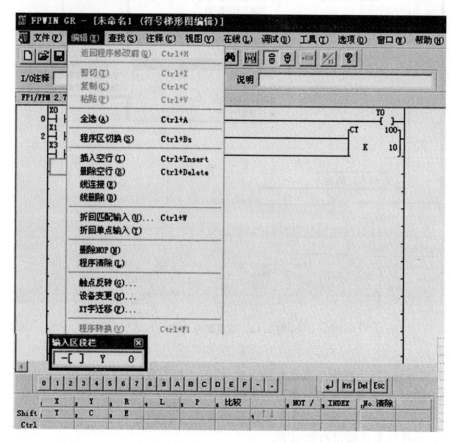

图 1.14　编辑菜单窗口

➢ 返回程序修改前:当程序被修改后选择此选项、则程序刚刚被修改、背景为灰色的部分被删除。

➢ 取消程序转换:程序刚刚转换后选择此选项,则刚刚转换的程序背景由白色变为灰色,转换被取消。

➢ 剪切:当程序被转换后,程序区无灰色背景色部分时此项可用。

➢ 插入空行:在光标所在处上方插入一空行。

➢ 删除空行:删除光标所在处的空行。

➢ 线连接:选择此选项后,指定起始位置和结束位置,则可在光标起始位置和结束位置间连线。

➤ 线删除：选择此选项后，指定起始位置和结束位置，则可删除光标起始位置和结束位置间的连线。·

➤ 折回匹配输入：当输入的触点较多，在一行中无法输入时，选择此选项（单击工具栏⇆按钮），则弹出如图 1.15 所示对话框，输入折回编号，然后选择折回匹配输出点和输入点，结果如图 1.16 所示，可将编号相同的两行连接，作一行处理。

图 1.15　指定折回编号对话框

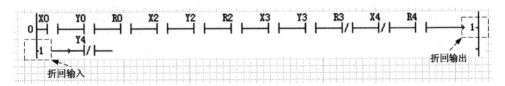

图 1.16　折回匹配输入

➤ 折回单点输入：将折回匹配输入的结果分两次分别指定。

➤ 触点反转：选择此选项，则弹出如图 1.17 所示对话框。设置好触点反转类型及其编号，则可以将程序中该设备的所有常闭触点反转为常开触点，常开触点反转为常闭触点。

➤ 设备变更：选择设备变更选项，则弹出如图 1.18 所示对话框。设置变更源的类型、编号以及变更目标的类型、编号，则可以将某一类型的设备变更为另一类型设备。图 1.18 为将所有 Y0 变更为 R0。

图 1.17　触点反转

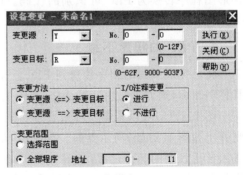

图 1.18　设备变更

编程软件 FPWIN GR Ver2 具有使用功能按键和单击软件下方的图形符号两种输入方式，以图 1.19 所示程序为例说明。

键盘功能按键输入法操作步骤如图 1.20 所示，根据图 1.13 中"功能键栏 3 段"

所在位置,第一栏的指令键盘按对应 F1、F2……F11 键。第二栏的指令键盘按对应
F1、F2……F11 键,同时按 shift 键。第三栏的指令用键盘按对应 F1、F2……F11 键,
同时按 Ctrl 键。子菜单操作类似。

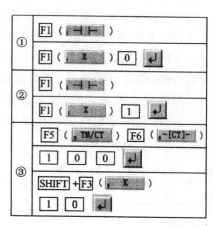

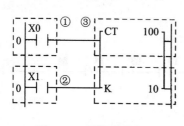

图 1.19　计数器梯形图　　　　　　　　图 1.20　计数器操作示意图

单击软件下方图形符号输入法的操作步骤:先用鼠标单击程序编辑窗口需要指
令的位置,然后直接单击所要输入的指令在图 1.13 中功能键栏 3 段所在的位置即
可。子菜单操作类似。

1.2.2　程序下载和调试

程序编辑完后,单击工具栏转换程序键或功能键栏左下角的 PG 转换键,将 PLC
梯形图程序转换为 PLC 可识别的代码。PLC 程序输入后背景为灰色,转换后背景
为白色。

1. PLC 的程序下载

将已完成编写的程序传送到 PLC。选择“文件→下载到 PLC”菜单项或单击工
具栏图标,则弹出“连接”对话框,如图 1.21(a)所示。

图 1.21(a)可以根据实际需要进行通信设置,选择下载口,然后单击“是”按钮,
则弹出如图 1.21(b)所示界面。再单击“是”按钮,将 PLC 改变为 PROG 模式,然后
进入传送程序的等待过程,如图 1.21(c)所示。完成程序的传送后发出一响声,并弹
出如图 1.21(d)所示界面,可选择是否把 PLC 改变为 RUN 模式。若 PLC 程序中
存在错误,则提示不能将 PLC 改变为 RUN 模式。此时,建议选择“调试→总体检
查→执行→跳转后关闭”菜单项,则光标会指示错误处,便于修改程序。正确后再
下载。

若下载前 PLC 已经处于 PROG 模式,则图 1.21(b)所示的界面就不会出现。

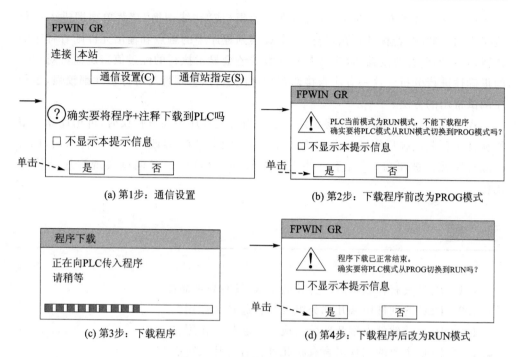

图 1.21　程序传送的操作示意图

2. 程序的执行与调试

将负载电源送电,执行程序,将程序调试到满足控制要求。

程序试运行:程序输入到 PLC 后就可以对程序执行试运行。

PLC 程序的检验方法:编写的 PLC 程序必须能实现任务的控制过程,并达到任务目标。因此,完成 PLC 程序的编写并传送到 PLC 后,必须要通过程序的执行对程序进行检测,以验证程序的正确性,此过程一般称为程序调试。检测 PLC 程序的方法有 3 种:

方法一:PLC 送电后(PLC 输出端的负载电源暂不送电)运行程序,用按钮进行操作,通过观察 PLC 面板上的输入端指示灯与输出端指示灯的发光、熄灭情况来判断程序的正确性。这种方法的优点是:可以在不对负载送电的情况下,就能检测出程序执行过程中外部输入继电器(X)与外部输出继电器(Y)的动作情况,这对程序的正确性可以做出初步判断。

也可以通过仿真软件模拟运行。

方法二:给 PLC 输出端的负载电源送电,运行 PLC,直接通过观察输出元件的执行情况判断是否与控制要求相符,从而确认程序的正确性。只有程序执行过程与控制要求一致并达到了控制目标,程序才可确认为正确。

方法三:在计算机编程软件的梯形图程序界面上,用计算机编程软件的监控功能来观察程序运行过程中元件的执行情况,从而判断程序的正确性。

　　监控功能选择方法:选择"在线→在线编辑(或"在线切换")"菜单项即进入运行监视界面。此时,若程序正在运行,则会观察到程序中的触点和输出元件随着程序的执行,在接通时都会变蓝色(定时器与计数器还会显示执行的经过值),从而可对程序的正确性进行分析。这一方法直接监视程序的运行,直观性与可分析性都较强,是程序调试常用的方法。

　　程序存盘:程序编写后须将文件存盘。当发现程序编写有错误时,可用计算机编程软件重新调出源程序进行修改,修改后再传送到 PLC(修改后的程序传送后,PLC的源程序就会被覆盖)。对于一些正确的程序,也可以通过调试实现程序结构的优化。

习 题

　　1.1　PLC 具有什么特点? 为什么 PLC 具有高可靠性?

　　1.2　PLC 的硬件由哪几部分组成? 各起什么作用?

　　1.3　PLC 的软件由哪几部分组成? 各起什么作用?

　　1.4　PLC 主要的编程语言有哪几种? 各有什么特点?

　　1.5　PLC 开关量输出接口按输出开关器件的种类不同,有哪几种形式? 各有什么特点?

　　1.6　PLC 采用什么样的工作方式? 有何特点?

　　1.7　什么是 PLC 的扫描周期? 其扫描过程分为哪几个阶段,各阶段完成什么任务?

　　1.8　PLC 的主要性能指标有哪些? 各指标的意义是什么?

　　1.9　PLC 控制与继电器接触式控制相比较,有何不同?

　　1.10　在 FP1 - C24 PLC 的面板上有一个手动调节的电位器,试说明通过这个旋钮可改变哪两个特殊数据寄存器的数据? 数值变化范围是多少?

　　1.11　输入继电器 X1 是输入字继电器 WX0 中的第几号位? 输出继电器 Y30是输出字继电器 WY3 的第几号位?

第 **2** 章

PLC 的基本指令和控制要点

2.1　PLC 的基本指令

　　FP 指令系统按功能可以分为两大类:基本指令和高级指令。其中,C14、C16 机型有 131 条指令,C24、C40 机型有 196 条指令,C56、C72 机型有 198 条指令。

　　基本指令包括基本顺序指令、基本功能指令、控制指令和条件比较指令。它们的基本功能如下:

> ➤ 基本顺序指令:执行以位(bit)为单位的逻辑操作。
> ➤ 基本功能指令:用以产生定时、计数和移位操作(考虑到指令特点,这一部分中还包括了 3 条高级指令)。
> ➤ 控制指令:用以决定程序执行的顺序和流程。
> ➤ 条件比较指令:用来进行数据比较。

2.1.1　基本顺序指令

1. ST、ST/和 OT 指令

(1) 指令功能

> ➤ ST 指令:逻辑运算开始(又称初始加载),表示常开触点与左母线相接。
> ➤ ST/指令:逻辑运算开始(又称初始加载"非"),表示常闭触点与左母线相接。
> ➤ OT 指令:线圈驱动指令,将运算结果输出到指定的继电器。
> ➤ ST、ST/的操作数:X、Y、R、C、T。
> ➤ OT 的操作数:Y、R。

(2) 编程实例

ST、ST/和 OT 指令应用示例如图 2.1 所示。

梯形图	指令表	时序图
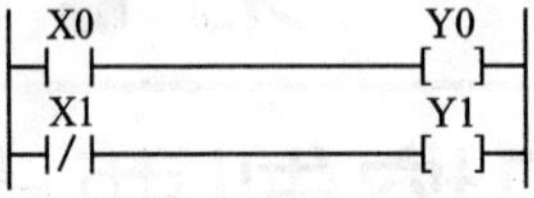	0 ST X0 1 OT Y0 2 ST/ X1 3 OT Y1	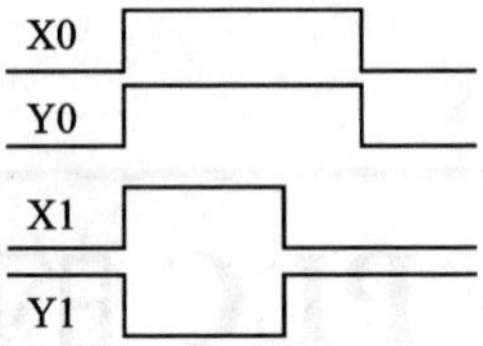

图 2.1 ST、ST/和 OT 指令应用示例图

图中的程序解释:

➢ 当 X0 为 ON 时,Y0 得电,输出为 ON;X0 为 OFF 时,Y0 失电为 OFF。

➢ 当 X1 为 ON 时,Y1 失电,输出为 OFF;X1 为 OFF 时,Y1 得电为 ON。

注意,图 2.1 的时序图中 X 的高电平是指开关动作;而不论其触点是常开、常闭,低电平是指开关未动作,同样与常开、常闭无关。以后时序图均按此规定。

2. "/"(又称"非")指令

指令功能:将该指令前的运算结果取反。

例:/指令应用示例如图 2.2 所示。

梯形图	指令表	时序图
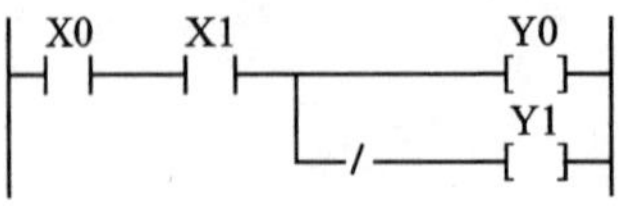	0 ST X0 1 AN X1 2 OT Y0 3 / Y1	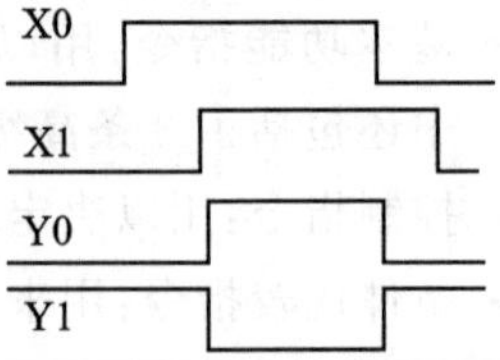

图 2.2 /指令应用示例

程序解释:当 X0、X1 为 ON 时,Y0 得电输出(ON),Y1 失电(OFF);当 X0 或 X1 任意一个为 OFF 时,Y0 失电(OFF),Y1 得电(ON)。

3. AN 和 AN/(与和与非)指令

(1) 指令功能

AN:串联常开触点指令,将原来保存在结果寄存器中的内容与指定继电器的内容进行逻辑"与"运算,并将这一逻辑操作的结果存入结果寄存器。

AN/:串联常闭触点指令,将指定继电器的内容取反,然后与结果寄存器的内容进行逻辑"与"运算,并将操作结果存入结果寄存器。

(2) 编程实例

AN 与 AN/指令应用示例如图 2.3 所示。

梯形图	指令表	时序图
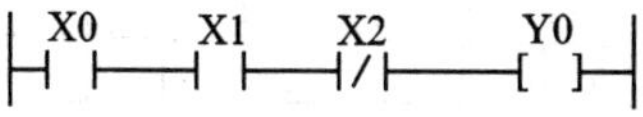 X0　X1　X2　　Y0	0　ST　X0 1　AN　X1 2　AN/　X2 3　OT　Y0	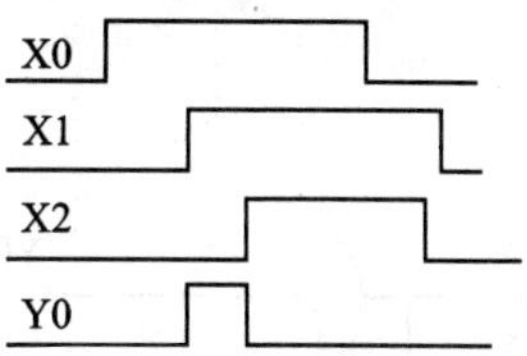 X0 X1 X2 Y0

图 2.3　AN 与 AN/指令应用示例

程序解释：当 X0、X1 为 ON，X2 为 OFF 时，Y0 得电输出；否则，Y0 失电。

4. OR 和 OR/(或和或非)指令

(1) 指令功能

OR：并联常开触点指令。将原来保存在结果寄存器的内容与指定继电器的内容进行逻辑"或"运算，并将这一逻辑操作的结果存入结果寄存器。

OR/：并联常闭触点指令。将指定继电器的内容取反，然后与结果寄存器的内容进行逻辑"或"运算，并将操作结果存入结果寄存器。

(2) 编程实例

OR 与 OR/指令应用示例如图 2.4 所示。

梯形图	指令表	时序图
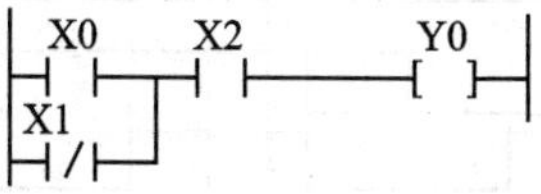 X0　X2　　Y0 X1	0　ST　X0 1　OR/　X1 2　AN　X2 3　OT　Y0	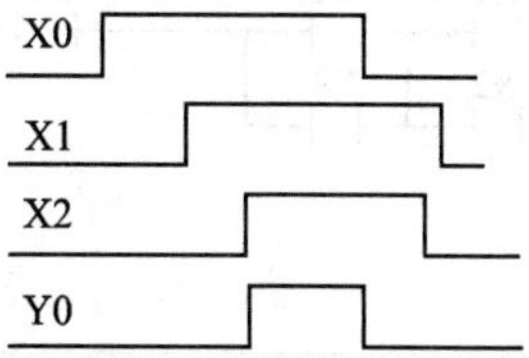 X0 X1 X2 Y0

图 2.4　OR 与 OR/指令应用示例

程序解释：当 X0 为 ON 或者 X1 为 OFF，并且 X2 为 ON 时，Y0 得电输出（ON）；否则，Y0 失电（OFF）。

5. ANS 和 ORS(组与和组或)指令

(1) 指令功能

ANS 指令：串联一个逻辑块，实现多个触点组（逻辑块）之间的逻辑"与"运算。

ORS 指令：并联一个逻辑块，实现多个触点组（逻辑块）之间的逻辑"或"运算。

ANS 和 ORS 指令没有操作数，操作对象是该指令助记符前的逻辑块。

(2) 编程实例

ANS 指令应用实例如图 2.5 所示。

梯形图	指令表	时序图
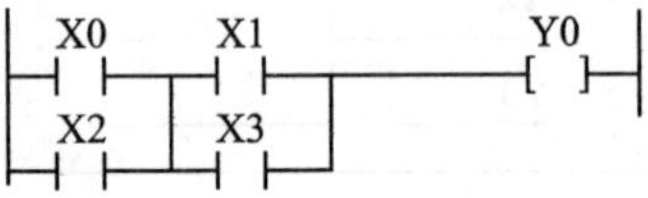	0　ST　X0 1　OR　X2 2　ST　X1 3　OR　X3 4　ANS 5　OT　Y0	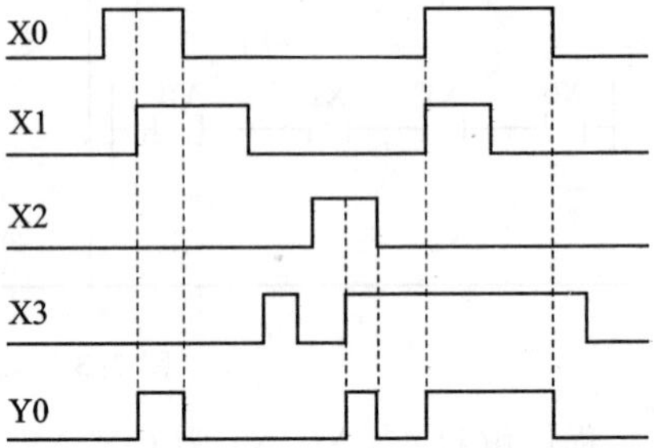

图 2.5　ANS 指令应用实例

说明:梯形图中 X0 和 X2 并联后组成一个逻辑块,X1 和 X3 并联后组成一个逻辑块,用 ANS 将 2 个逻辑块串联起来。每一个逻辑块的起始指令必须是 ST 或 ST/。

ORS 指令应用实例如图 2.6 所示。

梯形图	指令表	时序图
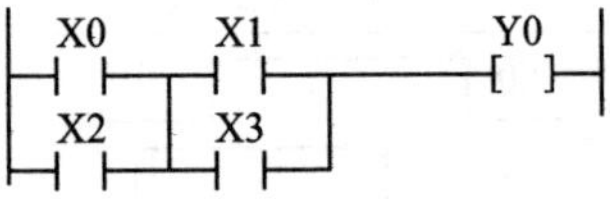	0　ST　X0 0　AN　X1 2　ST　X2 3　AN　X3 4　ORS 5　OT　Y0	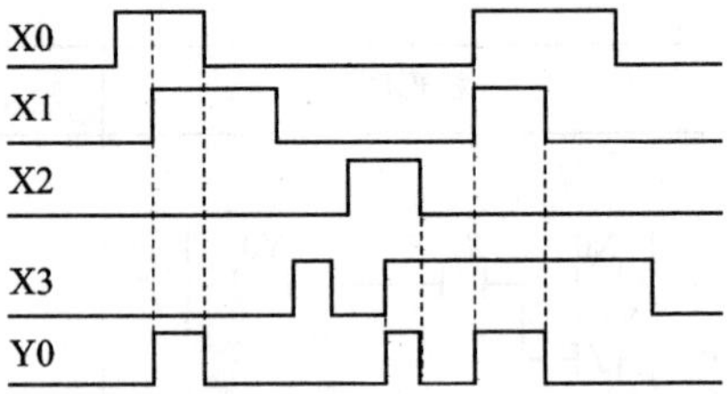

图 2.6　ORS 指令应用实例

说明:梯形图中 X0 和 X1 串联后组成一个逻辑块,X2 和 X3 串联后组成一个逻辑块,用 ORS 将 2 个逻辑块并联起来。每一个逻辑块的起始指令必须是 ST 或 ST/。

6. PSHS、RDS 和 POPS(入栈、读栈和出栈)指令

(1) 指令功能

➤ PSHS:将该指令前的运算结果存储起来(推入堆栈),以供反复使用。

➤ RDS:读出由 PSHS 指令存储的运算结果(读出堆栈)。

➢ POPS：读出并清除由 PSHS 指令存储的运算结果（弹出堆栈）。

以上 3 条指令应用在具有分支点的梯形图中，并且要求 3 条堆栈指令顺序使用。所谓分支点梯形图是指几条支路上的线圈，同时受到一个或一组公共触点的控制，并且每条支路上的线圈另由一触点控制。这种连接方式既不同于触点与触点的连接，也不同于逻辑块与逻辑块的连接，因此不能用前面的指令编程，只能用堆栈指令。

使用堆栈指令时，在分支的开始和结尾分别用 PSHS 和 POPS 指令，中间的分支用 RDS 指令，中间分支数不受限制，即 RDS 指令可连续使用。

（2）编程实例

PSHS、RDS 和 POPS 指令应用实例如图 2.7 所示。

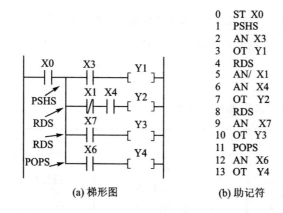

(a) 梯形图　　　　(b) 助记符

图 2.7　PSHS、RDS 和 POPS 指令应用实例

7. DF 和 DF/（上升沿和下降沿微分）指令

指令功能：

➢ DF：上升沿微分指令。在检测到信号上升沿时，使对象仅接通一个扫描周期。

➢ DF/：下降沿微分指令。在检测到信号下降沿时，使对象仅接通一个扫描周期。

例：DF 和 DF/指令应用实例如图 2.8 所示。

说明：微分指令仅在输入触点 X 动作瞬间有效，是边沿触发指令。在输入触点动作以后，一直导通的输入触点不会引起 DF 的执行；同样，动作以后一直断开的输入触点也不会引起 DF/的执行，其执行次数为一次，并且使输出继电器仅导通一个扫描周期。微分指令常用于控制那些只须触发执行一次的动作，尤其在高级指令中应用较多。

8. SET（置位指令）和 RST（复位指令）

（1）指令功能

➢ SET：置位指令，强制对象接通并保持。

梯形图	指令表	时序图
	0　ST　X0 1　DF 2　OT　Y0 3　ST　X0 4　DF/ 5　OT　Y1	

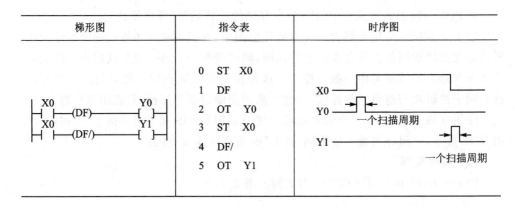

图 2.8　DF 和 DF/指令应用实例

➢ RST:复位指令,强制对象断开并保持。

操作数:R 或 Y。

(2) 编程实例

SET 和 RST 应用实例如图 2.9 所示。

梯形图	指令表	时序图
	0　ST　X0 1　SET　Y0 2　ST　X1 3　RST　Y0	

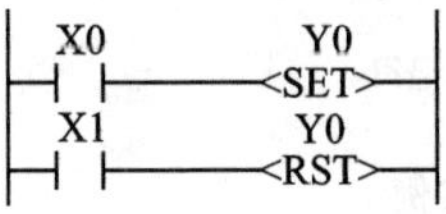

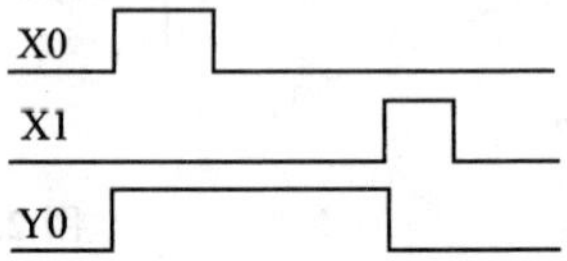

图 2.9　SET 和 RST 应用实例

说明:当 X0 接通时,Y0 接通并保持;不论 X0 如何变化,Y0 始终导通,直至 X1 接通时,才使 Y0 断开。并且,SET、RST 指令只检测触发信号的上升沿。

SET、RST 指令与 OT 指令的区别:对于 OT 指令,输出状态随输入条件的改变而改变;对于 SET、RST 指令,一经触发,则输出状态保持。对于同一序号的输出线圈可以重复使用 SET、RST 指令,而 OT 指令则不允许。此外,SET 和 RST 指令不一定要成对使用。

9. KP(保持)指令

(1) 指令功能

当置位控制端信号到来时,KP 指令使内部继电器 R 或 Y 接通并保持状态,相当于一个锁存器,只有在复位控制端信号到来时改变状态,输出复位才断开。当置位与复位信号同时到来时,复位信号优先。

KP 指令的操作数为 R 或 Y。

（2）编程实例

KP 指令应用实例如图 2.10 所示。

梯形图	指令表	时序图
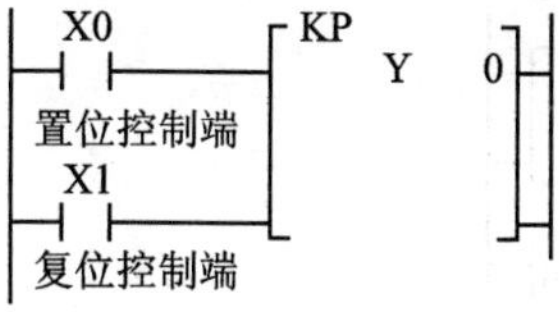 X0 ┌KP Y 0┐ 置位控制端 X1 复位控制端	0　ST　X0 1　ST　X1 2　KP　Y0	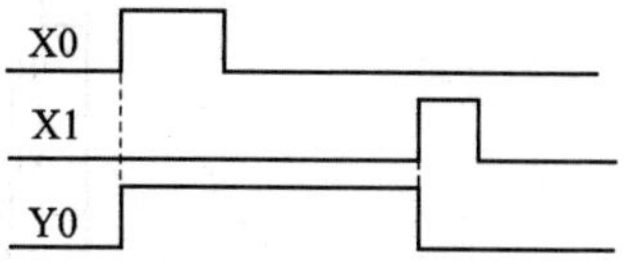 X0 X1 Y0

图 2.10　KP 指令应用实例

程序解释：当 X0 为 ON 时，Y0 得电输出（ON）并保持；X1 为 ON 时，Y0 失电（OFF）。

10. NOP（空操作）指令

指令功能：空操作。

PLC 执行 NOP 指令时，不产生任何操作，但占一个序号空间。该指令可作为程序段的标记，或用于在输入程序时预留地址，以便于程序的查找或指令的插入。

NOP 指令应用实例如图 2.11 所示。

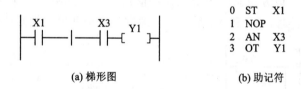

（a）梯形图　　　　　　（b）助记符

0　ST　X1
1　NOP
2　AN　X3
3　OT　Y1

图 2.11　NOP 指令应用实例

2.1.2　基本顺序指令常用编程电路举例

1. 组合吊灯控制

（1）控制要求

一个按钮开关控制 3 盏灯，按钮按下接通一次，一盏灯亮；按两次，两盏灯亮；按 3 次，3 盏灯亮；按 4 次，全灭。当开关再次按下后，重复上述过程。

（2）I/O 分配

输入：开关 X0。

输出：3 盏灯分别为 Y0、Y1、Y2。

（3）梯形图

梯形图如图 2.12 所示。

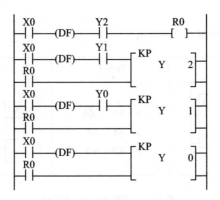

图 2.12　组合吊灯控制梯形图

2. 互控控制

图 2.13 为一种互控控制梯形图。要求启动时,只有当线圈 Y0 接通,Y1 才能接通;切断时,只有当线圈 Y1 断电,线圈 Y0 才能断电。

互控控制线路连接规律:先动作的接触器常开触点串联在后动作的接触器线圈电路中。在多个停止按钮中,先停的接触器常开触点与后停的停止按钮并联。

3. 多地控制

图 2.14 是两个地方控制一个继电器线圈的程序。其中,X1 和 X2 是一个地方的启动和停止控制按钮,X3 和 X4 是另一个地方的启动和停止控制按钮。

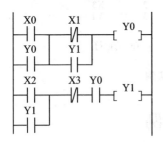

图 2.13　互控控制梯形图

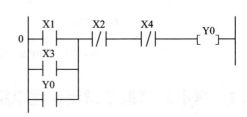

图 2.14　异地控制梯形图

接线的原则:将各启动按钮的常开触点并联,各停止按钮的常闭触点串联,分别装在不同的地方,就可进行多地操作。

4. 联锁式顺序步进控制程序

梯形图如图 2.15 所示,动作的发生是按步进控制方式进行的。将前一个动作的动合触点串联在后一个动作的启动电路中,同时,将代表后一个动作的动断触点串联在前一个动作的关断电路中。这样,只有前一个动作发生后,才允许后一个动作发生;而后一个动作发生后,就使前一个动作停止。特殊辅助继电器 R9013 作为启动脉冲,仅在运行的第一个扫描周期时闭合,从第一个扫描周期开始断开并保持。

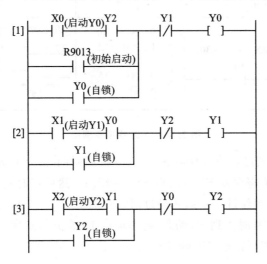

图 2.15　联锁式顺序步进控制程序图

2.1.3　基本功能指令

1. TM 指令(定时器指令)

定时器启动后,按设定的时间对设定值做减计数。当定时时间到时,定时器接通,带动其触点动作。定时器指令根据单位定时时间不同分为 4 类。

> TML:以 1 ms 作为单位定时时间;
> TMR:以 0.01 s 作为单位定时时间;
> TMX:以 0.1 s 作为单位定时时间;
> TMY:以 1 s 作为单位定时时间。

定时器指令梯形图符号:

[TM N1 N2 N3]

> N1 为定时器类型,用 L、R、X、Y 表示。
> N2 为定时器编号,用十进制数表示。FP1 有 100 个定时器,编号为 T0~T99。
> N3 为定时时间设定值。设定值可以用十进制常数 K 设置,范围为 K0~K32767。

定时时间=单位定时时间×设定值。

程序举例如图 2.16 所示。

说明:每个定时器都配有相同编号的设定值寄存器 SV 和经过值寄存器 EV。虽然在图 2.16 中没有看到,但在程序执行中它们是存在的。当程序进入运行状态后,

梯形图	助记符	时序图
	0 ST X0 1 TM X5 K 30 4 ST T5 5 OT Y0	

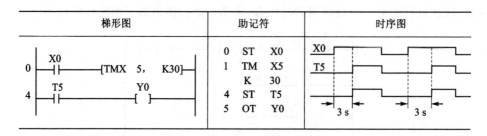

图 2.16　定时器指令例图

首先将常数K30送到设定值寄存器SV5。X0接通瞬间,设定值寄存器SV5将常数K30再传送给经过值寄存器EV5,使得SV5=EV5。然后定时器TX5开始定时,定时器采取减1计数,每经过0.1 s,从经过值寄存器EV5中减1,直至EV5内容减为0;这时,该定时器定时时间到,带动各触点动作,T5常开触点闭合,Y0接通。当X0触点断开,T5触点恢复常态,Y0断开。

注　意:

① 当X0接通后,定时器开始进入定时状态。定时的过程就是每经过一个单位定时时间,从经过值寄存器EV5中减1。

② 当X0断开时,定时器复位,对应触点恢复原来状态,同时经过值寄存器EV5被清0,而设定值寄存器SV5内容(K30)保持不变,为再次定时做好准备。

③ 定时器的运行状态为非保持型。如果在定时过程中发生断电,或工作方式从RUN切换到PROG,则定时器被复位。若想保持其运行中的状态,则可通过设置系统寄存器No.6实现。

④ 定时器的设定值也可以直接通过SV设置,如图2.17所示。

当X0接通时,通过数据传送指令F0(MV)将常数K20送到设定值寄存器SV4,使设定时间由5 s改为2 s。当X1接通2 s后,继电器Y0接通。

设定值寄存器SV的内容还可以通过PLC主控单元面板上的手动可调电位器V0～V3,直接从外部送入。其中,V0～V3的数值变化范围为0～255,如图2.18所示。

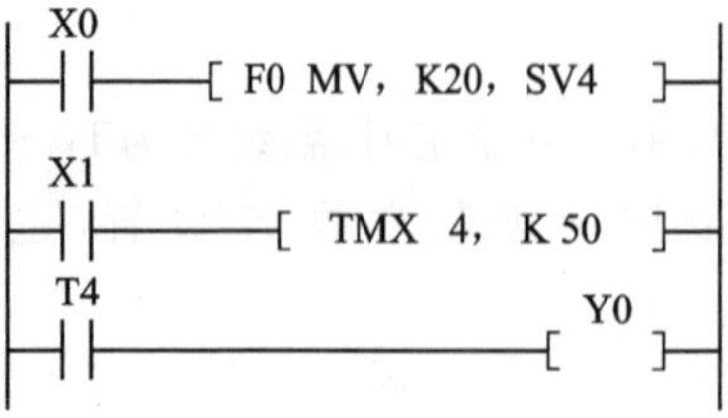

图 2.17　F0(MV)指令设置定时时间

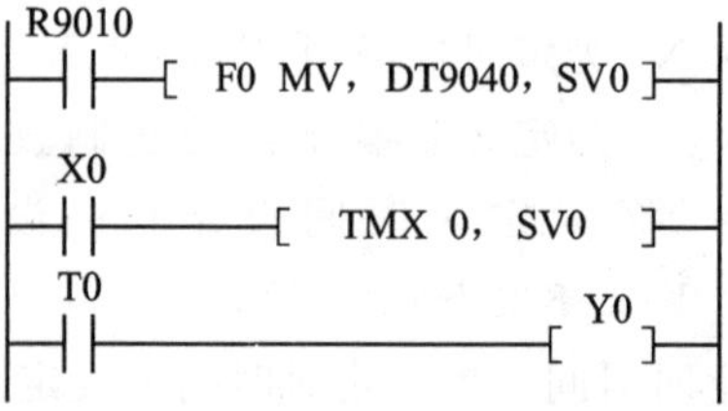

图 2.18　用可调电位器设置定时时间

DT9040为特殊数据寄存器,专门用来存放V0输入的数值。R9010为常闭特殊

继电器,PLC 运行时,R9010 始终处于接通状态。当 PLC 运行后,F0(MV)指令把电位器 V0 的数值经 DT9040 传送给 SV0。X0 接通后,定时器将延时由 V0 所确定的时间,定时时间到则触点 T0 接通,并使 Y0 接通。这种定时方法常利用在试运行期间的时间调整。

2. CT 指令(计数器指令)

CT 指令是一个减计数型计数器,每来一个计数脉冲上升沿,则设定值减 1,直至设定值减为零,计数器接通,带动其触点动作。

计数器指令梯形图符号为:

$$
\begin{array}{c}
\text{CP} \\
\hline
\text{R}
\end{array}
\begin{array}{c}
\text{CT} \quad N_1 \\
N_2
\end{array}
$$

其中,N1 为计数器编号,用十进制数表示。FP1 的 C14 和 C16 机型编号为 C100~C127,共 28 个计数器。C24、C40、C56 和 C72 机型编号为 C100~C143,共 44 个计数器,N2 为计数器设定值,用十进制数表示。与定时器的设定值范围相同,即 K0~K32767。

计数器有两个输入端:计数脉冲输入端 CP 和计数器复位端 R。它们均在上升沿起作用,并且 R 端比 CP 具有高优先权。当两个信号同时满足时,计数器处于复位状态。

与定时器一样,计数器配有相同编号的设定值寄存器 SV(N1)和经过值寄存器 EV(N1)。当程序进入运行状态后,首先将计数器设定值 N2 送至对应的设定值寄存器 SV(N1);如果复位信号 R 断开,再将设定值 N2 传送到对应的经过值寄存器 EV(N1),使得 SV(N1)=EV(N1)。以后,每接通一次 CP(上升沿),EV(N1)减 1。当 EV(N1)中的值为零后,计数器接通,带动对应计数器各触点 C(N1)动作。当复位信号 R 接通时,经过值寄存器 EV(N1)复位,计数器各触点恢复常态。当复位 R 断开时,SV(N1)中的值 N2 再次送入 EV(N1)中,为下一次重新计数做好准备。

计数器的运行状态为保持型。计数过程中即使断电或工作方式由 RUN 切换到 PROG,计数器也不复位,即触点保持断电或工作方式改变之前的状态。

与定时器类似,计数器的设定值也可直接通过 SV 设置,或通过主控单元面板上的手动可调电位器 V0~V3 直接由外部输入。

3. F118(UDC)指令(可逆计数器指令)

可逆计数器指令梯形图符号是:

$$
\begin{array}{c}
\text{U/D} \\
\text{CP} \\
\text{R}
\end{array}
\begin{array}{c}
\text{F118 \ UDC} \\
S \\
D
\end{array}
$$

其中,S 为设定值或存放设定值的寄存器,D 为被指定用来计数用的经过值寄存器。

    可逆计数器有 3 个输入端。加/减计数控制端 U/D：为"1"(输入触点接通)，做加计数；为"0"(输入触点断开)，做减计数。计数脉冲输入端 CP 和计数器复位端 R 的作用与 CT 指令相同，均以上升沿起作用，并且 R 端比 CP 端具有高优先权。

4. SR 指令(左移移位指令)

    SR 指令格式符号是：

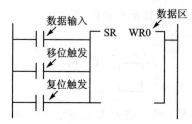

    ① 用来控制指定字的单位内部继电器数据区左移一位(低位向高位移)。

    ② 数据输入点。当输入为 ON 并移位触发时，移进数据为"1"；当输入为 OFF 并移位触发时，移进数据为"0"，如图 2.19 所示。

    ③ 移位触发点。在该触发信号上升沿时，该字单位内部继电器(WR)数据左移一位。

    ④ 复位触发点。在该触发信号为 ON 时，该字单位内部继电器(WR)数据区的所有位(R)被清零。

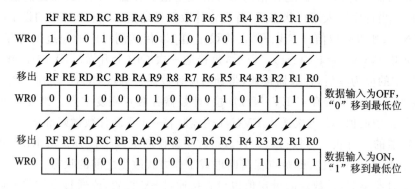

图 2.19   指令 SR 左移动示意图

5. F119"LRSR"指令

    F119：左/右移位高级指令。

    功能：将一个存储单元或数据块中的二进制数进行左/右移位的指令。从上到下共有 4 个输入信号：左/右移位触发信号、数据输入信号、移位触发信号和复位触发信号。指令格式如图 2.20 所示。

    ➢ X0：左/右移位控制信号，ON 时左移，OFF 时右移。

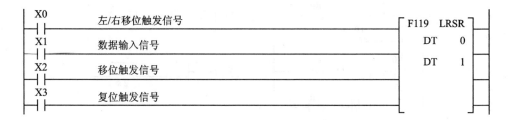

图 2.20　F119 左/右移位高级指令

- X1:数据输入信号,X1 为 ON 时,输入 1,OFF 时输入 0;
- X2:移位触发信号,脉冲上升沿到来时移位;
- X3:复位触发信号;
- DT0:移位首单元地址(D1);
- DT1:移位末单元地址(D2);注意,D1≤D2,并且类型相同。

2.1.4　基本功能指令常用编程电路举例

1. 定时器的串联与并联

定时器的串联使用梯形图如图 2.21 所示,并联使用梯形图如图 2.22 所示。定时器的串联是用前一个定时器 TX0 启动下一个定时器 TMX1,形成接力定时,实现"长延时"控制。其中,Y0 在 3 s 时动作,Y1 在 5 s 时动作。定时器的并联使多个输出在不同时间接通,从而实现多个输出的顺序启动。Y0 在 3 s 时启动。

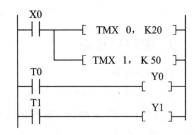

图 2.21　定时器串联使用梯形图　　　　图 2.22　定时器并联使用梯形图

2. 单脉冲发生梯形图

单脉冲发生梯形图如图 2.23 所示。控制触点 X0 每接通一次,则产生一个定时的单脉冲。无论 X0 接通时间长短如何,输出 Y0 的脉宽都等于定时器设定的时间。

3. 占空比可调脉冲(又称振荡器)发生梯形图

当控制触点 X0 接通时,定时器 TMX0 开始定时,1 s 后其常开触点 T0 接通。在启动定时器 TMX1 的同时,使输出继电器 Y1 接通。2 s 后 T1 常闭触点断开,使

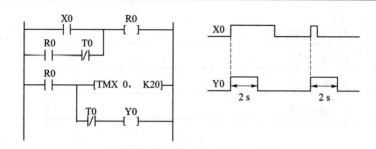

图 2.23　单脉冲发生梯形图

定时器 TMX0 复位。常开触点 T0 的断开使 Y1 断电,同时定时器 TMX1 复位。T1 常闭触点的再次闭合使定时器 TMX0 又重新开始定时。如此循环下去,直至 X1 常 闭触点断开。显然,只要改变定时时间就可以改变脉冲周期和占空比。

占空比可调脉冲发生梯形图如图 2.24 所示。

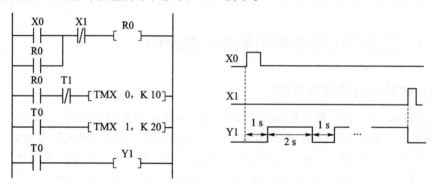

图 2.24　占空比可调脉冲发生梯形图

4. 密码锁控制

(1) 控制要求

要求设计密码锁开锁方法如下:

① SB6 为启动按钮,按下它才可进行开锁工作;SB7 为停止或复位按钮,按下它 则停止开锁作业,系统复位,可重新开锁。

② SB1~SB4 为密码输入键,开锁条件为:按顺序依次按下 SB1 共 3 次,SB2 一 次,SB3 二次,SB4 共 4 次,开锁时间必须在设定的开锁时间 10 s 内完成,否则报警装 置输出报警信号。

③ SB5 为不可按压键,一旦按下就报警。

④ 当按压总次数超过几个按键的总次数时报警。

(2) I/O 分配

输入:启动 SB1 → X0；SB2 → X1；SB3 → X2；SB4 → X3；SB5 → X4；SB6 → X5； SB7→X6。

输出:开锁→Y0;报警→Y1。

(3) 梯形图

密码锁梯形图如图 2.25 所示。

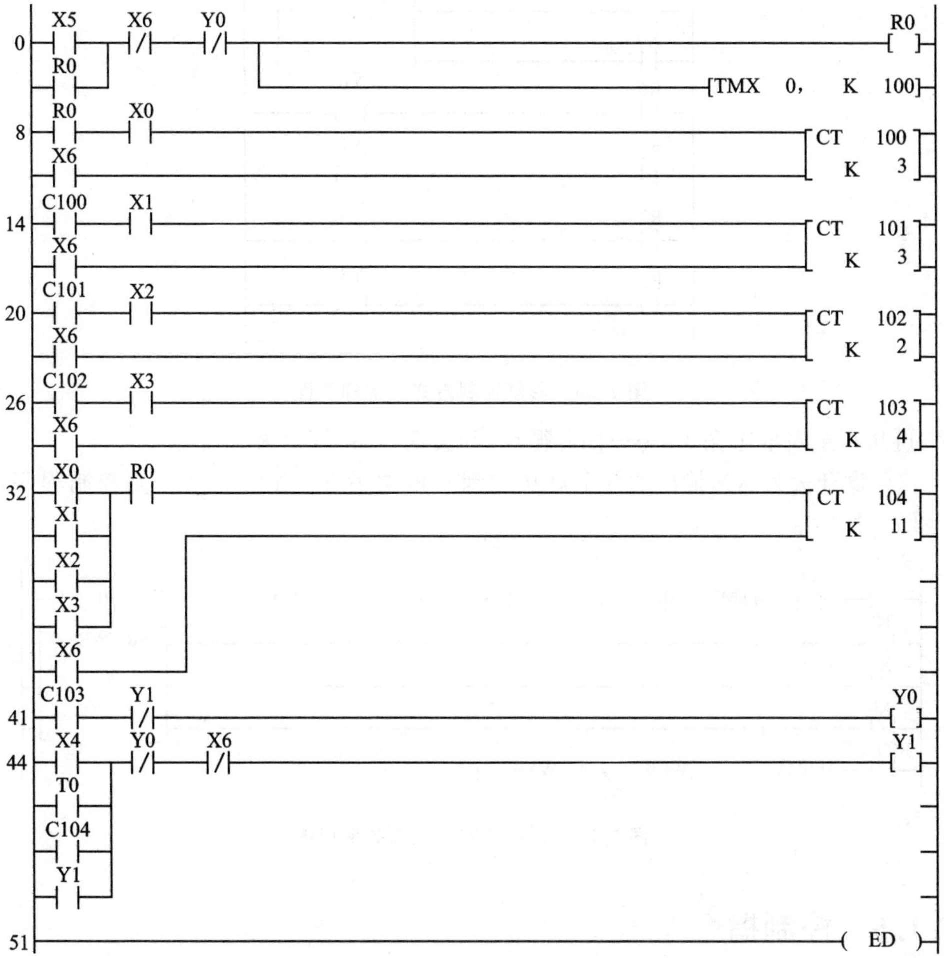

图 2.25　密码锁控制梯形图

5. 彩灯控制方式一

如图 2.26 所示,当控制触点 X0 接通后,由传送指令使内部继电器 R0=1,Y0 接通。在移位脉冲 R901C 作用下,左移指令 SR 使"1"状态依次在 R1、R2、R3、R0、R1⋯中循环,使输出 Y1、Y2、Y3、Y0、Y1⋯循环接通。

6. 彩灯控制方式二

① 控制要求:开关按下后,8 个灯从右至左依次亮 1 s。灯全亮后,从右至左依次

X0
(DF)
[F0MV, K1, WR0]
R3
SR WR0
R901C
X0
R0
Y0
R1
Y1
R2
Y2
R3
Y3

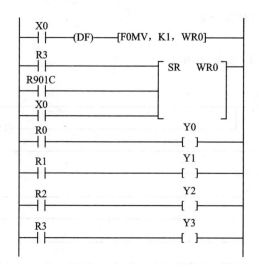

图 2.26 彩灯控制方式一的梯形图

灭,再从右至左依次亮 1 s……如此循环,开关断开后,灯全灭。

② 设开关为 X0,输出的 8 个灯从左到右依次为 Y0、Y1、…、Y7,则控制程序如图 2.27 所示。

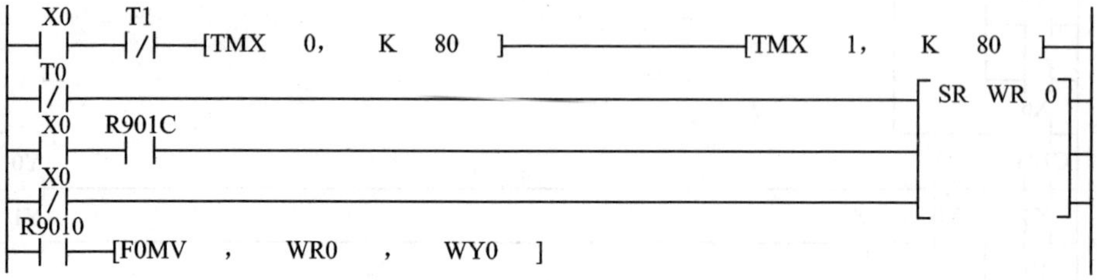

X0
T1
[TMX 0, K 80]
[TMX 1, K 80]
T0
SR WR 0
X0
R901C
X0
R9010
[F0MV , WR0 , WY0]

图 2.27 彩灯控制方式二的梯形图

2.1.5 控制指令

1. MC 和 MCE(主控和主控结束)指令

(1) 指令功能

当 MC 前面的触发信号接通时,MC 指令起作用,执行 MC-MCE 之间的程序。反之,若某个工作周期时,触发信号断开,则 MC 不发挥作用,本周期 MC 和 MCE 之间的指令跳过不执行。

(2) 编程实例

梯形图、指令表和时序图如图 2.28 所示。

程序解释:输出 Y0 不受 MC 和 MCE 指令控制。对于 MC 0 与 MCE 0 间的程

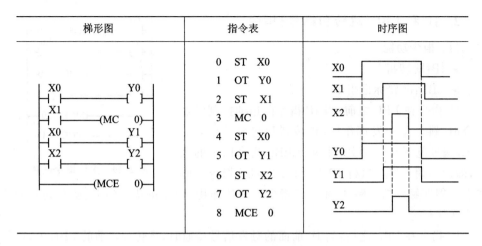

梯形图	指令表	时序图
	0　ST　X0 1　OT　Y0 2　ST　X1 3　MC　0 4　ST　X0 5　OT　Y1 6　ST　X2 7　OT　Y2 8　MCE　0	

图 2.28　梯形图、指令表和时序图

序,当触发信号 X1 接通时,执行 X0 控制 Y1,X2 控制 Y2。在 X1 断开时,MC 和 MCE 之间的指令跳过不执行,Y1 和 Y2 断开。

(3) 指令说明

① 当预置的触发信号接通时,执行 MC 和 MCE 间的程序。

② 当预置的触发信号断开时,MC 和 MCE 间的程序操作如表 2.1 所列。

表 2.1　触发信号断开时 MC 和 MCE 间的程序操作

指　令	状　态
OT	全部 OFF
KP	保持触发信号 OFF 以前的状态
SET	保持触发信号 OFF 以前的状态
RST	
TM 和 F137(STMR)	复位
CT 和 F118(UDC)	保持触发信号 OFF 以前的经过值
SR 和 F119(LRSR)	
DF 和 DF/	微分指令无效。如需要进行微分指令操作,则必须将微分指令换到 MC 和 MCE 指令之外
其他指令	不执行

③ MC 指令不能直接从母线开始,所以 MC 指令前必须有触点输入。

④ 在程序中,主控指令可以嵌套,但 MC 和 MCE 必须成对出现且编号相同,也不能颠倒顺序,更不能出现两个或多个相同编号的主控指令对,编号范围是 0～31。如图 2.29 所示,MC0 嵌套在 MC1 内部。

2. JP 和 LBL(跳转和标号)指令

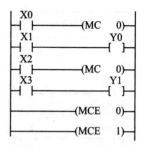

(1) 指令功能

➢ JP:跳转指令。

➢ LBL:跳转标记指令。

JP 指令在 LBL 之前:当 JP 指令前边的控制触点闭合时,跳转指令发挥作用,跳转到和它编号相同的 LBL(编号范围 0～63)处,并执行 LBL 指令以下的程序,即此周期程序不执行 JP 与 LBL 之间的指令。假

图 2.29 主控指令嵌套

如下一周期触发信号断开,则跳转指令不发挥作用,程序按从上到下、从左到右的顺序依次执行。

JP 指令在 LBL 之后:当 JP 前面的触发信号接通时,跳转到之前的 LBL 处,执行 LBL 之后的程序;当再次执行 JP 指令时,由于本周期没有结束,触发信号的状态不会改变,仍然接通,所以再次跳转到前面的 LBL 处。如此循环,周期不能结束,PLC 自检产生错误时,面板上的指示灯报警。

(2) 编程实例

JP 和 LBL 编程实例如图 2.30 所示。

梯形图	指令表	时序图
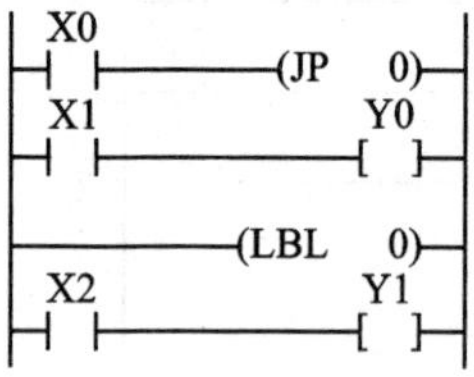	0 ST X0 1 JP 0 2 ST X1 3 OT Y0 4 LBL 0 5 ST X2 6 OT Y1	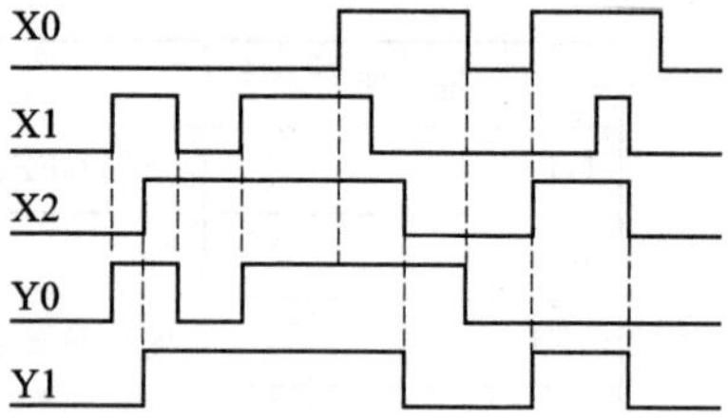

图 2.30 JP 和 LBL 编程实例

(3) 指令使用说明

① JP 指令跳过位于 JP 和同编号的 LBL 指令间的所有指令。由于执行跳转指令时 JP 和 LBL 之间的指令未被执行,所以可使整个程序的扫描周期变短。

② 程序中可以使用多个编号相同的 JP,但不允许出现相同编号的 LBL。

③ LBL 可供相同编号的 JP 和 LOOP 指令使用。

④ JP 和 LBL 指令可以嵌套使用。

⑤ 在 JP 指令执行期间,TM、CT、SR、Y、R 的操作如表 2.2 所列。

⑥ 在 JP 和 LBL 指令间使用 DF 和 DF/指令时,当 JP 的控制信号为 ON 时无效;如果 JP 和 DF 或 DF/使用同一触发信号,则不会有输出。如果需要输出,则必须

将 DF 或 DF/指令放在 JP 和 LBL 指令外部。

表 2.2　JP 和 LBL 之间指令的操作

类　型	状　态
TM	不执行定时器指令。如果每次扫描都不执行该指令,无法保证准确的时间
CT	即使计数输入接通,也不执行计数操作。经过值保持不变
SR	即使移位输入接通,也不执行移位操作。特殊寄存器的内容保持不变
Y	保持为跳转前的状态
R	保持为跳转前的状态

⑦ LBL 指令的地址不能位于 JP 指令地址之前,否则会出现运行错误。

⑧ 出现下列几种情况时,程序将不执行:

➢ JP 指令没有触发信号。

➢ 存在两个或者多个相同编号的 LBL 指令。

➢ 缺少 JP 和 LBL 指令对中的一个指令。

➢ 由主程序区跳转到 ED 指令之后的一个地址。

➢ 由步进程序区之外跳入步进程序区之内。

➢ 由子程序或中断程序区跳到子程序或中断程序区之外。

3. LOOP 和 LBL(循环和标号)指令

(1) 指令功能

预置触发信号接通时,反复执行 LOOP 指令和同编号的 LBL 指令之间的程序,每执行一次,预置数据寄存器的内容减 1,直至预置数据寄存器中的数据为 0 时退出循环。

操作数为:WY、WR、SV、EV、DT、IX、IY,不能为常数。

(2) 编程实例

LOOP 和 LBL 编程实例如图 2.31 所示。

梯形图	指令表
	0　ST　X1 1　LOOP　1 　　DT　2 5　ST　X2 6　OT　Y1 7　LBL　1

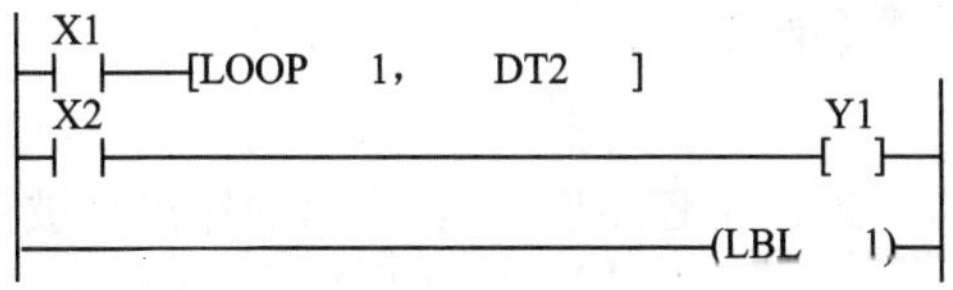

图 2.31　LOOP 和 LBL 编程实例

程序解释:当预置触发信号 X1 接通时,反复执行 LOOP 和 LBL1 指令间的所有程序,每执行一次,预置数据寄存器的内容减 1,直到 DT2 中的数据为 0 结束循环。在预置触发信号断开时,LOOP 指令和同编号的 LBL 指令之间的程序也执行。

(3) 指令使用说明

① 有 LOOP 指令必有同号的 LBL 指令,编号为 0～63。

② 在同一程序段,LOOP 指令可以嵌套使用,但不允许出现相同编号的 LBL。

③ 如果数据区的预置值为 0,LOOP 指令无法执行(无效)。

④ 执行 LOOP 指令期间,TM、CT、和 SR 指令操作如表 2.3 所列。

表 2.3　LOOP 和 LBL 之间指令的操作

指　令	状　态
TM	不执行定时器指令,如果每次扫描都不执行该指令,无法保证准确的时间
CT	即使计数输入接通,也不执行计数操作。经过值保持不变
SR	即使移位输入接通,也不执行移位操作。特殊寄存器的内容保持不变

⑤ 在 LOOP 和 LBL 指令间使用 DF 和 DF/指令时,当 LOOP 的控制信号为 ON 时无效;如果 LOOP 和 DF 或 DF/使用同一触发信号,则不会有输出。如果需要输出,则必须将 DF 或 DF/指令放在 LOOP 和 LBL 指令外部。

4. ED 和 CNDE(结束和条件结束)指令

ED:无条件结束。CNDE:条件结束。

ED 和 CNDE 编程实例如图 2.32 所示。

程序解释:当 X0 断开时,执行完程序 1 后并不结束,继续执行程序 2,直到执行完程序 2 才结束全部程序并返回起始地址。此时 CNDE 不起作用,只有 ED 起作用。

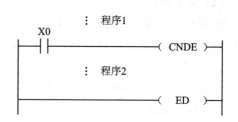

图 2.32　ED 和 CNDE 编程实例

当 X0 接通时,执行完程序 1 后,若遇到 CNDE 指令,则不再继续向下执行,而是返回起始地址,重新执行程序 1。CNDE 指令只适用于主程序使用。

5. CALL、SUB、和 RET(子程序)指令

(1) 指令功能

➤ CALL:转移子程序并开始执行。返回主程序后,子程序内的输出仍被保持。

➤ SUB:子程序开始。

➤ RET:子程序结束并返回主程序。

(2) 指令说明

① 每一个子程序必须在 ED 指令之后,由 SUB 开始,最后以 RET 结束。

② CALL 指令可以用在主程序区、中断程序区和子程序区。同一程序可以多次使用同一标号的 CALL 指令,标号范围为 0~15。

③ 不能重复使用同一标号的 SUB 指令。

④ 子程序可以嵌套使用,但最多只可以嵌套 4 层。

⑤ 如果 CALL 指令的触发信号处于断开状态,则不执行子程序。

6. SSTP、NSTP、NSTL、CSTP 和 STPE(步进控制)指令

在工业控制中,一个控制系统往往由若干个功能相对独立的工序构成,因此,系统程序也由若干个程序段组成,每个程序段作为一个整体执行。所谓步进控制是指将多个程序段按一定的执行顺序连接起来,用步进指令顺序执行各个程序段。在程序的步进控制下,要求能够激活一个程序段,同时清除前面的程序。

(1) 指令功能

(NSTP n):步进转移(脉冲触发式)指令。以脉冲方式激活步进指令。当检测到控制触点的上升沿时,激活当前步进程序段,并将前面的程序用过的数据区清除,输出关断,定时器复位,具有承上启下的作用。

(NSTL n):步进转移(电平触发式)指令。以扫描电平方式进入步进指令。只要控制触点闭合,即激活当前步进程序段,并将前面的程序用过的数据区清除,输出关断,定时器复位。

(SSTP n):步进开始指令,表示开始执行一段步进程序。

(CSTP n):步进清除指令。复位某个步进过程,而不产生步进过程的转移。

(STPE n):步进结束指令。结束整个步进过程区。

(2) 编程实例

编程实例如图 2.33 所示。

程序解释:当检测到 X0 的上升沿时,执行"过程 1"(从 SSTP1~SSTP2)。当 X1 接通时,清除"过程 1",并开始执行"过程 2"(从 SSTP2 开始)。当 X2 接通时,清除过程 50,步进程序执行结束。

7. ICTL、INT 和 IRET(中断)指令

指令功能:

➢ (ICTL S1,S2):通过 S1、S2 选择并且执行允许、禁止中断或清除中断。

➢ (INT n):中断程序的开始。

➢ (IRET n):中断程序结束并返回主程序。

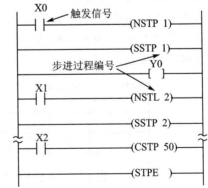

图 2.33　步进指令编程实例

为提高 PLC 实时控制能力、对外联络工作效率及应付突发事件能力,FP1 系列

可编程序控制器设置了中断功能。当执行中断时,立即停止执行主程序,并产生一个断点,然后转去执行中断程序。待程序执行完,再返回主程序断点继续执行主程序。中断响应示意图如图 2.34 所示。

　　FP 的 C24 以上机型具有中断功能。其中断有两种类型,一种是内部定时中断,又称为软中断;另一种是外部硬中断。内部定时中断的序号为 INT24,由软件编程设定定时时间,定时时间到,则由内部产生中断信号。

　　外部硬中断的中断源有 8 个,中断序号为 INT0～INT7。INT0 的中断优先权最高,INT7 的中断优先权最低,当响应中断时,按中断优先级别由高到低依次响应。外部硬中断由输入继电器 X0～X7 输入,分别对应中断序号 INT0～INT7。中断分配如表 2.4 所列。

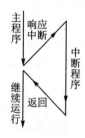

图2.34　中断响应示意图

表 2.4　中断分配表

输　入	中断序号	输　入	中断序号
X0	INT0	X4	INT4
X1	INT1	X5	INT5
X2	INT2	X6	INT6
X3	INT3	X7	INT7

　　值得注意的是,PLC 的中断方式与计算机中断方式有些不同,如果正在执行一个中断程序,此时又有多个高级中断源申请中断,则 PLC 不会立即响应;只有在当前中断程序执行完毕后,才按优先级别响应未响应的高级中断。

　　执行中断功能要对系统寄存器 No.403 进行控制字设置,控制字低 8 位分别对应输入端子 X0～X7,设为"1"表示开中断,设为"0"表示关中断。No.403 高 8 位不使用。如果设定 X0、X2 为开中断,X1 及 X3～X7 为关中断,系统寄存器 No.403 控制字设定格式如图 2.35 所示。

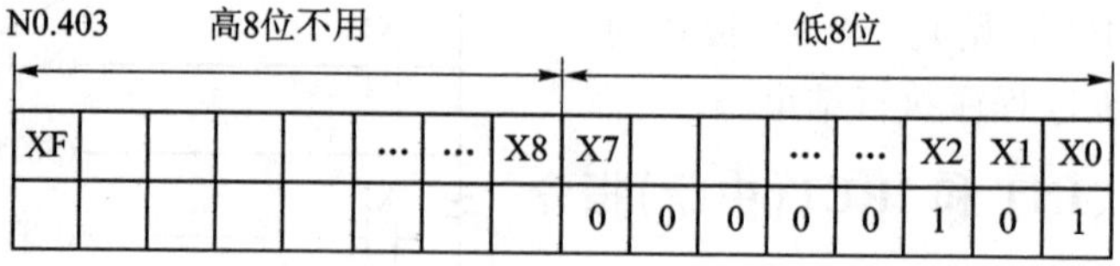

N0.403	高8位不用					低8位						
XF				… …	X8	X7		… …	X2	X1	X0
						0	0 0 0 0	0	1	0	1

图 2.35　系统寄存器 No.403 控制字设定格式

(1) 中断控制指令 ICTL

　　ICTL 为设置中断控制指令,需要有一个触发信号来触发,并且在触发信号后必须有微分指令。梯形图符号如下:

```
        X0
├──┤ ├──(DF)──────────[ICTL, S1, S2]┤
```

中断控制指令 ICTL 的操作数 S1、S2 可以是常数，也可以是存放数据的寄存器。

① 当 S1 为 H0 时，表示系统接受外部硬中断，工作在屏蔽/非屏蔽控制方式。S2 的值决定 X0～X7 是否被屏蔽。S2 高 8 位不使用，低 8 位由低到高分别对应输入端子 X0～X7。该位为"1"表示对应中断源非屏蔽；如果该中断源有中断请求，则响应该中断，并执行相应中断程序。该位为"0"表示对应中断源为屏蔽状态，即使中断源发出中断请求，也不予以响应，不会执行中断程序。

② 当 S1 为 H02 时，表示系统接受内部定时中断（软中断）。S2 的值控制中断时间间隔，其定时时间为 S2 的值乘以 10，单位为毫秒（ms），即每经过一个时间间隔执行一次（INT24～IRET 之间）中断程序。引发中断序号规定为 INT24。当 S2 的值为 0 时，将不执行内部定时中断。

③ 当 S1 为 H100 时，表示系统接受外部硬中断，工作在中断源清除控制方式。S2 的值决定 X0～X7 是否被清除，S2 高 8 位不使用，低 8 位由低到高分别对应输入端子 X0～X7。该位为"1"表示对应输入端可以继续引发中断。如果该端有信号输入（发出中断请求），则响应该中断。该位为"0"表示对应输入端中断源被清除，即使有中断请求，也不予以响应。

"屏蔽"与"清除"是系统两种完全不同的控制方式，工作在屏蔽方式下时被屏蔽的中断源虽然没有被系统响应，但它的中断请求仍然有效。如果中断源又被设置为非屏蔽状态，则系统会因为被屏蔽期间的中断请求而响应。如果工作在清除控制方式，则表明该中断源已被清除，中断请求始终无效，系统不会响应。

（2）启动中断程序指令 INT 和中断程序结束并返回指令 IRET

INT 指令表明启动中断程序，IRET 指令表明中断程序运行结束并返回主程序。INT 指令和 IRET 指令总是成对出现的。编程时必须把它们放在主程序（ED 指令）之后，最多可放 9 个（INT0～INT7，INT24）。它们之间的程序便是中断子程序。

中断程序中不允许出现 TM、CT 等带延时功能指令。同一个程序不允许出现两个或两个以上的同样标号的 INT 指令，并且 INT 指令应该在对应的 IRET 指令之前。

如果只有一个中断请求，则系统在中断程序执行完毕后返回到 ICTL 指令处，按顺序执行 ICTL 指令下面的程序。如果有多个中断请求，则按中断源优先级别响应完所有中断请求后再返回到 ICTL 指令处，按顺序执行 ICTL 指令下面的程序。

多个中断源外部硬中断程序举例如图 2.36 所示。打开 FPWIN GR 程序界面，在其中选择"PLC 系统寄存器设置"菜单项，在弹出的界面设置输入，选中系统寄存器 No.403 中断输入设置中的 X1、X2、X3，即控制字置入常数 H000E。

程序解释：

① 已知系统寄存器 No.403 控制字置入常数 H000E，则表明输入端子 X1、X2、X3 为开中断，并且 X1 中断源优先级别最高，X2 次之，X3 最低。

② ICTL 指令中 S1 设置为 H0，表示系统接受外部硬中断，并且工作在屏蔽/非

屏蔽控制方式。S2 设置 HE,表明输入端子 X1、X2、X3 对应的中断源没有屏蔽,发出的中断请求可以被响应。

③ 上电后,特殊内部继电器 R9013 只接通一个扫描周期,其作用相当于微分指令,使 X1、X2、X3 这 3 个中断源使能。当 X1、X2、X3 均无中断请求时,Y1、Y2、Y3 全为 OFF。当 X1 发出中断请求(X1 为 ON)时,立即终止执行主程序,转去执行 INT1～IRET 之间的中断程序,通过常闭特殊内部继电器 R9010 使 Y1 为 ON。当 X2 发出中断请求(X2 为 ON)时,转去执行 INT2～IRET 之间的中断程序,通过 R9010 使 Y2 为 ON。同理,当 X3 发出中断请求时,使 Y3 为 ON。若 X1、X2、X3 在不同时间发出中断请求,则按中断请求先后顺序响应;若 X1、X2、X3 同时发出中断请求,则按中断优先次序顺序响应。

④ INT1 中断优先权最高,INT3 中断优先权最低。Y1 先得电,接下来 Y2 得电,最后 Y3 得电。

软中断程序举例如图 2.37 所示。由于软中断采用内部定时中断,不需要外部输入端子,因此无须对系统寄存器进行设置。软中断的序号为 INT24。要求 X1 接通上升沿时,Y1 为 ON,Y1 接通 5 s,关断 5 s,如此反复,直至 X1 为 OFF。

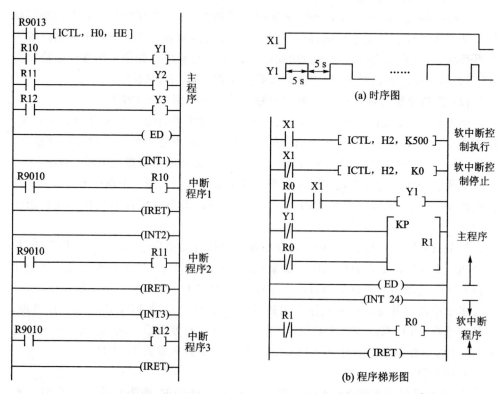

图 2.36　外部硬中断程序举例　　　　图 2.37　软中断程序举例

程序解释:ICTL 指令中 S1 设置 H2 时,表示系统接受内部定时中断。S2 设置为 K500 表明中断间隔时间为 K500×10 ms＝5 s,即每隔 5 s 发出一次中断请求。S2 设置为 K0,表明不执行内部定时中断。X1 接通,Y1 为 ON,其对应的常闭触点 Y1 断开,R1 为 OFF。与此同时,内部定时中断 5 s 后发出中断请求,转去执行中断程序。由于 R1 常闭触点接通,使 R0 为 ON,Y1 为 OFF,经 KP 指令使 R1 为 ON,使 R0 为 OFF。Y1 再次为 ON……如此循环往复,直至 X1 为 OFF,系统停止运行。

2.1.6　控制指令常用编程电路举例

1. 3 台电动机具有手动/自动功能的跳转指令控制

(1) 控制要求

某加工中心有 3 台电机 M1～M3,具有两种启停工作方式:

➤ 手动操作方式:分别用每个电动机各自的启停按钮来控制 M1～M3 的启停状态。

➤ 自动操作方式:按下启动按钮,M1～M3 间隔 5 s 自动启动;按下停止按钮,M1～M3 同时停止。

(2) I/O 分配

手动、自动控制方式转换按钮:X0。

手动控制方式:

输入:M1 启动→X1;　　M2 启动→X2;　　M3 启动→X3。
　　　M1 停止→X4;　　M2 停止→X5;　　M3 停止→X6。

输出:M1→Y0;　　　　M2→Y1;　　　　M3→Y2。

自动控制方式:

输入:启动:X7　　　　停止 X20;

输出:M1:Y0;　　　　M2:Y1;　　　　M3:Y2。

(3) 梯形图

3 台电动机手动/自动控制梯形图如图 2.38 所示。

(4) 思　考

在任务实施中,3 台电机的自动控制和手动控制分别用 MC - MCE 指令和子程序编写,体会其不同。

2. 彩灯两种运行方式的子程序控制

(1) 控制要求

彩灯控制有方式选择开关 2 个:SA1 和 SA2;有运行开关 2 个:SA3 和 SA4,其中,SA3 为方式二的启动/停止开关,SA4 为方式一的启动/停止开关。

当方式选择开关 SA1 闭合时,以方式一运行。此时合上 SA4,8 只彩灯开始从右向左以 1 s 的间隔逐个点亮,即在同一时刻只有一盏灯亮。当第 8 盏灯点亮 1 s

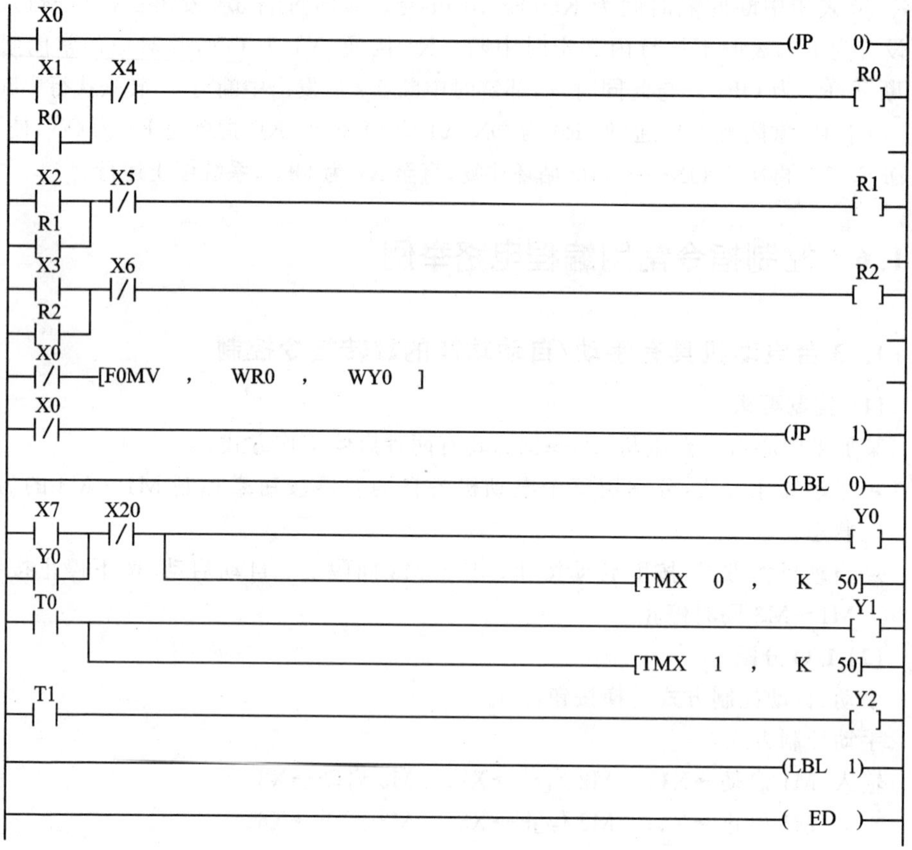

图 2.38　3 台电动机手动/自动控制梯形图

后,第一盏灯点亮,再次从右向左逐个点亮,如此循环。

当方式选择开关 SA2 闭合时,以方式二运行。此时合上 SA3,第一盏灯亮,然后每隔 1 s 向左移位一次,仍然是只有一盏灯亮。当第 8 盏灯亮后,转入向右移,移到第一盏再次向左,如此循环。

(2) I/O 分配

I/O 分配如表 2.5 所列。

表 2.5　多种运行方式彩灯控制 I/O 分配表

输　入			输　出		
元件代号	元件功能	输入继电器	元件代号	元件功能	输入继电器
SA1	选择开关	X0	HL1	彩灯 1	Y0
SA2	选择开关	X1	…	…	…
SA3	选择开关	X6	HL8	彩灯 8	Y7
SA4	选择开关	X7			

(3) 梯形图

彩灯两种运行方式的子程序控制图如图 2.39 所示。

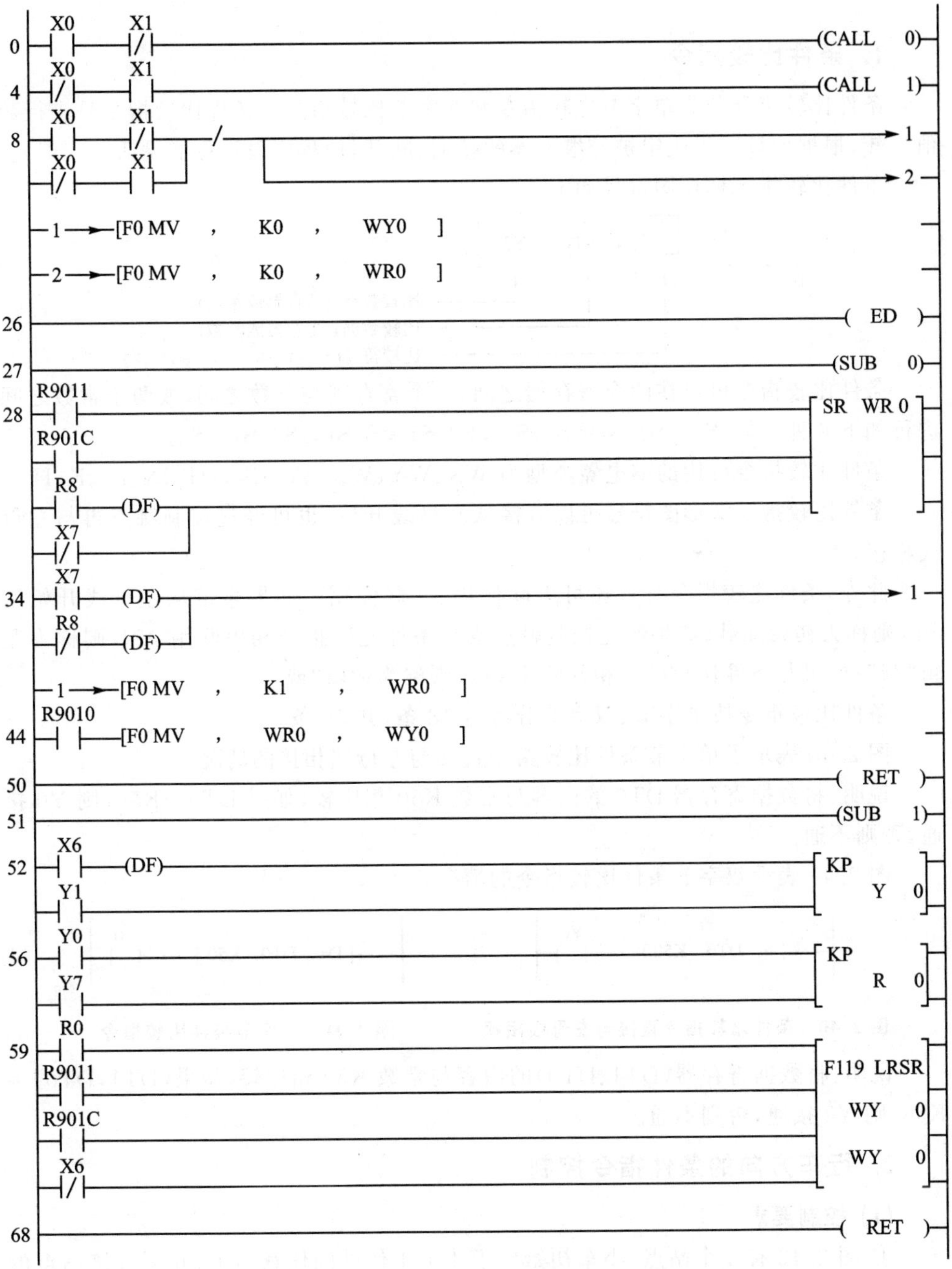

图 2.39　彩灯两种运行方式的子程序控制图

2.1.7　条件比较指令

1. 条件比较指令

条件比较指令分为单字节比较指令和双字节比较指令。条件比较指令是进行数值比较,根据比较结果决定被控继电器的接通、断开,使程序设计更加灵活。

条件比较指令梯形图符号如下:

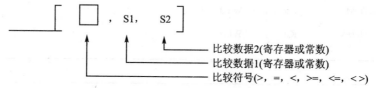

比较数据2(寄存器或常数)
比较数据1(寄存器或常数)
比较符号(>, =, <, >=, <=, <>)

条件比较指令可以在两个寄存器之间、一个寄存器与常数之间,或两个常数之间进行如下 6 种比较:S1>S2、S1=S2、S1<S2、S1≥S、S1≤S2、S1≠S2。

条件比较指令可用的继电器类型为 WX、WY、WR、SV、EV、DT、IX、IY、K、H。

条件比较指令梯形图符号可以直接从左母线开始,也可经过控制触点再与左母线相接。

此外,条件比较指令符号还可串联使用、并联使用。如果直接从左母线开始用ST,则称为初始加载;如果经过控制触点或与条件比较指令相串联用 AN,则称为逻辑"与";如果与条件比较指令相并联用 OR,则称为逻辑"或"。

条件比较指令按单字节、双字节分各有 18 条,共 36 条。

图 2.40 表示了单字节条件比较指令直接与左母线相接的情况。

说明:将数据寄存器 DT0 的内容与常数 K50 相比较,如果 DT0>K50,则 Y0 接通,否则不通。

图 2.41 表示双字节条件比较指令的情况。

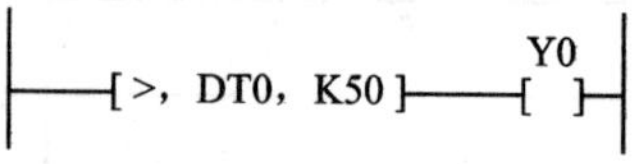

├──[>, DT0, K50]──(Y0)─┤	├──[D=, DT0, K50]──(Y0)─┤

图 2.40　条件比较指令直接与左母线相接 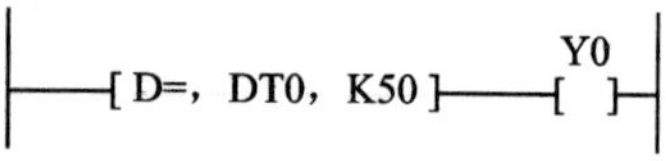　　　**图 2.41　双字节条件比较指令**

说明:将数据寄存器(DT1、DT0)的内容与常数 K50 相比较,如果(DT1,DT0)=K50,则 Y0 接通,否则不通。

2. 行车方向的条件指令控制

(1) 控制要求

① 图 2.42 有 4 个站点,小车初始停于 4 个工作站的任意一个,并压合该站点的位置开关。

② 当启动开关 SA 开启后,系统开始运行,可接受工作站的呼叫。SQ 为小车位

置检测开关，SB 为呼叫按钮，当呼叫按钮
SB 大于停车位置 SQ 号时，小车右行；呼叫
按钮 SB 号小于停车位置 SQ 号时，小车左
行。呼叫按钮 SB 与小车停车位置号 SQ 相
等时，小车都停止。

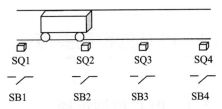

图 2.42   小车寻址控制示意图

　　分析：本项目主要是小车当前位置与呼
叫位置进行比较，比较的对象应为两个字，可以为 WR、WX，也可以为 DT。一种方
案是可以将小车的呼叫信号存储在 WR 中，并与当前的小车位置信号 WX 进行两个
二进制数的比较，若 WR<WX，则左行；反之，则右行。另一种方案是可以将位置信
号存在 DT1 里，呼叫信号存在 DT0 里，进行两个十进制数的比较，若 DT0<DT1，则
左行；反之，则右行。

（2）I/O 分配

输入：X0→SB1；　　　X1→SB2；　　　X2→SB3；　　　X3→SB4；

　　　　X20→SQ1；　　X21→SQ2；　　X22→SQ3；　　X23→SQ4；　　　启动→X40。

输出：小车右行→Y0；　　　　　　　　小车左行→Y1。

3．梯形图

图 2.43 为第一种方案的梯形图。

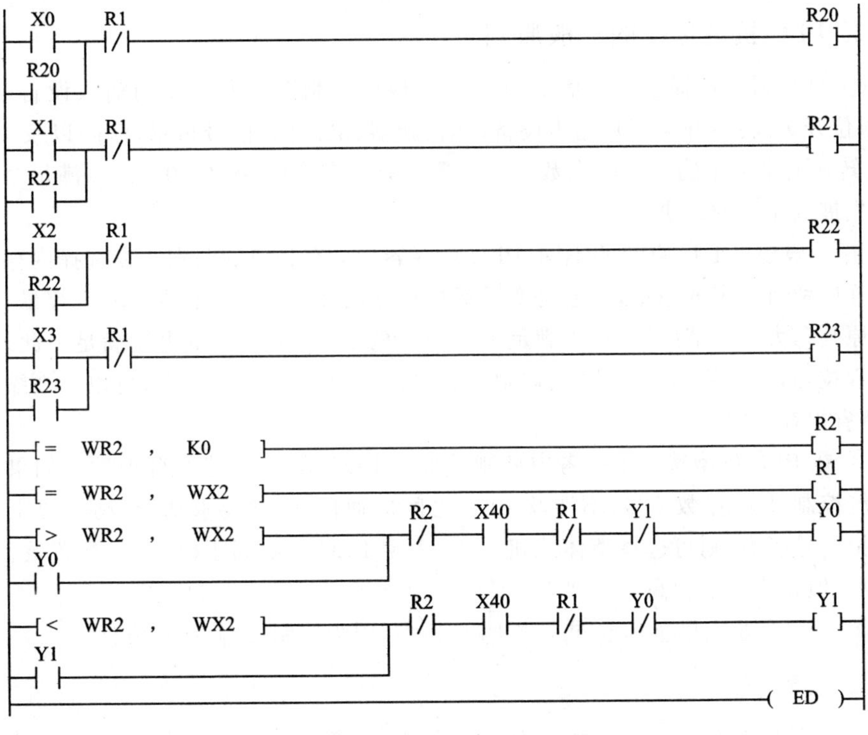

图 2.43   小车自动寻址控制梯形图

2.2　PLC 的控制要点

2.2.1　PLC 机型选择

1. 采用 PLC 控制的一般条件

伴随着微电子技术和计算机技术的快速发展,PLC 的成本不断下降,因此促进了 PLC 的应用。但并不是所有的控制都必须使用 PLC,可以使用计算机控制或继电接触器控制。

满足下列情况之一,应该首选 PLC:

➢ 系统所需 I/O 点数较多(比如在十几个点以上),控制要求比较复杂。

➢ 现场处于工业环境,而又要求控制系统具有较高可靠性。

➢ 系统的工艺流程可能经常发生变化,输入、输出控制量须经常调整。

➢ 要求完成多种定时、计数,甚至复杂的逻辑、算术运算以及对模拟量的控制。

➢ 需要完成与其他设备实现通信或联网。

➢ 系统体积很小,要求控制设备嵌入系统设备之中等。

2. PLC 机型选择的一般原则

① PLC 机型选择主要考虑 I/O 点数。根据控制系统所需要的输入设备(如按钮、限位开关、转换开关等)、输出设备(如接触器、电磁阀、信号指示灯等)以及 A/D、D/A 转换的个数来确定 I/O 点数。一般要留有一定裕量(约占 10%),以满足今后生产的发展或工艺的改进。

② 一般根据 I/O 点数的不同,PLC 内存容量会有相应的差别。在选择内存容量时同样应留有一定的裕量,一般是实际运行程序的 25%;不应单纯追求大容量,以够用为原则。大多数情况下,对于满足 I/O 点数的 PLC,内存容量也能满足。此外,提高编程技巧,合理使用基本功能、控制、比较指令以及某些高级指令,可以大大缩短程序,节省内存空间。

③ 在 PLC 机型选取上要考虑控制系统与 PLC 结构、功能的合理性。如果是单机系统控制,I/O 点数不多,不涉及 PLC 之间的通信,但又要求功能较强,要求有处理模拟信号能力,则可选择整体式机。中、大型 PLC 一般属于模块式,配置灵活,易于扩展,但相应成本较高。

④ 一个企业应尽量选取同一类 PLC 机型,因为控制、维修维护方便。

2.2.2　PLC 程序设计的步骤、基本规则

1. 程序设计的基本步骤

① 根据控制要求,确定控制的操作方式(手动、自动、连续、单步等)、应完成的动作(动作顺序、动作条件)以及必需的保护和连锁;还要确定所有的控制参数(转步时间、计数长度、模拟量精度等)。

② 根据生产设备现场需要,把所有的按钮、限位开关、接触器、指示灯等配置,按照输入/输出分类。每一类型设备按顺序分配输入/输出地址,列出 PLC 的 I/O 地址分配表。

③ 对于较复杂的控制系统,应先绘制出控制流程图,参照流程图进行程序设计。可以用梯形图语言,也可以用助记符语言。

④ 对程序进行模拟调试、修改直至满足控制要求。调试时可采用分段式调试,并利用计算机或编程器进行监控。

⑤ 程序设计完成后应进行在线统调。开始时先带上输出设备(如接触器线圈、信号指示灯等),不带负载进行调试。调试正常后,再带上负载运行。全部调试完毕,交付试运行。如果运行正常,则可将程序固化到 EPROM 中,以防程序丢失。

⑥ 随机文件。可编程控制器控制系统交付使用后,应根据调试的最终结果整理出完整的技术文件,并提供给用户。这就是系统的随机文件的一部分,主要用于系统的维修和改进。随机文件应包括:

➢ 可编程控制器的外部接线图和其他电气图纸;
➢ 可编程控制器的编程元件表,包括程序中使用的输入/输出继电器、辅助继电器、定时器、计数器状态等的元件号、名称、功能,以及定时器、计数器的设定值等;
➢ 如果用户要求或合同规定要提供顺序功能图、梯形图或指令表,则需要提供带注释的梯形图和必要的总体文字说明,没特殊要求一般不用提供;
➢ 控制系统的使用说明、操作注意事项及常见故障处理。

2. PLC 程序设计的基本规则

① 梯形图按自上而下、从左到右的顺序排列。每个继电器线圈为一逻辑行,又称为一个梯级。每个梯形图由多层逻辑行组成。每一逻辑行起于左母线,经触点、线圈终止于右母线。

② 触点不能放在线圈的右边,即线圈与右母线之间不能有任何触点,如图 2.44 所示。

③ 线圈不能直接与左母线相接,如果需要,则可通过一个没有使用的常闭触点或特殊继电器 R9010 相连接,如图 2.45 所示。

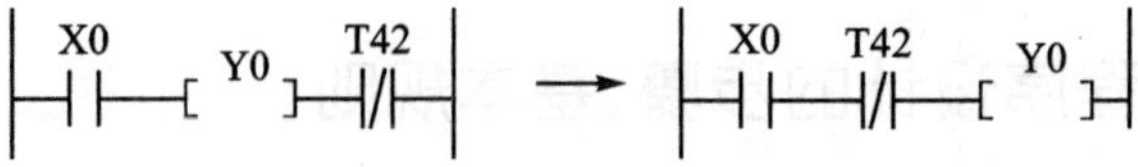

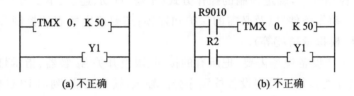

(a) 不正确　　　　(b) 正确

图 2.44　触点与线圈的连接规则

(a) 不正确　　　　(b) 不正确

图 2.45　线圈与左母线连接规则

④ 输出线圈可以并联但不能串联，同一输出线圈在同一程序中避免重复使用，如图 2.46 所示。

图 2.46　线圈的并联输出

⑤ 梯形图应体现"左重右轻"、"上重下轻"。

将串联触点较多的支路放在梯形图上方，将并联触点较多的支路放在梯形图左边，如图 2.47 所示，可减少指令条数。

⑥ 尽量避免出现分支点梯形图。

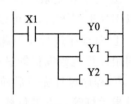

```
ST    X0
ST    X1
ST    X2
AN/   X3
ORS
ANS
OT    Y0
```

(a) 变换前

```
ST    X2
AN/   X3
OR    X1
AN    X0
OT    Y0
```

(b) 变换后

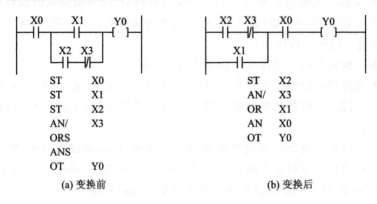

图 2.47　梯形图的等效变换

如图 2.48 所示，将定时器与输出继电器并联的上下位置互换，可减少指令条数。

(a) 变换前　　　　(b) 变换后

图 2.48　梯形图的等效变换

⑦ 触点应水平,不能垂直。

梯形图的触点应画在水平线上,不能画在垂直分支上。如图 2.49(a)所示,PLC 对此无法编程,须改画成图 2.49(b)。

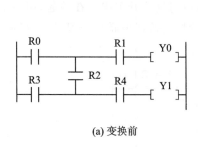

(a) 变换前

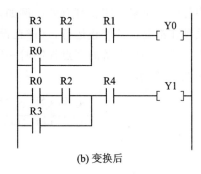

(b) 变换后

图 2.49　梯形图等效变换

2.2.3　节省 I/O 点数的方法

在可编程控制器控制系统的实际应用中,经常遇到输入点或输出点数量不够用的问题,最简单的解决方法就是增加硬件配置,这样既提高了成本,又使安装体积增大。因此,在设计时应注意节省输入/输出点数。

1. 减少所需输入点数方法

(1) 分组输入

很多设备都有自动控制和手动控制两种状态。自动程序和手动程序不会同时执行,把自动和手动信号叠加起来,按不同控制状态要求分组,并输入到可编程控制器,可以节省输入点数。例如,电梯轿箱内的操纵箱内一般都设有检修运行的手动上、下按钮,也有自动运行的选层按钮,现在很多电梯在设计时就是利用最底层选层按钮和最顶层的选层按钮取代检修手动上、下按钮,这样不仅节省了输入点,同时还减少了两个按钮,进一步降低了成本。

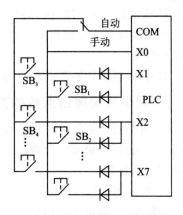

图 2.50　分组输入电路图

分组输入电路如图 2.50 所示。X0 用来输入手动/自动程序,供自动和手动切换之用。SB3 和 SB1 按钮虽然都使用 X1 输入端,但实际代表的逻辑意义不同。图中的二极管是用来切断寄生信号的,避免错误信号的产生。很显然,此输入端可分别反映两个输入信号的状态,节省了输入点数。

(2) 触点合并式输入

修改外部电路,将某些具有相同功能的输入触点串联或并联后再输入可编程控制器,这些信号就只占用一个输入点了。串联时,几个开关同时闭合有效。并联时,其中任何一个触点闭合都有效。例如,一般设备控制时都有很多保护开关,任何一个开关动作都要设备停止运行,这样在设计时就可以将这些开关串联在一起,用一个输入点。对同一台设备的多点控制时一般将多点的控制按钮串联在一起,用一点输入,如图 2.51 所示。

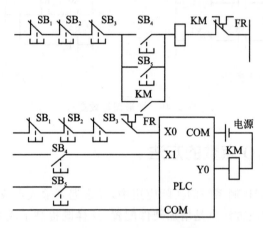

图 2.51　触点合并的输入

(3) 利用功能指令减少输入点数

利用转移指令,在一个输入端上接一个开关,作为自动、手动工作方式转换开关,可将自动和手动操作加以区别。

利用计数器计数或利用移位寄存器移位,可以利用交替输出指令实现单按钮的启动和停止。

另外,还可以用矩阵式输入等方法减少输入点数。

2. 减少所需输出点数的方法

① 通断状态完全相同的负载并联后,可以共用 PLC 的一个输出点,即一个输出点带多个负载;如果多个负载的总电流超出输出点的容量,则可以用一个中间继电器再控制其他负载。

② 在采用信号灯做负载时,采用数码管做指示灯可以减少输出点数。例如,电梯的楼层指示,如果使用信号灯,则一层就要一个输出点,楼层越高占用输出点越多,现在很多电梯使用数字显示器显示楼层就可以节省输出点,常用的是 BCD 码输出,9层以下仅用 4 个输出点,10~19 层仅用 5 个输出点。

还有一些数字显示的指令可以减少输出点的数量。

2.2.4　控制系统的抗干扰性设计

PLC 与普通的计算机不同,它与电子设备直接连接,周围存在很大的电磁干扰。为了使控制器可靠地工作,在控制系统设计时需要采取一系列抗干扰措施。

1. 抗电源干扰的措施

电源是干扰进入 PLC 的主要途径之一,电源干扰主要是通过供电线路的阻抗耦合产生的,各种大功率用电设备是主要的干扰源。在干扰较强或对可靠性要求很高的场合,可以在 PLC 的交流电源输入端加接带屏蔽层的隔离变压器和低通滤波器,如图 2.52 所示。

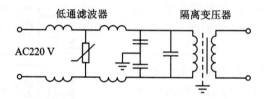

图 2.52　抗电源干扰的措施

隔离变压器可以抑制从电源线窜入的外来干扰,提高抗高频共模干扰能力,屏蔽层应可靠接地;滤波器可以吸收掉电源中的大部分"毛刺"。应注意两点:① 滤波器和隔离变压器同时使用时,应先把滤波器接入电源,然后再接隔离变压器。② 隔离变压器的初级和次级连接线要用双绞线,初级、次级要分离开。

此外,将控制器、I/O 通道和其他设备的供电分离开,也有助于抗电网干扰。

2. 控制系统的接地设计

在控制系统中,良好的接地可以起到如下的作用:一般情况下,控制器和控制柜与大地之间存在电位差,良好的接地可以减少由于电位差而引起的干扰电流;混入电源和输入/输出信号线的干扰可通过接地线引入大地,从而减少干扰的影响;良好的接地还可以防止漏电流产生的感应电压。控制系统的接地一般有如图 2.53 所示的3 种接地方法。

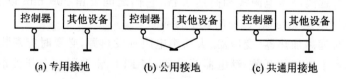

图 2.53　控制系统的接地方法

其中,图 2.53(a)为控制器和其他设备分别接地方式,这种接地方式最好。如果做不到每个设备专用接地,也可使用图 2.53(b)所示的公用接地方法。一般不能使用图 2.53(c)所示的共通接地方法,特别是应避免与电动机、变压器等动力设备共通接地。

在设计接地时,还应注意:采用共通接地方式时,接地电阻应小于 100 Ω;接地线应尽量粗,一般用截面积大于 2 mm² 的接地线;接地点应尽量靠近控制器,接地点与控制器之间的距离不应大于 50 m;接地线应尽量避开强电回路和主回路的电线,不能避开时,应垂直相交,尽量缩短平行直线的长度。

3. 感性负载的处理

感性负载具有储能作用,当控制触点断开时,电路中的感性负载会产生高于电源电压数倍甚至数十倍的反电势;触点闭合时,会因触点的抖动而产生电弧,它们都会对系统产生干扰。对此可采取以下措施:

PLC 的输入端或输出端接有感性元件时,对于直流电路,应在它们两端并联续流二极管,如图 2.54 所示;对于交流电路,应并联阻容电路,以抑制电路断开时产生的电弧对 PLC 的影响。电阻可以取 51～120 Ω,电容可以取 0.1～0.47 μF,电容的额定电压应大于电源峰值电压。续流二极管可以选 1 A 的管子,其额定电压应大于电源电压的 2～3 倍。为了减少电动机和电力变压器投切时产生的干扰,可在电源输入端设置浪涌电流吸收器。

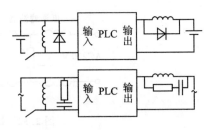

图 2.54　输入输出电路处理

4. 安装与布线的注意事项

在实际安装过程中,由于现场环境的恶劣和 PLC 对周边物理环境和电气环境的要求,PLC 很少裸露安装(实验室除外),绝大部分都安装在有保护外壳的控制柜中。

可编程控制器在安装时应注意以下事项:

① 为了提供足够的通风空间,保证 PLC 正常的工作温度,基本单元与扩展单元之间要留 30 mm 以上的间隙,各 PLC 单元与其他电器元件之间要留 100 mm 以上的间隙,以避免电磁干扰;

② 安装时远离高压电源线和高压设备,它们之间要留 200 mm 以上的间隙,高压线、动力线等应避免与输入/输出线平行布置;

③ 安装时远离加热器、变压器、大功率电阻等发热源,必要时应安装风扇;

④ 远离产生电弧的开关、继电器等设备,与 PLC 装在同一个开关柜内的感性元件,如继电器、接触器的线圈,应并联 RC 消弧电路。

开关量信号一般对信号电缆没有严格的要求,可选用一般电缆;信号传输距离较远时,可选用屏蔽电缆。模拟信号和高速信号(如脉冲传感器、计数码盘等提供的信号)应选择屏蔽电缆。通信电缆对可靠性的要求较高,有的通信电缆的信号频率很高，一般应选用专用电缆（如光纤电缆）；在要求不高或信号频率较低时，也可以选用带屏蔽的多芯电缆或双绞线电缆。

信号线与功率线应分开走线；电力电缆应单独走线；不同类型的线应分别装入不同的电缆管或电缆槽中，并使其有尽可能大的空间距离；信号线应尽量靠近地线或接地的金属导体。

当开关量 I/O 线不能与动力线分开布线时，可用继电器来隔离输入/输出线上的干扰。当信号线距离超过 300 m 时，应采用中间继电器来转接信号，或使用 PLC 的远程 I/O 模块。

I/O 线与电源线应分开走线，并保持一定的距离。如不得已要在同一线槽中布线，则应使用屏蔽电缆。交流线与直流线应分别使用不同的电缆，开关量、模拟量 I/O 线应分开敷设，后者应采用屏蔽线。如果模拟量输入/输出信号距离 PLC 较远，则应采用 4～20 mA 或 0～10 mA 的电流传输方式，而不是易受干扰的电压传输方式。

对于传送模拟信号的屏蔽线，其屏蔽层应一端接地。为了泄放高频干扰，数字信号线的屏蔽层应并联电位均衡线；其电阻应小于屏蔽层电阻的 1/10，并将屏蔽层两端接地。如果无法设置电位均衡线，或只考虑抑制低频干扰时，也可以一端接地。

不同的信号线最好不用同一个插接件转接，如必须用同一个插接件，则要用备用端子或地线端子将它们分隔开，以减少相互干扰。

2.2.5　故障诊断

可编程控制器控制系统的常见故障一方面可能来自于外部设备，如各种开关、传感器、执行机构和负载等；另一方面也可能来自于系统内部，如 CPU、存储器、系统总线、电源等。大量的统计分析与实践经验已经证明，可编程控制器本身一般是很少发生故障的，控制系统故障主要发生在各种开关、传感器、执行机构等外部设备。因此，当系统发生故障时应首先检查外部设备。

在检查时应根据可编程控制器使用手册上给出的诊断方法、诊断流程图和错误代码表，这样可很容易地检查出 PLC 的故障。

另外，还可以利用 PLC 基本单元上 LED 指示灯诊断故障的方法。

PLC 电源接通，电源指示灯（POWER）LED 亮，说明电源正常；若电源指示灯不亮，说明电源不通，应按电源检查流程图检查电源是否供电、电源线是否断开、接线端子是否松动。

当系统处于运行或监控状态时，若基本单元上的 RUN 灯不亮，则说明基本单元出了故障。

锂电池（BATTERY）灯亮，应更换锂电池。

输入/输出检查内容主要包括：模板上输入/输出的指示灯是否亮，模板上输入/输出的端子电压或电流是否正常，接线是否正确，是否有断线，接线端子是否松动，保险丝是否正常。若一路输入触点接通,相应的 LED 灯不亮,或者某一路未输入信号,但是这一路对应的 LED 灯亮,都可以判断是输入模块出了问题。若输出 LED 灯亮,对应的硬输出继电器触点不动作,则说明输出模块出了故障。

　　基本单元上 CPU ERROR LED 灯闪亮,说明 PLC 用户程序的内容因外界原因发生改变。可能的原因有:锂电池电压下降,外部干扰的影响和 PLC 内部故障,写入程序时的语法错误也会使它闪亮。

　　基本单元上 CPU ERROR LED 灯常亮,表示 PLC 的 CPU 误动作后,监控定时器使 CPU 恢复正常工作。这种故障可能由于外部干扰或 PLC 内部故障引起,应查明原因,对症采取措施。

习　题

　　2.1　有几种定时器指令,它们的单位定时时间分别是多少? 定时器的编号范围是多少,设定值范围是多少?

　　2.2　梯形图如图 2.55 所示,试写出助记符指令清单。

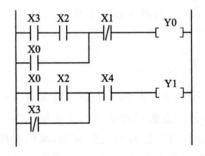

图 2.55　习题 2.2 图

　　2.3　已知梯形图中 X0、X1、X2 时序图如题 2.56 图所示,试画出 Y0 的时序图。

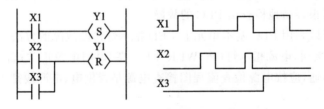

图 2.56　习题 2.3 图

　　2.4　试设计一个照明灯的控制程序。当按下接在 X0 上的按钮后,接在 Y0 上的照明灯可发光 30 s。如果在这段时间内又有人按下按钮,则时间间隔从头开始。这样可确保在最后一次按完按钮后,灯光可维持 30 s 的照明。

2.5　设计一个两台电动机控制的程序。控制要求是：第一台电动机运行 30 s 后，第二台电动机开始运行并且第一台电动机停止运行；当第二台电动机运行 20 s 后，两台电动机同时运行。

2.6　设计 3 台电动机的循环启停运转控制系统。要求 3 台电动机相隔 3 s 先后启动，各运行 8 s 后停止，再循环运行。

2.7　电动机正反转控制系统设计练习：设计一个电动机正反转控制程序，控制要求如下：

➢ 按下"启动"按钮，电动机正转 5 s，然后停 2 s，再反转 5 s，接着又停止 2 s，如此循环 3 个周期后自动停止。

➢ 在任何时候按下"急停"按钮，电动机立即停止工作。

2.8　设计一个计数范围为 30 000 的计数器。

2.9　可编程控制器控制系统设计一般分为几步？

2.10　如何估算可编程控制器控制系统的 I/O 点数？

2.11　可编程控制器的选型应考虑哪些因素？

2.12　可编程控制器在使用时应注意哪些问题？

第 **3** 章

PLC 的程序设计方法

PLC 的程序设计是指用户编写程序的设计过程,即以指令为基础,结合被控对象工艺过程的控制要求和现场信号,对照 PLC 软继电器编号,画出梯形图,然后用编程语言进行编程。由于可编程控制器的控制功能以程序的形式体现,所以程序设计是一个很重要的环节。

一般应用程序设计可分为经验设计法、继电器图替换法、时序图设计法、逻辑设计法、顺序控制设计法等。

3.1　PLC 的经验设计法

经验设计法也叫试凑法,是利用自己或别人的经验进行程序设计。这种方法是梯形图设计中最常用的编程方法。

经验设计法需要设计者掌握大量的典型电路,如第 2 章中介绍过的典型控制环节和基本控制电路(延时环节、脉冲环节、互锁环节等),它们都具有一定的功能,可以像积木一样在许多地方应用。在掌握这些典型电路的基础上,充分理解实际的控制问题,将实际控制问题分解成典型控制电路,然后用典型电路或修改的典型电路拼凑梯形图。

在设计梯形图程序时,要注意先画基本梯形图程序;当基本梯形图程序的功能能够满足要求后,再增加其他功能。在使用输入条件时,注意输入条件是电平还是脉冲边沿。一定要将梯形图分解成小功能块调试完毕后,再调试全部功能。

经验设计法的一般规律是,先根据控制要求设计基本控制程序,再逐步完善程序,最后设置必要的联锁保护程序。

经验设计方法一般只适用于比较简单或与某些典型系统类似的控制系统的设计。下面介绍一些常用的基本环节梯形图程序。

3.1.1　常用的基本环节梯形图程序

1. 启动、保持、停止控制

(1) 自锁触点的启动、保持和停止控制

梯形图如图 3.1 所示。其中，X0 为启动控制触点，X1 为关断控制触点，触点 Y0 构成自锁环节。依靠继电器自身常开触点而使其线圈保持通电的作用称为"自锁"。起自锁作用的触点称为自锁触点。自锁触点与启动按钮一般是并联。

应该说明，这里的 X0 是指不带自锁的点动按钮开关。梯形图的设计使 X0 起到了带锁的功能。工程上使用点击按钮的场合很多。

(2) SET RST 置复位指令的启动、保持和停止控制

SET RST 置复位指令的启动、保持和停止控制如图 3.2 所示。

(3) KP 保持指令的启动、保持和停止控制

KP 保持指令的启动、保持和停止控制如图 3.3 所示。

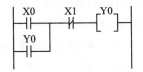　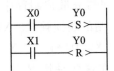　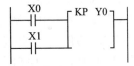

图 3.1　自锁触点的启、保、停　　　图 3.2　置复位的启、保、停　　　图 3.3　KP 的启、保、停

(4) 单按钮控制启动、保持、停止控制

工程上常常使用一个按钮控制一个输出设备的启动和停止。当第一次按下按钮时启动，第二次按下按钮时关断。这样，不仅使控制台上减少按钮数量，也可节省 PLC 的输入触点。单按钮控制启动、保持、停止控制梯形图如图 3.4 所示。

辅助继电器的单按钮控制如图 3.4(a)所示，当按钮第一次按下时(X1 接通)，Y0 接通；当按钮抬起时(X1 断开)，R0 接通，Y0 仍然导通。当按钮第二次按下时，Y0 关断，R0 仍然导通；当按钮再次抬起时，R0 关断。这样用一个按钮(X1 的两次接通)就实现了对输出的控制。

求反指令的单按钮控制如图 3.4(b)所示，利用求反指令，X1 每接通一次，Y0 的状态就发生一次改变，实现了对 Y0 的通、断控制。

[F132 BTI,D,n]高级指令的功能：对 16 位 D 寄存器的第 n 位取反。

图 3.4(b)中的[F132 BTI,WY0,K0]是对 WY0 中的第 0 位(Y0)取反。

2. 互锁控制

所谓"互锁"是指当一个继电器工作时，另一个继电器不能工作，避免短路。方法是用互锁继电器的常闭触点分别串联到其他互锁的继电器线圈控制线路中。

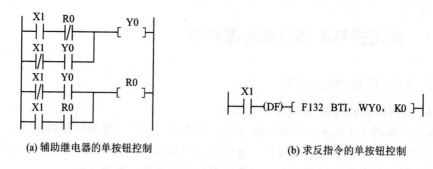

(a) 辅助继电器的单按钮控制　　　　　　(b) 求反指令的单按钮控制

图 3.4　单按钮控制启动、保持、停止控制梯形图

在图 3.5 中,输出继电器 Y0、Y1 不能同时接通,只要一个接通另一个就不能再启动。只有当按下停止按钮 X2(断开)后,才能再启动。互锁控制适用于电动机的正反转。

3. 集中控制与分散控制程序

在多台电动机连程的自动生产线上,有在总操作台的集中控制和单操作台的分散控制的联锁两种情况。集中控制与分散控制程序如图 3.6 所示,图中 X0 为选择开关,其触点为集中控制与分散控制的联锁触点。X1 为总启动,X2 为总停止,X3 为启动 1,X4 为停止 1,X5 为启动 2,X6 为停止 2。X0 接通时,为单机分散启动控制;X0 不接通时,为集中启动控制,在这两种情况下,单机和总操作台都可发出停止命令。

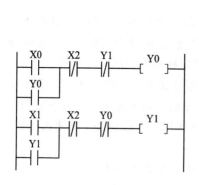

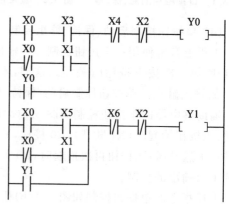

图 3.5　互锁控制　　　　　　　图 3.6　集中控制与分散控制程序

4. 二分频控制

二分频控制如图 3.7 所示,时序图如图 3.8 所示。程序工作过程如下:当 Y0 输出低电平时,X0 脉冲上升沿到来,R0 接通一个扫描周期的时间,此时 Y0 通电,其常开触点闭合;一个扫描周期后,R0 失电,其常开、常闭触点恢复,而此时 Y0 常开触点接通,故 Y0 自锁继续接通;当下一个脉冲上升沿到来时,R0 瞬时接通,此其常开触点闭合,常闭触点断开,Y0 失电,输出低电平。

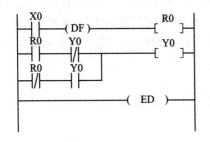

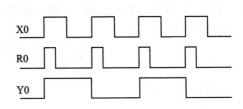

图 3.7　二分频控制梯形图　　　　　　图 3.8　二分频时序图

5. 定时/计数器范围的扩展

PLC 中定时时间或计数的长度都是有限的。若想获得长时间定时或大范围计数,可以使用以下办法:

(1) 多个计数器组合电路

图 3.9 用两个计数器完成 1 小时定时。其中,以 R901C 作为 1 s 时钟脉冲继电器计数的脉冲源,X0 为控制触点。当常闭触点 X0 断开时,解除对计数器的复位控制,计数器开始计数。当计数器 CT100 计数 60 个脉冲(60 s)时,经常开触点 C100 向计数器 CT101 发去一个计数脉冲,同时使 CT100 计数器复位。CT101 对 CT100 每 60 s 产生的脉冲进行计数,计数 60 个为 1 小时(60 s×60=3 600 s)。应该注意到,计数器 CT100 是利用自己的常开触点使自己复位。

(2) 定时器和计数器组合电路

图 3.10 为定时器和计数器组成的长延时梯形图。当控制触点 X0 接通后,定时器 TY0 依靠自复位产生周期为 10 s 的脉冲序列,作为计数器的计数脉冲。当计数器 CT100 计满 200 个脉冲后,其常开触点 C100 闭合,使 Y0 接通。从 X0 接通到触点 C100 闭合,定时时间为 10 s×200=2 000 s。

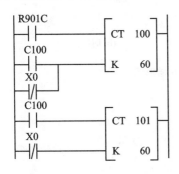

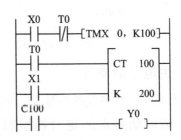

图 3.9　两个计数器组合　　　　　　图 3.10　定时器和计数器组合

6. 通电延时接通

通电延时接通梯形图如图 3.11 所示。时序图中,根据输入 X 等寄存器波形,在梯形图上用循环扫描的工作方式,通过标注触点、线圈等元件的通断工作状态,画出对应 R、T、Y 等继电器的波形,得到完整的时序图,从而帮助读者分析了解梯形图程序的运行结果。

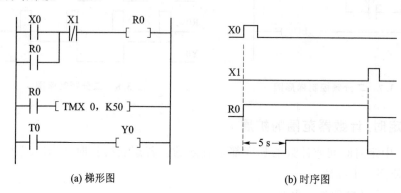

(a) 梯形图   (b) 时序图

图 3.11   通电延时接通梯形图

7. 通电延时断开

通电延时断开梯形图如图 3.12 所示。

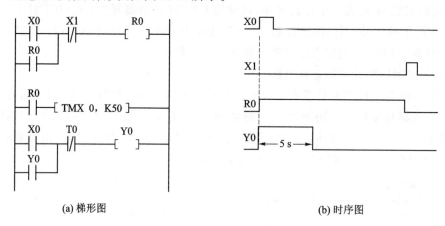

(a) 梯形图   (b) 时序图

图 3.12   通电延时断开梯形图

8. 失电延时断开

失电延时断开梯形图如图 3.13 所示。

9. 带瞬动触点的定时器控制

如果需要在定时器接通时就动作的瞬动触点,可以在定时器线圈两端并联一个辅助继电器的线圈,可利用其触点作瞬动触点,如图 3.14 所示。

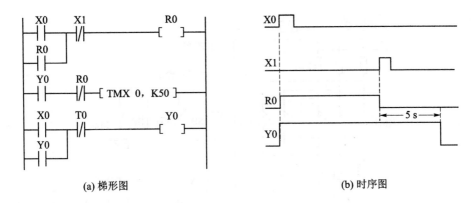

(a) 梯形图   (b) 时序图

图 3.13 失电延时断开梯形图

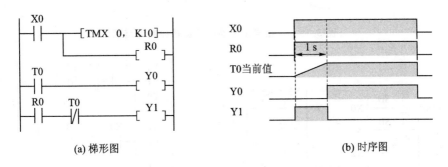

(a) 梯形图   (b) 时序图

图 3.14 带瞬动触点的定时器控制

3.1.2 梯形图经验设计法举例

1. 项目 3.1:三相异步电动机正反转控制

图 3.15 是三相异步电动机正反转控制的主电路和继电器控制电路图。

图 3.16 和图 3.17 是 PLC 控制系统的外部接线图和梯形图,其中,KM1 和 KM2 分别是控制正、反转的交流接触器。

在梯形图中,用两个启保停电路来分别控制电动机的正转和反转。按下正转启动按钮 SB$_2$,X0 变为 ON,其常开触点接通,Y0 的线圈"得电"并自保持,使 KM1 线圈通电,电动机开始正转。按下停止按钮 SB$_1$,X2 变为 ON,其常闭触点断开,使 Y0 线圈"失电",电动机停止运行。

在梯形图中,将 Y0 和 Y1 的常闭触点分别与对方的线圈串联,可以保证它们不能同时为 ON,因此,KM1 和 KM2 的线圈不会同时通电,这种安全措施在继电器电路中称为"电气互锁"。在梯形图中还设置了"按钮联锁",即将反转启动按钮 X1 的常闭触点与控制正转的 Y0 线圈串联,将正转启动按钮 X0 的常闭触点与控制反转的 Y1 线圈串联。这样既方便了操作,又保证了 Y0 和 Y1 不会同时接通。

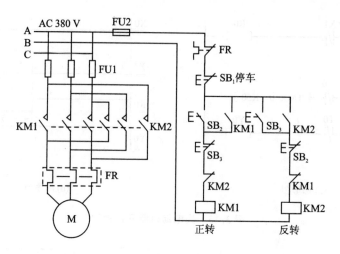

图 3.15　三相异步电动机正反转控制电路图

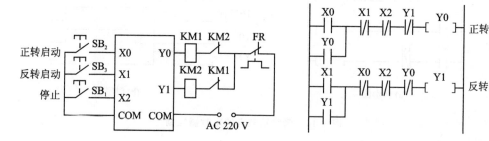

图 3.16　正反转的 PLC 外部接线图　　　　图 3.17　异步电动机正反转控制梯形图

应注意的是:虽然在梯形图中已经有了软继电器的互锁触点,但在外部硬件输出电路中还必须使用 KM1、KM2 的常闭触点进行互锁。因为 PLC 内部软继电器互锁只相差一个扫描周期,而外部硬件接触器触点的断开时间往往大于一个扫描周期,来不及响应。例如,Y0 虽然断开,而 KM1 的触点可能还未断开,在没有外部硬件互锁的情况下,KM2 的触点就可能接通,引起主电路短路。因此必须采用软硬件双重互锁。

采用了双重互锁可同时避免因接触器 KM1 和 KM2 的主触点熔焊引起的电动机主电路短路。

2. 项目 3.2:保持指令的电动机正反转控制

(1) 控制要求

当购买的接触器只有常开触点,没有常闭触点时,则没有硬件双重互锁。现在要求:只用软件双重互锁实现安全可靠的正反转。按下正转按钮 SB$_2$,交流接触器 KM$_1$ 得电,电动机正转。按下停止按钮 SB$_1$,电动机停止。按下反转按钮 SB$_3$,交流接触器 KM$_2$ 得电,电动机正转。即正转↔停止↔反转操作时,中间须经过停止,以保证正反交流接触器不会同时得电短路。

(2) I/O 分配

输入：正转按钮 $SB_2 \rightarrow X0$；　反转按钮 $SB_3 \rightarrow X1$；　停止按钮 $SB_1 \rightarrow X2$。

输出：正转交流接触器 $KM_1 \rightarrow Y0$；　反转交流接触器 $KM_2 \rightarrow Y1$。

(3) 梯形图设计

符合要求的保持指令的正反转梯形图如图 3.18 所示。

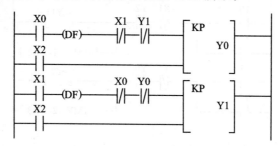

图 3.18　保持指令的正反转梯形图

(4) 实际接线图

保持指令的正反转实际接线图如图 3.19 所示。

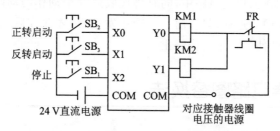

图 3.19　保持指令的正反转接线图

3. 项目 3.3：3 个灯顺序控制

(1) 控制要求

当 X0 接通后，灯 Y0 先亮，经过 5 s，灯 Y1 亮，同时灯 Y0 熄灭；再经过 5 s，灯 Y2 亮，同时灯 Y1 熄灭；又经过 5 s，灯 Y0 亮，同时灯 Y2 熄灭。如此循环往复，直至总停开关 X1 断开，循环结束。工作时序图如图 3.20 所示。

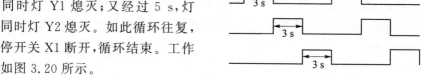

图 3.20　3 个灯顺序控制时序图

(2) I/O 分配

输入：启动按钮 $\rightarrow$ X0；　停止按钮 $\rightarrow$ X1。

输出：灯 1 $\rightarrow$ Y0；　灯 2 $\rightarrow$ Y1；　灯 3 $\rightarrow$ Y2。

(3) 梯形图设计

符合要求的梯形图如图 3.21 所示。

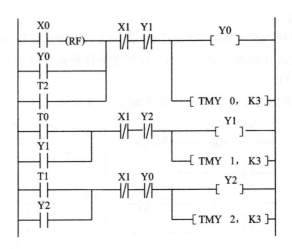

图 3.21　3 个灯顺序控制梯形图

说明:符合本要求的梯形图设计方式有多种。这里采用经验设计法,主要用到了联锁式顺序步进控制典型电路和定时器通电延时电路原则。将前一个动作的动合触点串联在后一个动作的启动电路中,同时将代表后一个动作的动断触点串联在前一个动作的关断电路中。这样,只有前一个动作发生后,才允许后一个动作发生;而后一个动作发生后,就使前一个动作停止。

3.2　继电器电路图替换法

在分析 PLC 控制系统的功能时,可以将它想象成一个继电器控制系统中的控制箱,其外部接线图描述了这个控制箱的外部接线,梯形图是这个控制箱的内部"线路图"。梯形图中的输入继电器和输出继电器是这个控制箱与外部世界联系的"接口继电器",这样就可以用分析继电器电路图的方法来分析 PLC 控制系统。在分析和设计梯形图时,可以将输入继电器的触点想象成对应外部输入器件的触点或电路,将输出继电器的线圈想象成对应外部负载的线圈。外部负载的线圈除了受梯形图的控制外,还可能受外部触点的控制,这样就将继电器电路图转换为功能相同的 PLC 的 I/O 接线和梯形图。

3.2.1　将继电器图替换为梯形图的步骤和注意事项

1. 将继电器图替换为梯形图的步骤

① 改画传统继电器接触器控制电路图。

将传统继电器-接触器控制电路分解为主电路和控制电路,然后将控制电路图逆时针旋转 90。再翻转 180°,重新画出该电路图,并把电气元件的代号逐一标注在对应图形符号的下方。

② PLC 编程元件配置,画出 PLC 的 I/O 接线图。

PLC 编程元件配置包括 PLC 的输入继电器和输出继电器配置(简称 PLC 的 I/O 配置)、其他继电器(辅助存储器 R、定时器 T、计数器 C 等)配置。继电器控制电路中的按钮、控制开关、限位开关、接近开关和各种传感器信号等的触点接在 PLC 的输入端子上,并依次分配给 PLC 的输入继电器 X;交流接触器、电磁阀、蜂鸣器和指示灯等执行机构接在 PLC 的输出端子上,并依次分配给 PLC 的输出继电器 Y。继电器电路的中间继电器依次分配给 PLC 的辅助继电器 R、时间继电器依次分配给 PLC 的定时器 T。

分配的结果要以 PLC 存储器分配表的形式给出。最后,根据 PLC 的输入/输出存储器的配置画出 PLC 的 I/O 接线图。

③ 在改画的继电器控制电路图上,根据图 3.22 进行文字符号和图形符号的替换。

梯表图符号		继电器接触器控制电路符号	
图形符号对照			
各种动合触点	─┤├─	各种动合触点	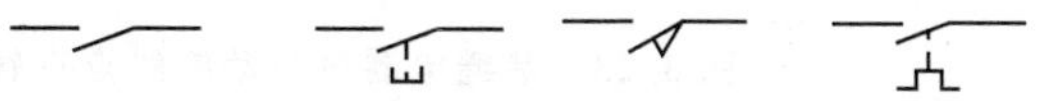 (各种图形符号)
各种动断触点	─┤/├─	各种动断触点	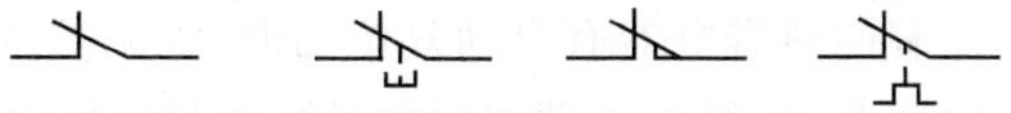 (各种图形符号)
线圈	[　]	线圈	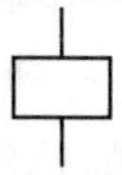 (图形符号)
定时器线圈	[　]	时间继电器	(图形符号)
文字符号对照			
输入继电器	X	各种开关触点	SA、SB、SQ
输出继电器	Y	接触器	KM
辅助继电器	R	中断继电器	KA
定时器	T	时间继电器	KT
计数器	C	无	无

图 3.22　图形符号和文字符号对照

ⓐ 文字符号替换。用 PLC 语句表指令的操作数替换继电器控制电路的文字符号,即把输入存储器编号标注在主令电器触点符号的上方,把输出存储器编号标注在被控电器线圈及其触点符号的上方,把辅助存储器编号标注在辅助存储器线圈及其触点符号的上方,把定时器计数器编号标注在定时器计数器线圈及其触点符号的

上方。

ⓑ文字符号和图形符号的替换。用梯形图的文字符号(操作数)替代相对应的继电器控制电路图中的电气元件的文字符号,用梯形图的图形符号(操作码)替代相对应的继电器控制电路图中的电气元件的图形符号。

这样,就将传统存储器接触器控制电路图转换成对应的梯形图。

④ 根据梯形图编程规则进一步优化梯形图。

2. 转换的注意事项

① 热继电器触点的处理。有的热继电器需要手动复位,即热继电器动作后要按一个它自带的复位按钮,其触点才会恢复原状,即动合触点断开,动断触点闭合。这种热继电器的动断触点可以接在 PLC 的输出回路,与接触器的线圈串联,如图 3.23 所示,这种方案可以节约 PLC 的一个输入点。当然,过载时接触器失电,电动机停转,但 PLC 的输出依然存在,因为 PLC 没有得到过载的信号。

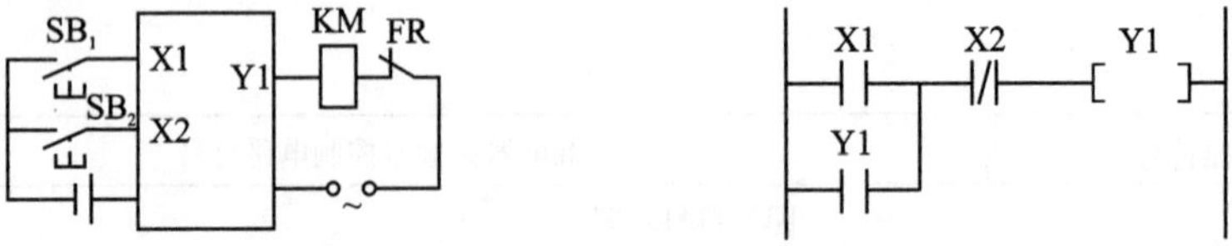

图 3.23　热继电器过载动断触点在输出回路与接触器的线圈串联

有的热继电器有自动复位功能,如果这种热继电器的动断触点仍然接在 PLC 的输出回路,热继电器动作后电动机停转,串接在主回路中的热继电器的热元件冷却,热继电器的动断触点自动闭合,电动机自动启动,可能会造成设备和人身事故。因此,有自动复位功能的热继电器的动断触点不能接在 PLC 的输出回路,必须将它的触点接在 PLC 的输入端,其动断触点提供的过载信号必须通过输入电路提供给 PLC,在 PLC 的 I/O 接线图中接 FR 的动断触点,梯形图中相应输入继电器应使用动合触点,如图 3.24 所示。

图 3.24　热继电器过载动断触点接在输入电路

② 动断触点提供的输入信号的处理。

以图 3.25 所示的电动机长动控制的 PLC 等效电路图为例说明。图 3.25(a)是控制电动机的继电器电路图,SB1 和 SB2 分别是启动按钮和停止按钮,如果将它们的动合触点接到 PLC 的输入端,则梯形图中的触点类型与继电器电路的触点类型完全一致。如果接入 PLC 的是 SB2 的动断触点,按图 3.25(b)中的 SB2,则 X1 的动断触点断开,X1 的动合触点接通,显然在梯形图中应将 Xl 的动合触点与 Y0 的线圈串联,如图 3.25(c)所示;但是这时梯形图中所用的 X1 的触点类型与 PLC 外接 SB2 的动合触点时刚好相反,与继电器电路图中的习惯是相反的。建议尽可能采用动合触点作为 PLC 的输入信号。

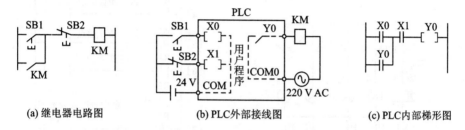

(a) 继电器电路图　　　　(b) PLC外部接线图　　　　(c) PLC内部梯形图

图 3.25　电动机长动控制的 PLC 等效电路图

以上分析时可将输入继电器 X 的 PLC 内部输入电路等效为一个转换线圈。由分析可见,满足对应继电器电路按钮的 PLC 外接按钮和梯形图触点的相互关系如图 3.26 所示。

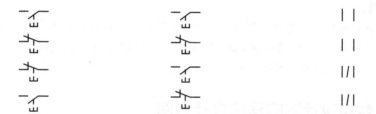

(a) 原继电器电路所接按钮　　(b) 转换后的PLC外部所接按钮　　(c) 按钮在梯形图中对应触点

图 3.26　PLC 外接按钮和梯形图触点的相互关系

③ 通电延时时间继电器的转换。若时间继电器有瞬动触点,则可以在梯形图的定时器线圈的两端并联辅助继电器 R,这个辅助继电器的触点可以当作时间继电器的瞬动触点使用。

④ 断电延时时间继电器的转换。

断电延时时间继电器的转换如图 3.27 所示,KT 的线圈转换为 T1 线圈。KT 的触点动作转换为 R1、R2 的触点动作。KT 的瞬动触点 KT(1－5)、KT(1－7)转换为 R1 的动合触点[4]、R1 的动断触点[5];KT 的断电延时断开的动合触点 KT(1－9)转换为 R1 的动合触点[6]与 R2 的动合触点[6]的并联;KT 的断电延时闭合的动断触点 KT(1－11)转换为 R1 的动断触点[6]与 R2 的动断触点[6]的串联。

图 3.27 动作过程:开始 $HL_2(Y2)$ 和 $HL_4(Y4)$ 亮,同时 $HL_1(Y1)$ 和 $HL_3(Y3)$ 灭;按下 $SB_1(X1)$ 后→立即 $HL_1(Y1)$ 和 $HL_3(Y3)$ 亮,同时 $HL_2(Y2)$ 和 $HL_4(Y4)$ 灭;

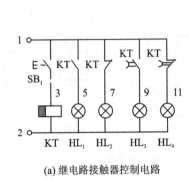

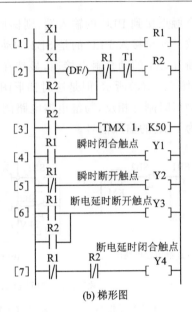

(a) 继电路接触器控制电路　　　　　　(b) 梯形图

图 3.27　断电延时时间继电器的转换

稍后松开 SB_1(X1)后→立即 HL_2(Y2)亮,同时 HL_1(Y1)灭;→5 s 后,HL_4(Y4)亮,HL_3(Y3)灭。

⑤ 外部负载的额定电压。PLC 的继电器输出模块和双向晶闸管输出模块只能驱动额定电压 AC 220 V 的负载,如果原有的交流接触器的线圈电压为 380 V,则应将线圈换成 220 V 的或设置外部的中间继电器。

3.2.2　替换设计法的程序设计举例

项目 3.4:三相异步电动机 Y-△减压启动控制电路

(1) 控制要求

三相异步电动机 Y-△减压启动的继电器-接触器控制电路如图 3.28 所示。当按下启动按钮 SB_2 时,接触器 KM_3、KM_1、时间继电器 KT 同时得电吸合。KM_3 得电吸合,三相异步电动机定子绕组接成星形联结,接触器 KM_1 得电吸合,其辅助动合触点 KM_1 闭合,实现自锁保持,其主触头闭合,接通电动机电源,电动机以星形联结减压启动。时间继电器 KT 接通并开始计时,设定的启动时间到时,KT 的动断触点首先断开,接触器 KM_3 释放,KM_1 仍保持接通状态。KM_3 释放时,原先闭合的动合触点 KM_3 先断开,原先断开的动断触点 KM_3 后闭合,KT 的动合触点再闭合,接触器 KM_2 得电吸合,电动机定子绕组以三角形联结正常运行。

(2) 编程元件配置及 PLC 的 I/O 接线

① PLC 的 I/O 配置:由控制要求可知,输入信号共有 3 个,分别是 SB_1、SB_2、

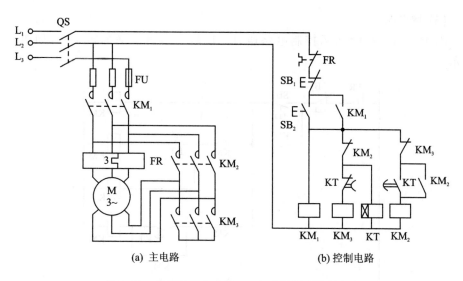

（a）主电路　　　　　　　　　（b）控制电路

图 3.28　三相异步电动机 Y -△减压启动控制电路

FR；输出信号共有 3 个，分别用于控制 KM_1、KM_2、KM_3 的线圈。PLC 的 I/O 配置如表 3.1 所列。

表 3.1　输入输出设备及 PLC 的 I/O 配置

输入设备		输入继电器	输出设备		输出继电器
名　称	代　号		名　称	代　号	
启动按钮	SB_2	X0	主接触器	KM_1	Y0
停止按钮	SB_1	X1	△接触器	KM_2	Y1
热继电器	FR	X2	Y 接触器	KM_3	Y2

② 控制 Y -△转换时间的定时器 T0 以及控制三角形接触器延缓接通的定时器 T1。

③ 根据 PLC 的 I/O 配置可设计出 PLC 的 I/O 接线图如图 3.29 所示。

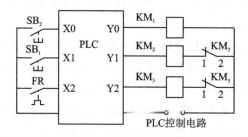

图 3.29　PLC 的 I/O 接线

(3) 梯形图

① 将图 3.28(b)所示控制电路逆时针旋转 90°,再水平翻转 180°,如图 3.30 所示。

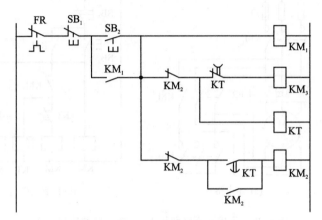

图 3.30　图 3.28(b)改画的控制电路

② 对图 3.30 所示电路进行图形符号和文字符号替换,如图 3.31 所示。

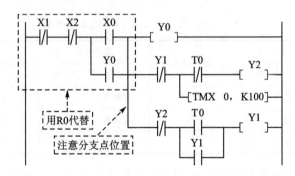

图 3.31　对图 3.30 所示电路进行图形符号和文字符号替换

③ 图 3.31 中将 Y2 和 T0 线圈交换位置,避免循环扫描滞后。于是得到用块、指令及堆栈指令方案来实现的 Y-△减压启动控制梯形如图 3.32 所示。

④ 图 3.31 所示电路有两点不足:

ⓐ 不完全符合梯形图编程规则。按照梯形图语言中的语法规定简化和修改梯形图。为了简化电路,当多个线圈都受某一个串并联电路控制时,可在梯形图中设置受电路控制的存储器的位,如 R0,如图 3.31 所示。

ⓑ 设置定时器 T1 是为了在完成星形联结启动后再经过 0.5 s 的延时才以三角形联结正常运行。这是为了更加安全,防止接触器 KM3 尚未完全释放时 KM2 就吸合而造成电源短路事故。

改进后的梯形图如图 3.33 所示。

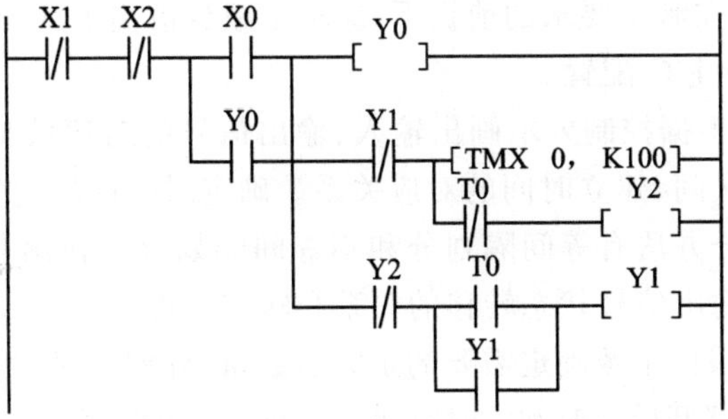

图 3.32　块与指令及堆栈指令实现的 Y-△减压启动控制梯形图

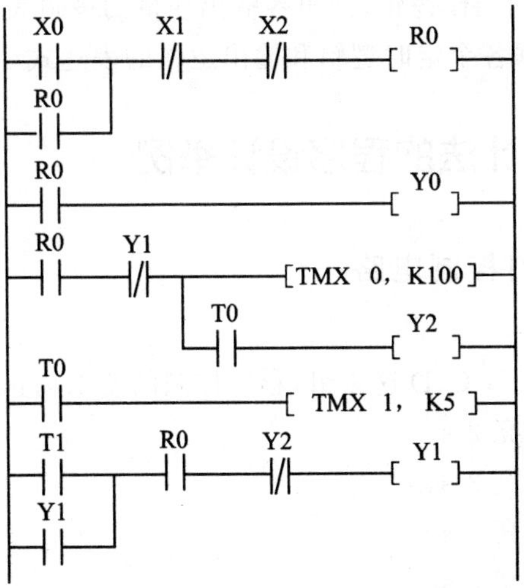

图 3.33　改进后的梯形图

3.3　时序图设计法

3.3.1　时序图设计法的一般步骤

如果 PLC 各输出信号的状态变化有一定的时间顺序，则可用时序图设计法设计程序。画出各输出信号的时序图后，就容易理解各状态转换的条件，从而建立清晰的设计思路。

时序图设计法适用于定时或计数的程序，对于按时间先后顺序动作的时序控制系统的设计尤为方便。系统复杂时可将其动作分解，其局部也可使用这种方法。

时序图设计法的一般步骤：

① 详细分析控制要求、PLC 的输入和输出信号，确定 PLC 的 I/O 点个数，选择

合理的 PLC 机型。在满足要求的前提下,应尽量减少占用 PLC 的 I/O 点。

② 对 PLC 进行 I/O 配置。

③ 画时序图。根据控制要求画出输入、输出信号的时序波形图,把时序波形图划分成若干个时间区间,建立时间的对应关系。确定时间区域,找出时间变化的临界点。常用的区间划分方法有等间隔划分和不等间隔划分。找出各区间的分界点,弄清各分界点处的各输出信号状态转移的关系和转移条件。

④ 根据时间区段的个数确定需要的定时器数量,分配定时器号,确定各定时器的设定值,明确各定时器开始定时和定时时间到这两个关键时刻对各输出信号的影响。

⑤ 确定动作关系。根据各动作与时间区间的对应关系,找出各信号的状态转换时刻和条件,建立相应的动作逻辑,列出各输出变量的逻辑表达式。

⑥ 画梯形图。依据各个定时逻辑和输出逻辑的表达式绘制梯形图。

3.3.2 时序图设计法的程序设计举例

1. 项目 3.5:彩灯控制电路

(1) 控制要求

其彩灯电路共有 A、B、C、D 这 4 组,彩灯控制的要求为:

① B、C、D 暗,A 组亮 2 s。

② A、C、D 暗,B 组亮 2 s。

③ A、B、D 暗,C 组亮 2 s。

④ A、B、C 暗,D 组亮 2 s。

⑤ B、D 两组暗,A、C 两组同时亮 1 s。

⑥ A、C 两组暗,B、D 两组同时亮 1 s。

然后按①~⑥反复循环。要求用一个输入开关控制,开关闭合彩灯电路工作,开关断开彩灯电路停止工作。

由上述彩灯电路的控制要求可见,A、B、C、D 这 4 组彩灯按时间先后顺序依次点亮,是典型的时序控制系统,最适合使用波形图设计法。

(2) 编程元件配置及 PLC 的 I/O 接线

① PLC 的 I/O 配置如表 3.2 所列。

② 设置控制 A、B、C、D 这 4 组彩灯亮灭的定时器 T37~T42。

③ 根据 PLC 的 I/O 配置,可得到如图 3.34 所示的 PLC 的 I/O 接线。

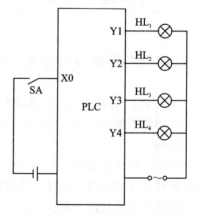

图 3.34 彩灯电路控制 PLC 外部接线图

表 3.2　PLC I/O 的分配

| 输入设备 | | PLC | 输出设备 | | PLC |
代　号	名　称	输入继电器	代　号	名　称	输出继电器
SA	输入开关	X0	HL₁	A 组彩灯	Y1
			HL₂	B 组彩灯	Y2
			HL₃	C 组彩灯	Y3
			HL₄	D 组彩灯	Y4

(3) 画波形图

按照时间的先后顺序关系画出各信号在一个循环中的波形图,分析波形图中有几个时间段需要控制,从而决定使用几个定时器,并对应时间画出定时器的波形图。该例中 4 组彩灯,HL_1、HL_2、HL_3、HL_4 的波形图如图 3.35 所示,由图可见,4 组彩灯工作一个循环由 6 个时间段构成,可用 6 个定时器 T37～T42 加以控制。当工作开关 SA 接通后,T37 得电,延时 2 s 后 T38 接通,再延时 2 s 后 T39 接通……依此类推,最后 T42 接通时将所有定时器(包括自己)线圈都断开,从而又开始新的一个循环。

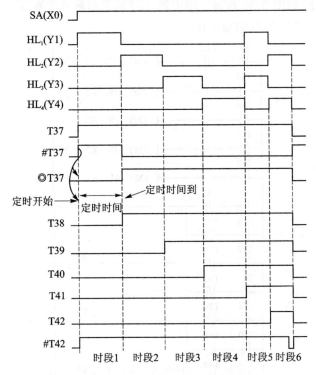

图 3.35　彩灯电路工作波形图

(4) 列出逻辑表达式

➤ A 组彩灯 HL1 在时间段 1、5 亮;

➤ B 组彩灯 HL2 在时间段 2、6 亮;

> C 组彩灯 HL3 在时间段 3、5 亮；

> D 组彩灯 HL4 在时间段 4、6 亮。

通过对每时段各组灯的得电、失电条件可知：

对时段 1 来讲，转换开关 SA 闭合→输入继电器 X0 得电→触点◎X0 闭合→Y1 得电→HL$_1$ 亮。控制时段 1 的定时器 T37 的触点♯T37 断开，使 Y1 失电，从而使 HL$_1$ 熄灭。对时间段 2～6 来讲，利用控制前一时间段定时器的动合触点，使该时间段灯点亮，由控制该时间段定时器的动断触点，可使该时间段灯熄灭。由此可得逻辑表达式：

$$Y1(HL_1) = ◎X0 \cdot ♯T37 + ◎T40 \cdot ♯T41$$
$$Y2(HL_2) = ◎T37 \cdot ♯T38 + ◎T41 \cdot ♯T42$$
$$Y3(HL_3) = ◎T38 \cdot ♯T39 + ◎T40 \cdot ♯T41$$
$$Y4(HL_4) = ◎T39 \cdot ♯T40 + ◎T41 \cdot ♯T42$$

(5) 设计梯形图程序

根据上面的逻辑表达式及定时器 T37～T42 的依次得电过程就可设计出彩灯电路的梯形图程序，如图 3.36 所示。图中把 T42 的动断触点串在 T37 线圈中，目的是使定时器 T 37～T42 能周期地工作。

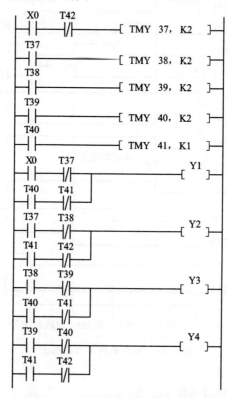

图 3.36　彩灯电路 PLC 控制梯形图

按照霓虹灯的工作过程,每个循环分为 8 个时段,用 6 个定时器 T37～T42 控制。T37～T42 在每个时段开始时依次得电,开始计时,计时时间到,则该时段结束,其动合触点闭合、动断触点断开。因此,可以用相邻前一时段定时器的动合触点(此时已闭合)来点亮下一时段的灯,用本时段定时器动断触点使该时段的灯熄灭。

因此,T37～T42 定时器作用:① 点亮下一时段的灯;② 使该时段的灯熄灭;③ 启动下一时段定时器。

定时器 T42[6] 计时到,♯T42[1] 断开→T37 失电→接着 T38～T42 相继失电,一个工作周期结束。由于 T42[8] 失电→T42[1] 复位闭合→T37[1] 得电→使 T38～T42 相继得电,开始下一个工作周期。

(6) 电路工作过程

电路工作过程如下:

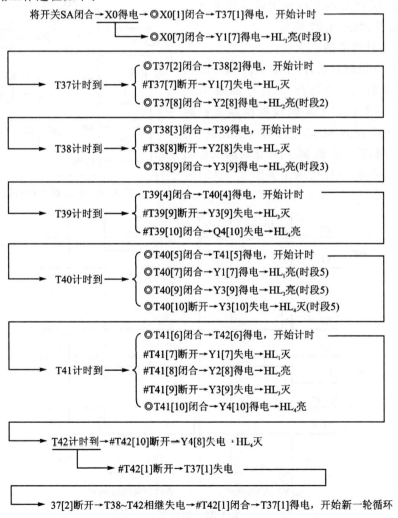

2. 项目 3.6:电动机循环运行的 PLC 控制

(1) 控制要求

有两台电动机 M_1 和 M_2,按下启动按钮 SB1,则 M_1 运转 10 min 后停止 5 min,M_2 与 M_1 相反,即 M_1 停止时 M_2 运行,M_1 运行时 M_2 停止,如此循环往返,直到按下停止按钮 SB_2,电动机 M_1 和 M_2 停止运行。

(2) 编程元件配置及 PLC 控制电路

① PLC 的 I/O 配置:

➤ 输入信号:启动按钮 $SB_1 \rightarrow X0$;停止按钮 $SB_2 \rightarrow X1$。

➤ 输出信号:控制 M_1 的接触器 $KM_1 \rightarrow Y0$;控制 M_2 的接触器 $KM_2 \rightarrow Y1$。

② 控制电动机运行/停止时间的定时器 T37、T38。

③ 根据 PLC 的 I/O 配置可设计出 PLC 的 I/O 接线,如图 3.37 所示。

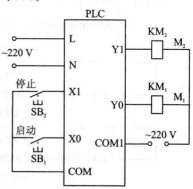

图 3.37　PLC 的 I/O 接线

(3) 设计梯形图

① 根据控制要求,由于电动机 M_1(Y0)、M_2(Y1)周期性交替运行,其时序如图 3.38 (a)所示。用 T37、T38 组成振荡器来控制 M_1、M_2,T37 控制 M_1 的运行时间及控制 M_2 的停止时间,T38 控制 M_1 的停止时间及控制 M_2 的运行时间,这样可画出如图 3.38(b)所示的时序图。

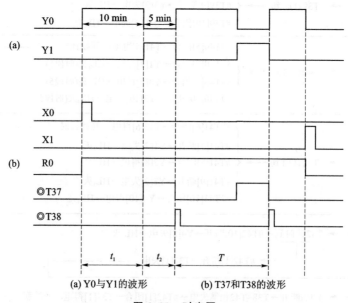

(a) Y0与Y1的波形　　　　(b) T37和T38的波形

图 3.38　时序图

② 设 R0 为控制电动机启动停止的记忆继电器。

③ 由图 3.38 可看出，Y0 与 T37 的波形相反，Y1 与 T37 的波形相同，因此，

$$Y0 = ◎R0 \cdot \sharp T37 \qquad\qquad Y1 = ◎R0 \cdot ◎T37$$

④综上所述，可得如图 3.39 所示梯形图。

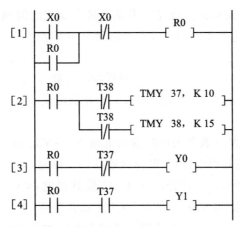

图 3.39　梯形图

3. 项目 3.7：3 组彩灯循环控制

(1) 控制要求

3 组彩灯相隔 5 s 依次点亮，各点亮 10 s 后熄灭，循环往复。要求采用 PLC 控制。3 组彩灯一周的运行时序如图 3.40 所示。

(2) 编程元件配置及 PLC 的 I/O 的接线

① PLC 的 I/O 的分配：输入电源开关 SA→X1；

　　　　　　　输出指示灯 $HL_1 \sim HL_3$→Y1～Y3。

② 根据存储器分配可得 PLC 的 I/O 接线如图 3.41 所示。

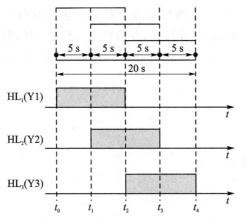

图 3.40　3 组彩灯循环工作时序图

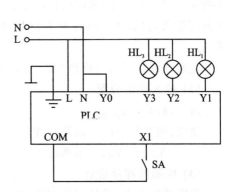

图 3.41　PLC 的 I/O 接线图

③ 另外，还需要设置产生 5 s 时钟脉冲的发生器定时器、T37、辅助继电器 R21。

(3) 设计梯形图

① 由图 3.40 所示 3 组彩灯一周的运行时序图可见，t_0(0 s)、t_1(5 s)、t_2(10 s)、t_3(15 s)、t_4(20 s)为 3 组彩灯运行周期中亮灭状态变化的时间点。由于时间点都是 5 s 的倍数，因此要用定时器设计 5 s 一个时钟脉冲的发生器，由 R21 提供 5 s 时钟脉冲。

② 通过计数器 C101~C104 对 5 s 时钟脉冲的计数，产生时间点 t_1(5 s)、t_2(10 s)、t_3(15 s)、t_4(20 s)的控制信号，由 C101~C104 分别提供 t_1(5 s)、t_2(10 s)、t_3(15 s)、t_4(20 s)的控制信号。

③ 用形成时钟点的计数器去控制输出电路 Y1~Y3。由图 3.50 可知，由于 Y1 在 t_0(0 s)~t_2(10 s)期间得电，因此电源接通后，Y1 得电，♯C102 使其失电；由于 Y2 在 t_1(5 s)~t_3(15 s)期间得电，因此由 ◎C101 使其得电，♯C103 使其失电；由于 Y3 在 t_2(10 s)~t_4(20 s)期间得电，因此由 ◎C102 使其得电，♯C104 使其失电。

④ 为了实现彩灯的循环工作，需要在彩灯的每一次开始及工作后的每一个 20 s 末将所有计数器清零，这里设计了 R11 和 R12，用 R12 作为 C101~C104 的清零信号。

综上所述，可得出如图 3.42 所示的 3 组彩灯循环控制梯形图。

4. 项目 3.8：交通灯控制

(1) 控制要求

本系统要求实现的功能是：当启动开关接通时，交通灯系统开始工作，红、绿、黄灯按一定时序轮流发亮。先南北红灯亮，东西绿灯亮。南北红灯亮维持 8 s，在南北红灯亮的同时，东西绿灯也亮，并维持 4 s，到 4 s 时，东西绿灯闪亮，闪亮周期为 1 s（亮 0.5 s，灭 0.5 s）。绿灯闪亮 2 s 后熄灭，东西黄灯亮，并维持 2 s，到 2 s 时，东西黄灯熄灭，红灯亮，同时南北红灯熄灭，绿灯亮。东西红灯亮维持 8 s，南北绿灯亮维持 4 s，到 4 s 时，南北绿灯闪亮 2 s 后熄灭，南北黄灯亮，并维持 2 s，到 2 s 时，南北黄灯熄灭，红灯亮，同时东西绿灯亮，开始第二周期的动作。此后周而复始地循环。

交通红绿灯运行时序图如图 3.43 所示。

(2) 输入输出分配

输入：启动按钮 X0。

输出：南北红 Y0；   南北绿 Y1；   南北黄 Y2；
　　　东西红 Y3；   东西绿 Y4/   东西黄 Y5。

(3) 梯形图程序设计

根据功能要求，设计梯形图程序如图 3.44 所示。

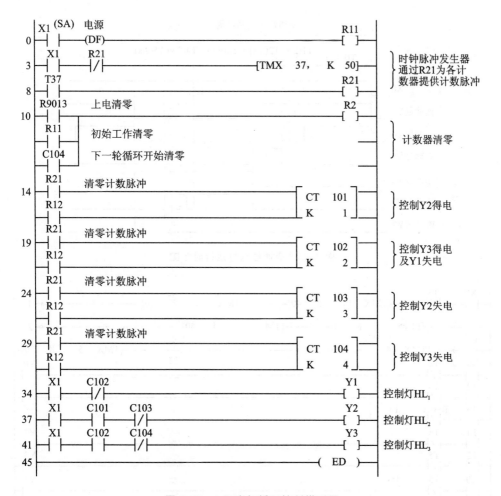

图 3.42 3 组彩灯循环控制梯形图

当 X0 接通,T5 的常闭触点初始状态为闭合,定时器 T0～T5 串联,分别定时 4 s、2 s、2 s、4 s、2 s、2 s,分别对应东西绿灯持续亮的时间、闪动时间、东西黄灯亮的时间、南北绿灯持续亮的时间、闪动时间、南北黄灯亮的时间。其中,绿灯有两种亮的状态,按时序图设计法就用两条支路并联,即将持续亮的环节与闪动的环节并联起来,输出 Y1 和 Y4,并在闪动环节中加入 R901C。

5. 项目 3.9:喷水池控制

(1) 控制要求

喷水池控制中,按下启动按钮后喷水池 1～4 号水管的工作顺序为:1→2→3→4 按顺序延时 2 s 喷水,然后一起喷水 3 s 后,1、2、3 和 4 号水管分别延时 2 s 停水,再等待 1 s,由 4→3→2→1 反序分别延时 2 s 喷水,然后再一起喷水 3 s 为一个循环。

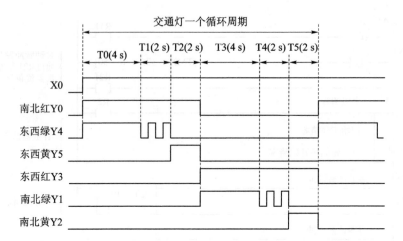

图 3.43　交通红绿灯运行时序图

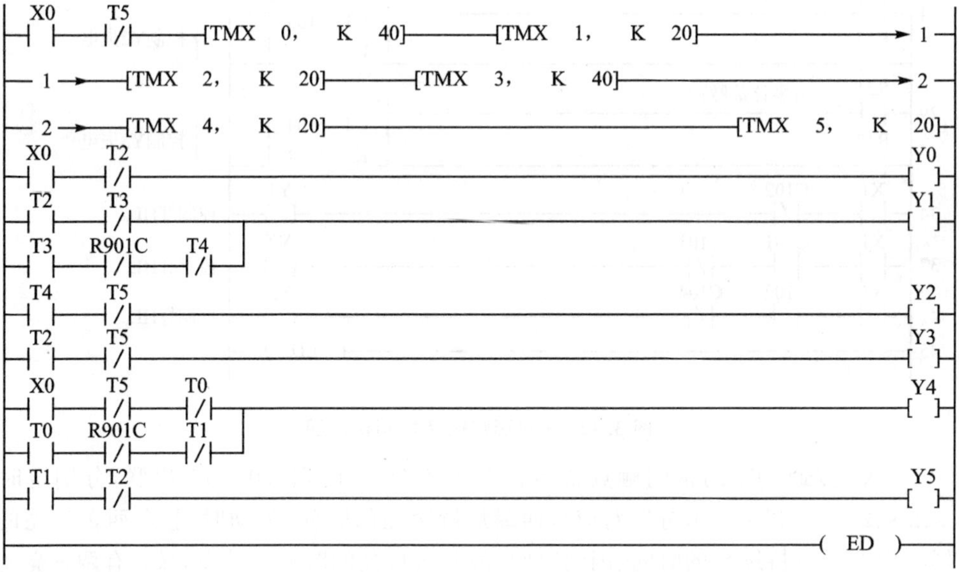

图 3.44　交通灯控制梯形图

(2) I/O 分配

输入:启动 X0;　停止 X1。

输出:4 号 Y0;　3 号 Y1;　2 号 Y2;　1 号 Y3。

定时器:T0~T13。

(3) 梯形图

梯形图如图 3.45 所示。

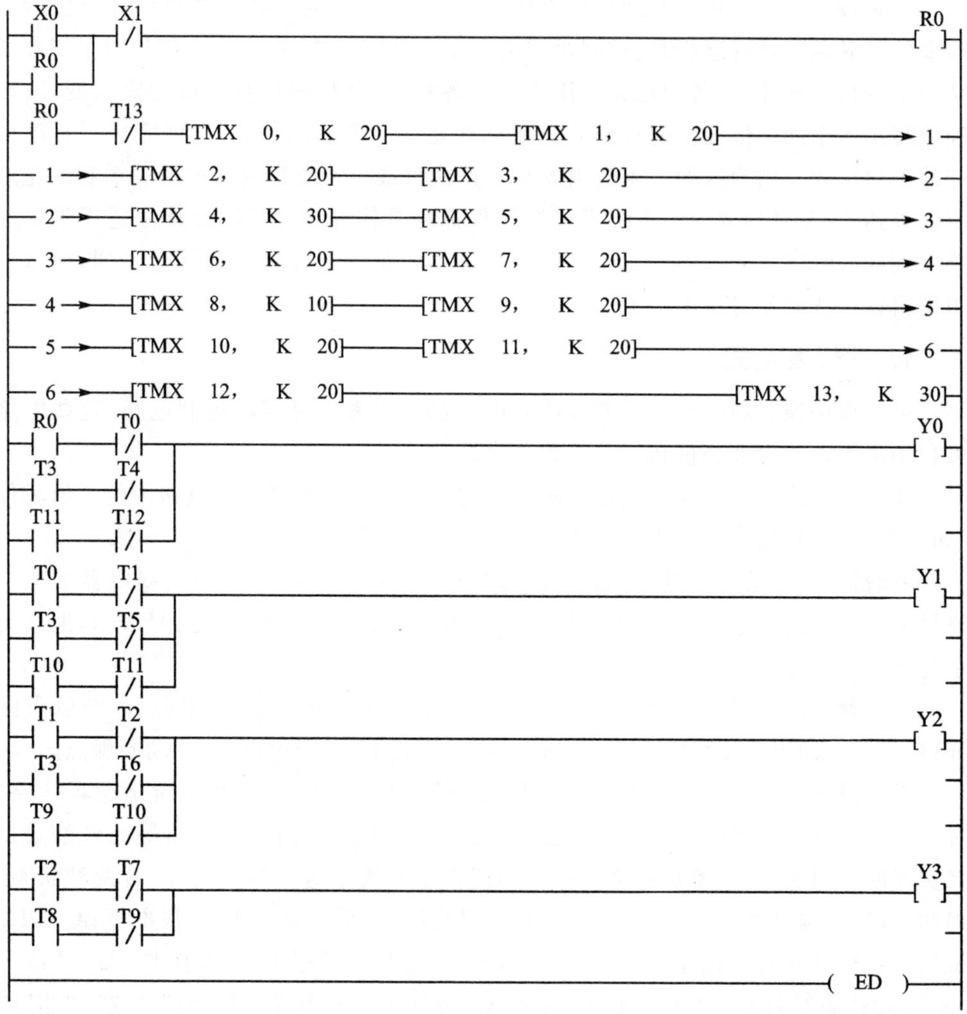

图 3.45　喷水池控制梯形图

3.4　PLC 的逻辑设计法

3.4.1　逻辑设计法的一般步骤

　　逻辑设计法是以控制系统中各种物理量的逻辑关系出发点的设计方法。这种设计方法既有严密可循的规律性和可行的设计步骤，又有简便、直观和十分规范的特点。

逻辑设计方法的理论基础是逻辑代数,它是从传统的继电器逻辑设计方法继承而来的。其基本设计思想是:控制过程由若干个状态组成,每个状态都是由于接收了某个主令信号而建立;各记忆元件用于区分各状态,并构成执行元件的输入变量;正确地写出各中间记忆元件逻辑函数式和执行元件的逻辑函数式,也就完成了程序设计的主要任务。因为这两个函数组既是生产机械或生产过程内部逻辑关系和变化规律的表达式,又是构成控制系统实现控制目标的具体程序。逻辑设计法适用于单一顺序问题的程序设计,如果系统很复杂,包含了大量的选择序列和并行序列,那么采用逻辑设计法就显得很困难了。

1. 逻辑表达式

可编程序控制器的大部分等效控制电路都可以看成是逻辑控制电路,这些电路可利用逻辑表达式来分析和确定编程顺序。

逻辑表达式由逻辑变量经过逻辑运算构成。逻辑变量对应于电路中的二值元件(如触点、线圈),只取逻辑值"0"或"1"。

一般情况下,动合触点、线圈对应的逻辑变量用动合触点、线圈所属电器的文字符号表示,动断触点对应的逻辑变量也用动断触点所属电器的文字符号表示,但其文字符号加上画线。

代表触点的逻辑变量的值为"1"时,表示线圈得电、动合触点闭合、动断触点断开;代表触点的逻辑变量的值为"0"时,表示线圈失电、动合触点断开、动断触点闭合。

逻辑设计方法的理论基础是逻辑代数,而继电器控制系统的本质是逻辑线路。看一个电气控制电路时都会发现,线路的接通和断开都是通过继电器等元件的触点来实现的。因此,电气控制电路的种种功能必定取决于这些触点的开、合两种状态。因此,电气控制电路从本质上说是一种逻辑线路,符合逻辑运算的基本规律。PLC虽然是一种新型的工业控制设备,但在某种意义上可以把 PLC 看作是"与"、"或"、"非"3 种逻辑线路的组合体。PLC 的梯形图程序的基本形式也是"与"、"或"、"非"的逻辑组合,它们的工作方式及其规律也完全符合逻辑运算的基本规律。因此,用变量及其函数只有"0"、和"1"两种取值的逻辑代数设计电气控制电路是完全可以的。PLC 的早期应用就是代替继电器控制系统,因此,逻辑设计方法同样也可以使用PLC 应用程序的设计。

逻辑代数的 3 种基本运算"与"、"或"、"非"都有着非常明确的物理意义,逻辑函数表达式的线路结构与 PLC 语句表程序完全一样。

因此,根据上述关系,可以将继电接触器控制系统的逻辑线路、PLC 的梯形图程序以及逻辑代数的 3 种基本运算与 PLC 语句表程序对应起来,进行直接转化,从而得到相应的 PLC 程序。

基本逻辑函数和运算式与梯形图的对应关系如表 3.3 所列。可见,当一个逻辑函数用逻辑变量的基本运算式表达出来后,实现这个逻辑函数的梯形图也就确定了。

这种方法使用熟练后,甚至可直接由逻辑函数表达式写出对应的指令助记符程序。

表 3.3　函数和运算式与梯形图对照表

函数和运算式	梯形图
逻辑"与" $F_{Y1}(X0,X1)=X0 \cdot X1$	X0　X1　　　Y1
逻辑"或" $F_{Y1}(X0,X1)=X0+X1$	X0　　　Y1 X1
逻辑"非" $F_{Y1}(X1)=\overline{X1}$	X1　　　Y1
"与/或"运算式 $F_{Y1}=X0 \cdot X1+X2 \cdot X3$	X0　X1　　　Y1 X2　X3
"或/与"运算式 $F_{Y1}=(X0+X1) \cdot (X2+X3)$	X0　X2　　　Y1 X1　X3

这里,逻辑变量只需有逻辑"加"和逻辑"乘"两种运算。逻辑"加"用来表示触点并联,逻辑"乘"用来表示触点串联。

2. 用逻辑设计法设计 PLC 应用程序的一般步骤

① 明确控制任务和控制要求。通过分析工艺过程,根据生产过程中各工步之间的各个检测元件(如行程开关、传感器等)状态的变化,列出检测元件的状态表,确定所需的中间记忆元件。

② 详细绘制电控系统的状态转换表。通常,它由输出信号状态表、输入信号状态表、状态主令表和中间记忆装置状态表 4 个部分组成。状态转换表全面、完整地展示了电控系统各部分、各时刻的状态和状态之间的联系及转换,非常直观,对建立电控系统的整体联系,动态变化的概念有很大帮助,是进行电控系统分析和设计有效工具。

③ 有了状态转换表,便可进行电控系统的逻辑设计,包括列写中间记忆元件的逻辑函数式和执行元件(输出端点)的逻辑函数式两个内容。这两个函数式组既是生产机械或生产过程内部逻辑关系和变化规律的表达形式,又是构成电控系统实现控制目标的具体程序。

再列出各执行元件的工序表,然后写出检测元件、中间记忆元件和执行元件的逻辑表达式,最后转换成梯形图。该方法在单一的条件控制系统中非常好用,相当于组合逻辑电路,但在和时间有关的控制系统中就很复杂。

④ PLC 程序的编制就是将逻辑设计结果转化。PLC 为工业控制机,逻辑设计的结果(逻辑函数式)能够很方便地过渡到 PLC 程序,特别是语句表达式。当然,如果设计者需要由梯形图程序作为一种过渡,或者选用的 PLC 的编程器具有图形输入功能,则也可以首先由逻辑函数式转化为梯形图程序。

由于语句表的结构、形式与逻辑函数非常相似,很容易直接由逻辑函数转化。而梯形图可以通过语句表过渡一下,或直接由逻辑函数转化。

⑤ 程序的完善和补充,包括手动工作方式的设计、手动与自动工作方式的选择、自动工作循环、保护措施等。

从形式上看,梯形图中的每一个梯级可分成两部分,即输出和它的执行条件。其中,输出为继电器线圈、应用指令等,执行条件则为一些动合、动断触点的串并联组合,输出的结果(继电器线圈的得电或失电、应用指令的执行与否)取决于执行条件。将执行条件用一个逻辑表达式来描述,程序设计就归结为一个逻辑问题。使用逻辑设计法时,将 PLC 控制问题转化为组合逻辑或时序逻辑设计问题,按照逻辑代数的方法求解,最后转化为梯形图。

3.4.2　逻辑设计法的程序设计举例

1. 项目 3.10:通风机工作情况显示控制

(1) 控制要求

某系统中有 4 台通风机,要求在以下几种运行状态下发出不同的显示信号:

➤ 3 台及 3 台以上开机时,绿灯常亮;

➤ 两台开机时,绿灯以 1 Hz 的频率闪烁;

➤ 一台开机时,红灯以 1 Hz 的频率闪烁;

➤ 全部停机时,红灯常亮。

(2) PLC 的 I/O 配置及 PLC 的 I/O 接线

➤ PLC 的 I/O 配置输出:4 个通风机的运转检测信号 $S_1 \sim S_4$;

➤ 输出:红灯 HL_1、绿灯 HL_2;

PLC 的 I/O 接线如图 3.46 所示。

(3) 列状态表,设计梯形图

为了明确起见,将系统的工作状态以列表的形式表示出来。在该例中,系统的各种运行状态与对应的显示状态是唯一的,因此,可以将几种状态运行情况分开列表。

设灯常亮为 1、灭为 0,通风机开机为 1、停为 0,以下同。

1) 红灯常亮的程序设计

当 4 台通风机都不开机时红灯常亮。其状态为:

编程元件	X1	X2	X3	X4	Y0(HL₁)
状态	0	0	0	0	1

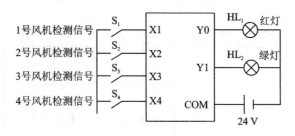

图 3.46　PLC 的 I/O 接线

由状态表可得 $Y0(HL_1)$ 的逻辑函数为：$Y0(HL_1) = \sharp X1 \cdot \sharp X2 \cdot \sharp X3 \cdot \sharp X4$。由逻辑函数 $Y0(HL_1)$ 可得梯形图，如图 3.47(a)所示。

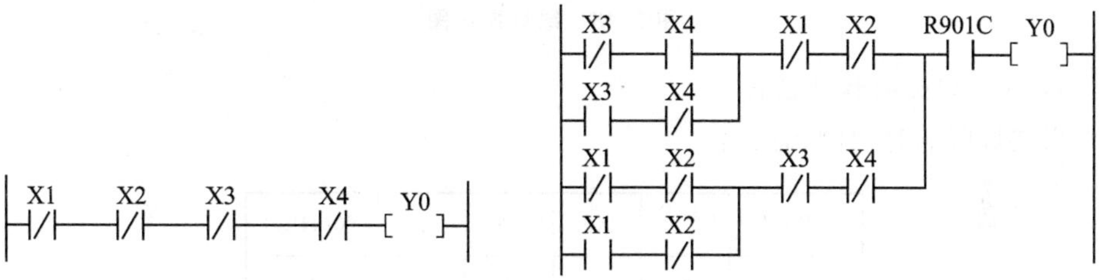

(a) 红灯亮　　　　　　　　(b) 红灯闪烁

图 3.47　红灯梯形图

2）绿灯常亮的程序设计

能引起绿灯常亮的情况有 5 种，其状态为：

编程元件	X1	X2	X3	X4	Y1(HL₂)
	0	1	1	1	1
	1	0	1	1	1
状态	1	1	0	1	1
	1	1	1	0	1
	1	1	1	1	1

由状态表可得 $Y1(HL_2)$ 的逻辑函数为：

$$Y1(HL_2) = \sharp X1 \cdot \bigcirc X2 \cdot \bigcirc X3 \cdot \bigcirc X4 +$$
$$\bigcirc X1 \cdot \sharp X2 \cdot \bigcirc X3 \cdot \bigcirc X4 +$$
$$\bigcirc X1 \cdot \bigcirc X2 \cdot \sharp X3 \cdot \bigcirc X4 +$$
$$\bigcirc X1 \cdot \bigcirc X2 \cdot \bigcirc X3 \cdot \sharp X4 +$$
$$\bigcirc X1 \cdot \bigcirc X2 \cdot \bigcirc X3 \cdot \bigcirc X4$$

经化简得：

$$Y1(HL_2) = \bigcirc X1 \cdot \bigcirc X2(\bigcirc X3 + \bigcirc X4) + \bigcirc X3 \cdot \bigcirc X4(\bigcirc X1 + \bigcirc X2)$$

根据逻辑函数 $Y1(HL_2)$ 可得如图 3.48(a) 所示梯形图。

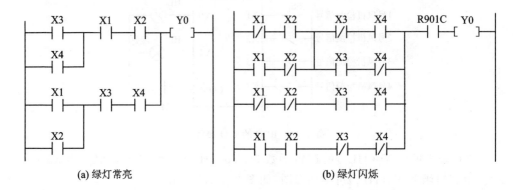

(a) 绿灯常亮　　　　　　　　　　　　　　(b) 绿灯闪烁

图 3.48　绿灯梯形图

3) 红灯闪烁的程序设计

当红灯闪烁时,其状态为:

编程元件	X1	X2	X3	X4	Y0(HL$_1$)
状态	0	0	0	1	1
	0	0	1	0	1
	0	1	0	0	1
	1	0	0	0	1

由状态表得 $Y0(HL_1)$ 的逻辑函数为:

$$Y0(HL_1) = \#X1 \cdot \#X2 \cdot \#X3 \cdot \bigcirc X4 +$$
$$\#X1 \cdot \#X2 \cdot \bigcirc X3 \cdot \#X4 +$$
$$\#X1 \cdot \bigcirc X2 \cdot \#X3 \cdot \#X4 +$$
$$\bigcirc X1 \cdot \#X2 \cdot \#X3 \cdot \#X4$$

经化简得：

$$Y0(HL_1) = \#X1 \cdot \#X2(\#X3 \cdot \bigcirc X4 + \bigcirc X3 \cdot \#X4) +$$
$$\#X3 \cdot \#X4(\#X1 \cdot \bigcirc X2 + \bigcirc X1 \cdot \#X2)$$

根据逻辑函数 $Y0(HL_1)$ 可得如图 3.47(b) 所示梯形图,图中 R901C 能产生 1 s (即 1 Hz)的脉冲信号,以使红灯闪烁。

4) 绿灯闪烁的程序设计

当绿灯闪烁时,其状态为:

编程元件	X1	X2	X3	X4	Y0(HL$_2$)
状态	0	0	1	1	1
	0	1	0	1	1
	0	1	1	0	1
	1	0	0	1	1
	1	0	1	0	1
	1	1	0	0	1

由状态表可得 Y1(HL$_2$)的逻辑函数为：

$$Y1(HL_2) = \sharp X1 \cdot \sharp X2 \cdot \textcircled{} X3 \cdot \textcircled{} X4 +$$
$$\sharp X1 \cdot \textcircled{} X2 \cdot \sharp X3 \cdot \textcircled{} X4 +$$
$$\sharp X1 \cdot \textcircled{} X2 \cdot \textcircled{} X3 \cdot \sharp X4 +$$
$$\textcircled{} X1 \cdot \sharp X2 \cdot \sharp X3 \cdot \textcircled{} X4 +$$
$$\textcircled{} X1 \cdot \sharp X2 \cdot \textcircled{} X3 \cdot \sharp X4 +$$
$$\textcircled{} X1 \cdot \textcircled{} X2 \cdot \sharp X3 \cdot \sharp X4$$

经化简得：

$$Y1(HL_2) = \sharp X1 \cdot \sharp X2(\sharp X3 \cdot X\textcircled{}4 + \textcircled{}X3 \cdot \sharp X4) +$$
$$\sharp X3 \cdot \sharp X4(\sharp X1 \cdot \textcircled{}X2 + \textcircled{}X1 \cdot \sharp X2) +$$
$$\sharp X1 \cdot \sharp X2 \cdot \textcircled{}X3 \cdot \textcircled{}X4 +$$
$$\textcircled{}X1 \cdot \textcircled{}X2 \cdot \sharp X3 \cdot \sharp X4$$

根据逻辑表达式 Y1(HL$_2$)可得如图 3.48(b)所示梯形图。

5）总梯形图

将图 3.47、图 3.48 综合在一起，可设计出总梯形图，如图 3.49 所示。

2. 项目 3.11：投票表决控制

(1) 控制要求

在投票表决控制中，比赛共有 3 个裁判，当有两个以上裁判允许通过时，比赛才能通过，白灯亮；否则，不能通过，红灯亮。

(2) I/O 分配

输入：裁判 1 X0；裁判 2 X1；裁判 3 X2；复位 X4。

输出：白灯 Y0；红灯 Y1。

(3) 梯形图

投票表决控制梯形图如图 3.50 所示。

(4) 语句表

块指令前置法：指令表 1　　　　　　　　块指令后置法：指令表 2

```
0    ST  X0              0    ST  X0
1    AN  X1              1    AN  X1
```

2	ST	X1		2	ST	X1
3	AN	X2		3	AN	X2
4	ORS			4	ST	X0
5	ST	X0		5	AN	X2
6	AN	X2		6	ORS	
7	ORS			7	ORS	
8	AN/X3			8	AN/	X3
9	OT	Y0		9	OT	Y0
10	/			10	/	
11	OT	Y1		11	OT	Y1
12	ED			12	ED	

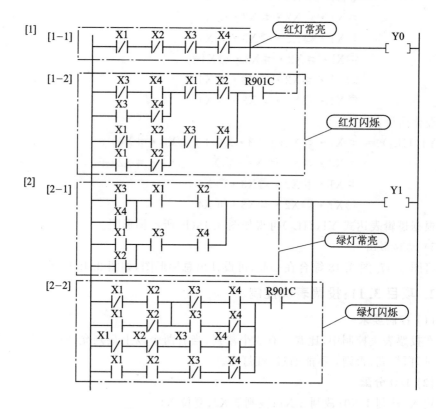

图 3.49　通风机工作情况显示梯形图

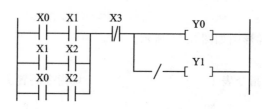

图 3.50　投票表决控制梯形图

3.5 PLC 的顺序控制设计法

顺序控制就是按照生产工艺预先规定的顺序,在各个输入信号的作用下,根据内部状态和时间的顺序,在生产过程中各个执行机构自动地、有序地进行工作。使用顺序控制设计法时首先要根据系统的工艺过程,画出顺序功能图,然后根据顺序功能图再画出梯形图。

顺序控制设计法是一种先进的设计方法,很容易被初学者接受,程序的调试、修改和阅读也很容易,并且大大缩短了设计周期,提高了设计效率。

顺序控制设计法的基本设计步骤及内容如下:

① 步的划分。

分析被控对象的工作过程及控制要求,将系统的工作过程划分成若干个阶段,这些阶段称为"步"。

② 转换条件的确定。

转换条件是使系统从当前步进入下一步的条件。常见的转换条件有按钮、行程开关、定时器和计数器的触点的动作(通/断)等。转换条件也可以是若干个信号的逻辑组合。

③ 顺序功能图的绘制。

④ 梯形图的绘制。

根据顺序功能图,利用"启-保-停"电路、置位、复位指令或者步进指令将其转化为梯形图。

3.5.1 顺序控制设计法中顺序功能图的绘制

1. 顺序功能图的组成要素

顺序功能图主要由步、有向连线、转换、转换条件和动作(或命令)等要素组成。

(1) 步

顺序功能图主要用来描述系统的功能,将系统的一个工作周期根据输出量的不同划分为各个顺序相连的阶段,即步可以用内部继电器 R 表示,写在矩形方框内。方框中可以用数字表示该步的编号,如图 3.51 所示。

在任何一步内,各输出量的 ON/OFF 状态不变,但是相邻两步输出量的状态是不同的。任何系统都有等待启动命令的相对静止状态,与此状态对应的步称为初始步,用双线方框表示。当系统处于某一步所在的阶段时,该步称为"活动步",其前一步称为"前级步",后一步称为"后续步",其他各步称为"不活动步"。

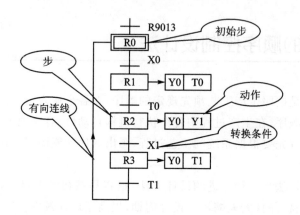

图 3.51 顺序功能图示意图

(2) 动 作

系统处于某一步可以有几个动作,也可以没有动作。这些动作之间无顺序关系。用矩形框将动作与表示步的矩形框相连。

当步处于活动状态时,相应的动作被执行。但是应注明动作是保持型的还是非保持型的。保持型的动作是指该步活动时执行该动作,该步变为不活动后继续执行该动作。非保持型动作是指该步活动时执行该动作,该步变为不活动后停止执行该动作。一般保持型的动作在顺序功能图中应该用文字或指令助记符标注,而非保持型动作不要标注。

(3) 有向连接、转换、步的连接

步与步之间用有向连线连接,并且用转换将步分隔开。步的活动状态进展按有向连线规定的路线进行。有向连线上无箭头标注时,其进展方向是从上到下、从左到右的。如果进展方向不是上述方向,应在有向连线上用箭头注明方向。

步的活动状态进展由转换来完成。转换用与有向连线垂直的短划线来表示,步与步之间不允许直接相连,必须用转换隔开;而转换与转换之间也同样不能直接相连,必须用步隔开。

转换条件是与转换相关的逻辑命题。转换条件可以用文字语言、布尔代数表达式或图形符号等标注在表示转换的短划线旁边。

转换条件 X 和 $\overline{X}$ 分别表示,当二进制逻辑信号 X 为"1"和"0"状态时,条件成立;转换条件 X↓ 和 X↑ 分别表示,当 X 从"1"(接通)到"0"(断开)和从"0"到"1"状态时,条件成立。

一般来说,进入 RUN 工作方式时,所有步均处于 OFF 状态,可用启动按钮等作为转换条件。将初始步预置为活动步,启动程序;否则,顺序功能图由于没有活动步,程序将无法工作。大多数情况下,尽量选择用初始化脉冲 R9013 作为转换条件。将初始步预置为活动步。

在初送电时使用 R9013 驱动初始步进过程的原因:初始步进过程是为了使步进

程序更好地被利用所定义,一般把第一个步进过程叫初始步进过程,编号为 0～9,剩下的叫运行步进过程。直接用外部输出继电器 X 和 NSTP 指令作为启动第一个步进过程,会大大制约步进程序的功能,如图 3.52 所示。

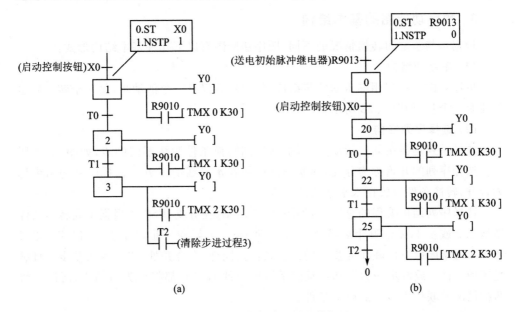

图 3.52   使用初始步进过程的好处

在图 3.52 中,图 3.52(a)为一般使用步进程序的方法,是直接用启动控制按钮 X0 和 NSTP 指令驱动首个步进过程 1,然后程序就根据要求运行下去,到了最后的步进过程 3 完成后就自行清除,不再回到步进过程 1 中。这样做是可以,但是存在的问题是启动后,步进过程在运行过程中因失误又一次按下启动按钮 X0,那么首个步进过程 1 又被驱动,步进程序就会乱了。而图 3.52(b)使用了 R9013 在初送电时驱动首个步进过程 0(初始步进过程),启动控制按钮 X0 作为转移到步进过程 20(运行步进过程)的条件,到了最后的步进过程 25 完成后就回到初始步进过程 0 等待下次的启动;显然多次按下启动按钮 X0 也不会使程序出乱,因为必须要运行停止后才能再次启动。以后学习到单周期运行和连续运行时,就更能体现出使用 R9013 作初送电时驱动初始步进过程的好处。

初始步进过程的作用是对步进程序进行初始化处理,但也可以利用初始步进过程执行训任务,如对计数器复位、设置设备待机条件(原点条件)以及原点指示等。可见,程序运行到初始步进过程后就会停止进入待机状态。

2. 顺序功能图中转换实现的基本规则

步与步之间实现转换应同时具备两个条件:

➤ 前级步必须是活动步;

➤ 对应的转换条件成立。

　　当同时具备以上两个条件时才能实现步的转换。即所有由有向连线与相应转换符号相连的后续步都变为活动步,而所有由有向连线与相应转换符号相连的前级步都变为不活动步。如果转换的前级步或后续步不止一个,则同步实现转换。

3. 顺序功能图的基本结构

　　根据步与步之间转换情况的不同,顺序功能图有以下几种基本结构形式:

(1) 单序列结构

　　单序列由一系列相继激活的步组成,每一步后仅有一个活动步,每一个转换后也只能有一个步,如图 3.53 所示。

(2) 选择序列结构

　　选择系列是指在某一活动步后,根据不同转换条件激活不同的步,如图 3.54 所示。选择序列的开始称为分支,转换条件应放在水平线的下方。选择序列的结束称为合并,转换条件应放在水平连线的上方。

　　选择序列结构编程的总原则:如图 3.54 所示,在分支处,步 1 根据不同转换条件激活步 2 或步 4,无论哪个后续步变成活动步,步 1 都变为非活动步,所以应将步 2 和步 4 的常闭触点串联作为步 1 的停止条件。同理,在合并处,步 3 为活动步并且满足转换条件 c 或者步 5 为活动步且满足转换条件 f,步 6 都将变为活动步,所以应将两种情况并联作为步 6 的启动条件。

(3) 并行序列结构

　　如果在某一活动步后,根据同一转换条件能够同时激活几步,这种序列称为并行序列。如图 3.55 所示,并行序列的开始称为分支,为了强调转换的同步实现,水平线采用双线表示,水平双线上只允许有一个转换条件。并行序列的结束称为合并。

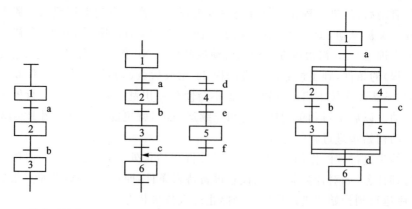

图 3.53　单序列结构　　　　图 3.54　选择序列结构　　　　图 3.55　并行序列结构

　　并行序列结构编程的总原则:在表示同步的水平双线下只允许有一个转换符号。当水平双线上的相邻步都为活动步且满足转换条件时,才可以合并。

（4）子步结构

在绘制复杂控制系统顺序功能图时，为了在总体设计时容易抓住系统的主要矛盾，更简洁地表示系统的整体功能和全貌，通常采用子步的结构形式，这样可避免一开始就陷入某些细节中。

所谓子步结构是指在顺序功能图中，某一步包含着一系列子步和转换。如图 3.56 所示的顺序功能图采用了子步的结构形式。顺序功能图中步 5 包含了 5.1、5.2、5.3、5.4 这 4 个子步。

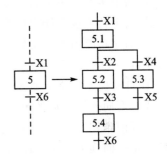

这些子步结构通常表示整个系统中的一个完整子功能，类似于计算机编程中的子程序。因此，设计时只须先画出简单的描述整个系统的总顺序功能图，然后再进一步画出更详细的子顺序功能图即可。子步中可以包含更详细的子步。这种采用

图 3.56　子步结构

子步的结构形式逻辑性强，思路清晰，可以减少设计错误，缩短设计时间。

顺序功能图除以上 4 种基本结构外，在实际使用中还经常碰到一些特殊结构，如跳步、重复和循环序列结构等。

（5）跳步、重复和循环序列结构

跳步、重复和循环序列结构实际上都是选择序列结构的特殊形式。

图 3.57(a)为跳步序列结构。当步 3 为活动步时，若转换条件 e 成立，则跳过步 4 和步 5 而直接进入步 6。

图 3.57(b)所示为重复序列结构。当步 6 为活动步时，若转换条件 d 不成立而条件 e 成立，则重新返回步 5，重新执行步 5 和步 6。直到转换条件 d 成立，重复结束，转入步 7。

图 3.57(c)所示为循环序列结构。即在程序结束后，用重复的办法直接返回初始步形成系统的循环。

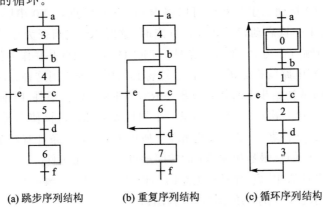

(a) 跳步序列结构　　　(b) 重复序列结构　　　(c) 循环序列结构

图 3.57　跳步、重复和循环序列结构

在实际控制系统中,顺序功能图往往不是单一地含有上述某一种序列结构,而是上述各种序列结构的组合。

4. 绘制顺序功能图的注意事项

① 两个步绝对不能直接相连,必须用一个转换将它们分隔开。

② 两个转换也不能直接相连,必须用一个步将它们分隔开。

③ 顺序功能图中的初始步一般对应于系统等待启动的初始状态,初始步可能没有输出处于 ON 状态,但初始步是必不可少的。

④ 自动控制系统应能多次重复执行同一工艺过程,因此在顺序功能图中一般应有由步和有向连线组成的闭环,即在完成一次工艺过程的全部操作之后,系统应从最后一步返回到初始步,停留在初始状态(单周期操作)。在连续循环工作方式时,应从最后一步返回到下一个工作周期开始运行的第一步。

3.5.2　顺序控制设计法中启保停电路的编程

1. 顺序控制设计中使用"启–保–停"电路的编程方法

学会画顺序功能图只是顺序控制设计法的第一步,松下 PLC 提供的编程软件不能使用顺序功能图直接编程,还需要将画出的顺序功能图转化为梯形图程序。那如何转化呢?我们前面曾经学过"启–保–停"电路,即自锁电路。这里可以把步作为控制对象,每一步可以当作被控线圈来处理。也就是说,对顺序功能图中的每一步,我们分析它的启动条件、停止条件,再加上自锁环节。如果每一步都在我们的控制当中,具体的动作也就唾手可得了。

使用"启–保–停"电路设计梯形图程序的关键在于找到每步的启动条件和停止条件,根据转换实现的基本规则,转换实现的条件是它的前级步是活动步并且满足相应的转换条件。以图 3.51 为例,步 R1 要变为启动步,它的前级步 R0 必须是活动步,并且转换条件 X0 接通。于是我们可以将 R0 的常开触点与 X0 串联,作为控制 R1 启动的条件。R1 一旦启动,Y0 接通,T0 定时,这时 R0 应当变为非活动步,我们可以将 R1 的常闭触点作为 R0 的停止条件,与 R1 的自锁触点并联作为保持条件,这样 R1 的"启–保–停"电路就构成了。后面继续将其他所有的步用这种方法来分析。

比较特殊的是初始步 R0,其前级步是 R3,当 R3 与转换条件 T1 同时接通时,R3 启动。但在 PLC 第一次执行程序(即第一个扫描周期)时,应该使用 R9013 初始闭合继电器,使 R0 变为活动步,以进入此循环。所以 R0 的启动条件有两个,应该并联在一起,再并联自锁触点,最后串联 R1 的常闭触点作为停止条件。

顺序控制设计法中"启–保–停"电路的编程可采用以下步骤:

① 根据要求设计顺序功能图(即流程图);

② 根据顺序功能图写布尔表达式;

③ 根据布尔表达式画出梯形图。

"启-保-停"电路编程的布尔表达式规律:当前一步的步名对应的继电器=(上一步的步名对应的继电器×上一步的转换条件"相当于↔启"+当前步的步名对应的继电器"相当于↔保-自锁")×下一步的步名对应继电器的非"相当于↔停"。

2. 使用"启-保-停"电路的单序列结构的编程

项目 3.12:冲床的 PLC 控制

(1) 控制要求

冲床的运动示意图如图 3.58 所示,初始状态时机械手在最左边,X4 为 ON,冲头在最上面,X3 为 ON,Y0 为 OFF。按下启动按钮 X0,Y0 接通,工件被夹紧并保持,2 s 后 Y1 为 ON,机械手右行,直到碰到右限位开关 X1。之后顺序完成以下动作:冲头下行,冲头上行,机械手左行,机械手松开,延时 2 s 后系统返回初始状态。

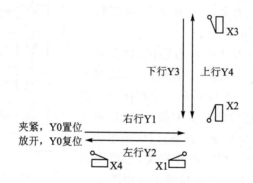

图 3.58 冲床运动示意图

(2) I/O 分配

输入:启动按钮 X0;   右限位 X1;   下限位 X2;
      上限位 X3;   左限位 X4。
输出:机械手 Y0;   右行 Y1;   左行 Y2;
      下行 Y3;   上行 Y3。

(3) 编写梯形图

1) 画出顺序功能图

根据控制要求,用 R9013 启动初始步 R0,系统进入等待输入阶段。初始状态为机械手松开,在最左面,冲头在最上面,此时按下启动按钮才有效,所以 R1 的转换条件应为 X0、X3、X4 常开触点与 Y0 的常闭触点串联。在 R1 中,工件被机械手夹紧,延时 2 s,时间到则启动 R2,工件右行。右行到限位开关,R3 启动,冲头下行。下行到限位开关,R4 接通,冲头上行。上行到限位开关,R5 接通,工件左行。左行到限位开关,R6 接通,机械手放松,延时 2 s。2 s 时间到,回到初始步,根据启动按钮状态,决定继续执行下一个周期,还是等待指令接通。顺序功能图如图 3.59 所示。

2) 根据顺序功能图写布尔表达式

顺序功能图 3.59 对应的布尔表达式如下：

$R0 = (R6 \cdot T1 + R9013 + R0) \cdot \overline{R1}$　　　$R1 = (R0 \cdot X0 \cdot X3 \cdot X4 + R1) \cdot \overline{R2}$

$R2 = (R1 \cdot T0 + R2) \cdot \overline{R3}$　　　　　　$R3 = (R2 \cdot X1 + R3) \cdot \overline{R4}$

$R4 = (R3 \cdot X2 + R4) \cdot \overline{R5}$　　　　　　$R5 = (R4 \cdot X3 + R5) \cdot \overline{R6}$

$R6 = (R5 \cdot X4 + R6) \cdot \overline{R0}$

共有输出线圈：$Y0 = R1 + R2 + R3 + R4 + R5$

单独输出线圈：T0、T1、Y1、Y2、Y3、Y4 分别在对应步线圈 R 处并联

说明，"+"为并联，"·"为串联，"非"为常闭。

总结：对应步动作中的输出量有以下两种处理情况：

① 某一输出量仅在某一步中动作,可以将其线圈与对应步的线圈并联。

② 某一输出量在几步中都有输出,则需要将各步的常开触点并联后一起驱动该输出,以防多重定义错误(原则上说,一个线圈在一个程序中只能出现一次)。如果在连续的几步中都有输出,则还可以用置位指令和复位指令来控制,建议顺序功能图的输出动作上多标注相应的开或关,思路更清晰。图 3.60 中的置位指令和复位输出可用图 3.61 中[50]处 Y0 的并联驱动等效。

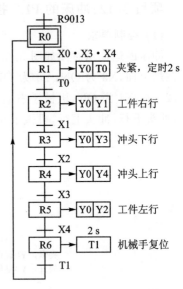

图 3.59　冲床运动顺序功能图

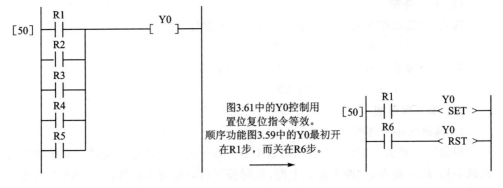

图 3.61中的Y0控制用置位复位指令等效。
顺序功能图3.59中的Y0最初开在R1步,而关在R6步。

图 3.60　并联驱动改为置位指令和复位输出

3) 根据布尔表达式画出梯形图

根据上面布尔表达式画出梯形图如图 3.61 所示。

(4) 接线安装调试

没有冲床实训条件的学校,可通过仿真软件观察效果。也可做模拟调试,下载到

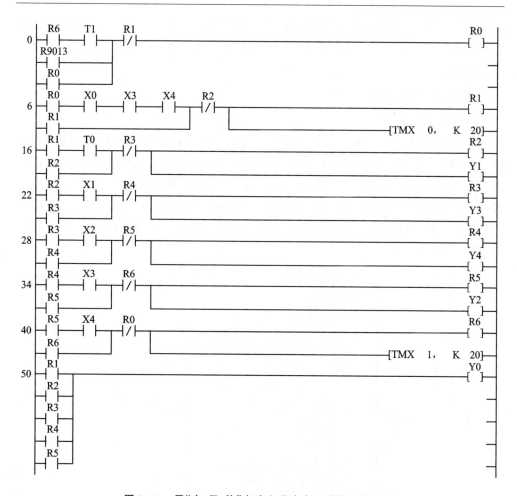

图 3.61　用"启-保-停"电路实现冲床运动控制梯形图

PLC 后,从第一步步进开始,按下当前步的转换条件,观察当前步的步名线圈得电,相应动作指示灯(或计算机监视相应输出线圈变蓝色的工作状况以及时序图监视)亮,前级步的步名线圈失电,相应动作指示灯灭。本例下载后,按下 X0、X3、X4 按钮,R1、T0、Y0 线圈指示得电,R0 线圈会自动指示失电。依次按下后续步的转化条件,观察相应输出指示灯,直到程序循环结束。

3. 使用启保停电路的选择序列结构的编程

1) 选择序列分支的编程方法

如果某一步的后面有一个由 N 条分支组成的选择序列,该步可能转到不同的 N 步去,此时应将这 N 个后续步对应的辅助继电器的常闭触点与该步的线圈串联,作为结束该步的条件。

2) 选择序列的合并的编程方法

对于选择序列的合并,如果某一步之前有 N 个转换(即有 N 条分支在该步之前合并后进入该步),则代表该步的辅助继电器的启动电路应由 N 条支路并联而成,各支路由某一前级步对应的辅助继电器的常开触点与相应转换条件对应的触点或电路串联而成。

项目 3.13:自动门控制

(1) 控制要求

图 3.62 是自动门控制系统的顺序功能图。当人靠近自动门时,感应器 X0 为 ON,Y0 驱动电动机高速开门,碰到开门减速开关 X1 时,变为低速开门,碰到开门极限开关 X2 时电动机停转,开始延时。若在 0.5 s 内感应器检测到无人,Y2 启动电动机高速关门。碰到关门减速开关 X4 时,改为低速关门,碰到关门极限开关 X5 时电动机停转。在关门期间若感应器检测到有人,则停止关门,T1 延时 0.5 s 后自动转换为高速开门。

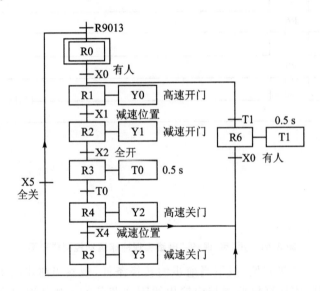

图 3.62　自动门控制系统的顺序功能图

(2) 梯形图

图 3.63 中步 R4 之后有一个选择序列的分支,当它的后续步 R5、R6 变为活动步时,它应变为不活动步。所以须将 R5 和 R6 的常闭触点与 R4 的线圈串联。同样,R5 之后也有一个选择序列的分支,处理方法同上。

图 3.63 中,步 R1 之前有一个选择序列的合并,当步 R0 为活动步并且转换条件 X0 满足,或 R6 为活动步,并且转换条件 T1 满足时,步 R1 都应变为活动步,即控制 R1 的"启-保-停"电路的启动条件应为 R0、X0 的常开触点串联电路与 R6、T1 的常开触点串联电路进行并联。

符合要求的自动门控制系统梯形图如图 3.63 所示。

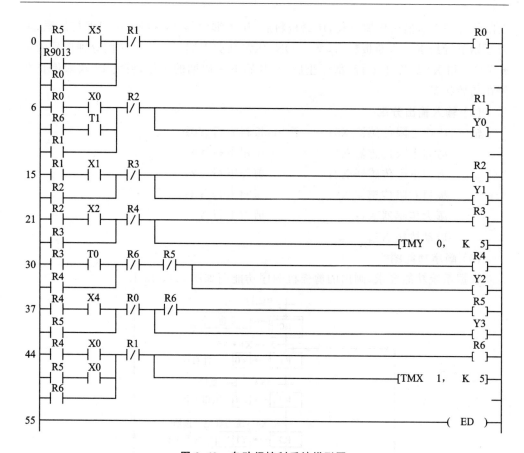

图 3.63　自动门控制系统梯形图

4. 使用启保停电路的并行序列结构的编程

1）并行序列分支的编程方法

并行序列中各单序列的第一步应同时变为活动步。对控制这些步的"启-保-停"电路使用同样的启动电路，可以实现这一要求。

2）并行序列合并的编程方法

并行序列的合并实现的条件是所有的前级步都是活动步且转换条件满足。由此可知，应将前级步的常开触点和转换条件串联，作为控制步的启动电路。

项目 3.14：剪板机的 PLC 控制

(1) 控制要求

某剪板机的示意图如图 3.64 所示，开始时压钳和剪刀在上限位置，限位开关 X0 和 X1 为 ON，按下启动按钮，工作过程为：首先板料右行

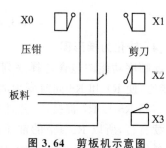

图 3.64　剪板机示意图

至限位开关 X3,然后压钳下行,压紧板料后,压力继电器 X4 接通,压钳保持压紧,剪刀开始下行到 X2,剪断板料后,变为 ON,压钳和剪刀同时上行。它们分别碰到限位开关 X0 和 X1 后停止上行,都停止后,又开始下一周期的工作,剪完 10 块后停止并停在初始状态。

(2) 输入输出分配

输入:压钳上限传感器 X0;   输出:板料右行 Y0;

            剪刀上限传感器 X1;   压钳下行 Y1;

            剪刀下限传感器 X2;   剪刀下行 Y2;

            板料右限传感器 X3;   压钳上行 Y3;

            压力传感器 X4;   剪刀上行 Y4。

            启动按钮 X5。

(3) 顺序功能图

根据系统功能要求,画出的剪板机顺序功能图如图 3.65 所示。

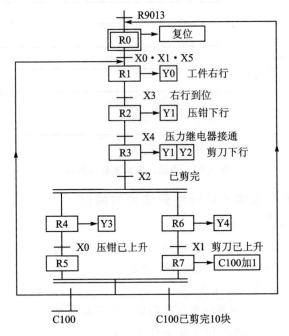

图 3.65 剪板机控制顺序功能图

(4) 转化为梯形图

此顺序功能图包含选择序列和并行序列。在并行分支环节,R3 为活动步并且 X2 接通,使 R4 和 R6 同时变为活动步,所以 R4 和 R6 的常闭触点串联是 R6 的停止条件。当 R5 和 R7 都接通,并且 C100 没有计满 10 块时,常闭触点闭合,返回 R1,工件继续右行,所以 R5、R7 的常开触点与 C100 的常闭触点串联可以作为 R1 的一个启动条件。经过一段时间以后,R5 和 R7 又同时接通,并且 C100 计数满,常开触点闭合,返回 R0,计数器复位,所以 R5、R7 的常开触点与 C100 的常开触点串联可以作为 R0 的一个启动条件。由此,R0 和 R1 作为下级步,其常闭触点串联应该作为 R5 和 R7 的停止条件。

Y1 在 R2 和 R3 步中都有输出,所以最后 R2 和 R3 的并联输出 Y1。剪板机梯形图如图 3.66 所示。

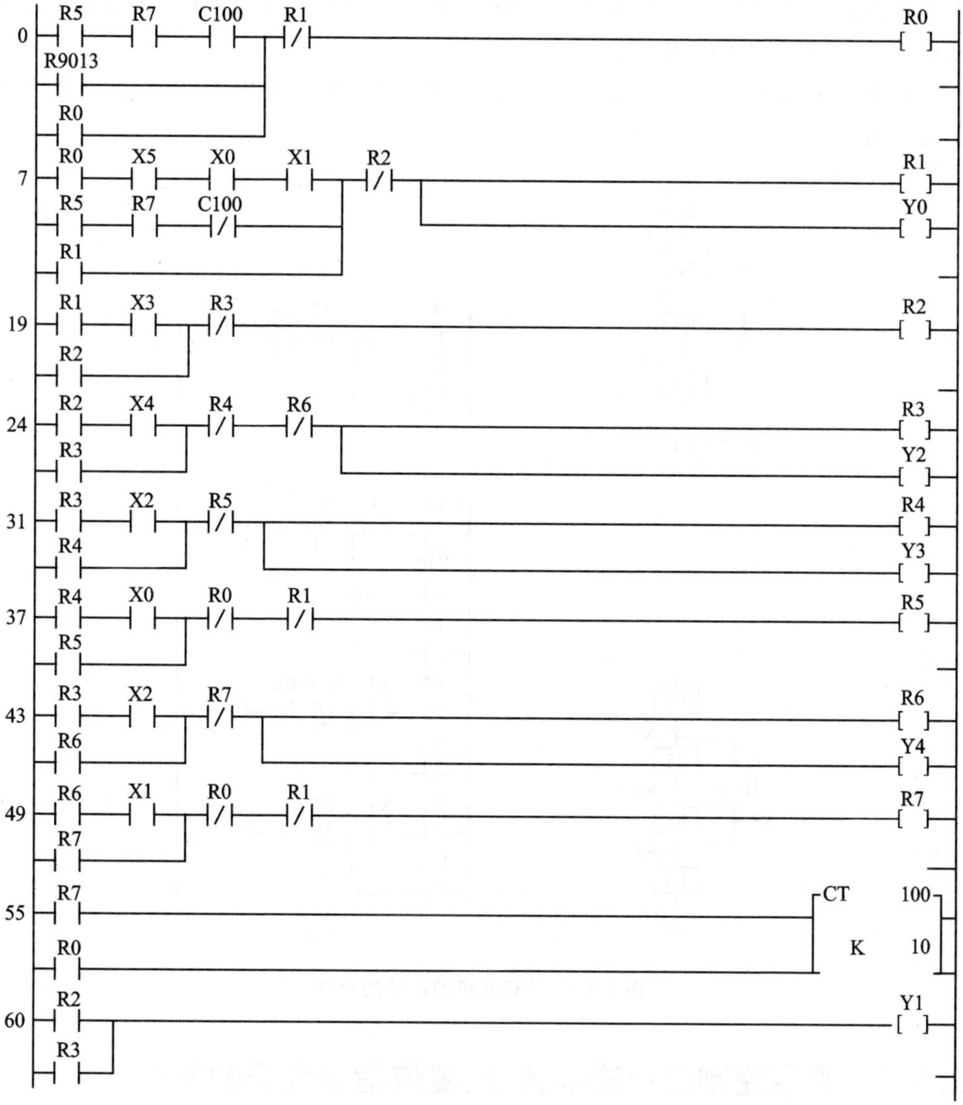

图 3.66　剪板机控制梯形图

5. 仅有两步的闭环的处理

如果在顺序功能图中仅有由两步组成的小闭环(如图 3.67(a)所示),则用"启-

保-停"电路设计的梯形图将不能正常工作。例如,在 R2 和 X2 均为 ON 时,R3 的启动电路接通,但是这时与它串联的 R2 的常闭触点却是断开的(如图 3.67(b)所示),所以 R3 的线圈不能"通电"。出现上述问题的根本原因在于步 R2 既是步 R3 的前级步,又是它的后续步。在小闭环中增设一步就可以解决这一问题(如图 3.67(c)所示),这一步没有什么操作,它后面的转换条件"=1"相当于逻辑代数中的常数 1,即表示转换条件总是满足的,只要进入步 R10,将马上转换到步 R2 去。图 3.67(d)是根据图 3.67(c)画出的梯形图。

　　将图 3.67(b)中 R2 的常闭触点改为 X3 的常闭触点,不用增设步,也可以解决上述问题。

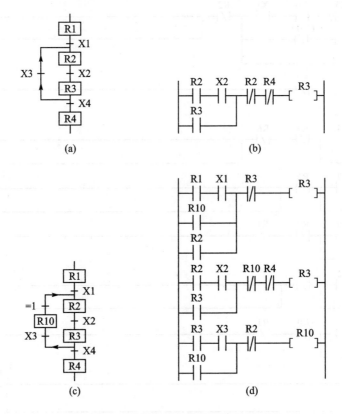

图 3.67　仅有两步的闭环的处理

3.5.3　顺序控制设计法中置位、复位指令模式的编程

1. 顺序控制设计中使用置位、复位指令模式的编程方法

　　置位、复位指令模式的编程方法与转换实现的基本规则之间有着严格的对应关系,用它编制复杂的顺序功能图的梯形图时,更能显示出它的优越性。

置位、复位指令模式的编程方法要点：

① 置复位指令模式是以转换条件写电路块。一般情况下，有多少个独立转换就有多少个这样的电路块。图 3.68 中有 11 处独立转换，就有 11 个控制置位、复位的电路块。而"启-保-停"电路模式是以步名写电路块，一个步名写一个电路块。

② 在顺序功能图中，如果某一转换所有的前级步都是活动步，并且相应的转换条件满足，则转换可以实现。在以置位、复位指令模式的编程方法中，用该转换所有的前级步对应的辅助继电器的动合触点与转换对应的触点或电路串联，作为使所有后续步对应的辅助继电器置位（用 SET 指令）和使所有前级步对应的辅助继电器复位（用 RST 指令）的条件。

③ 使用置位、复位指令编程时，不能将输出量的线圈与置位、复位指令直接并联，由于置位、复位指令所在的电路只接通一个扫描周期，当转换条件满足后前级步马上被复位，从而断开了此串联电路，而输出线圈至少应在某一步对应的全部时间内接通。因此，使用这种方法编程时，不能将输出继电器的线圈与 SET、RST 指令并联，应根据顺序功能图，用代表步的辅助继电器的动合触点或它们的并联电路来驱动输出继电器的线圈。

图 3.69 中 R1 步的输出 Y0 放到所有置位、复位的电路块程序后面[91]处，而不能放在[4]处将 Y0 输出继电器的线圈与 SET R1、RST R0 指令并联。这一点与"启-保-停"电路法不同。

2. 顺序控制设计中使用置位、复位指令模式的编程举例

假设已做出某控制系统顺序功能图如图 3.68 所示，则可以使用步进指令、"启-保-停"电路将此顺序功能图转化为 PLC 可以识别的梯形图；还可以使用置位和复位指令将此顺序功能图转化为梯形图，如图 3.69 所示。

分析：

① 对于图 3.69 中[13]处置位、复位的电路块，前级步对应的辅助继电器的动合触点 R0 和转换条件的动合触点 X2 组成的串联电路用作前级步 R0 复位和当前步 R5 置位的条件。该串联电路即为"启-保-停"电路中的启动电路，而当前步的置位指令 SET R5 相当于"启-保-停"电路中自锁，当前步的置位指令 RST R0 相当于"启-保-停"电路中停止（串联 $\overline{R}$）。所以，置复位指令模式电路块只需启动条件，删除了自锁和停止条件。

② 置复位指令模式的选择序列的编程方法。

如果某一转换与并行序列的分支、合并无关，那么它的前级步和后续步都只有一个，需要置位、复位的辅助继电器也只有一个。因此，对选择序列的分支与合并的编程方法实际上与对单序列的编程方法完全相同，原则如下：每一个控制置位、复位的电路块都由前级步对应辅助继电器的动合触点和转换条件的动合触点组成的串联电路、一条 SET 指令和一条 RST 指令组成。

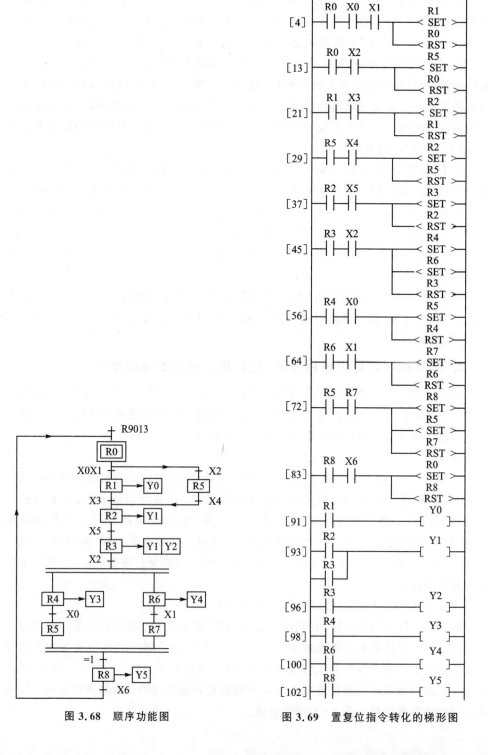

图 3.68　顺序功能图　　　　　　　图 3.69　置复位指令转化的梯形图

图 3.69 中[13]处置位、复位的电路块由前级步对应的辅助继电器的动合触点 R0 和转换条件的动合触点 X2 组成的串联电路、后续步对应的辅助继电器置位 (SET R5 指令)和使前级步对应的辅助继电器复位(RST R0)的指令组成。

③ 置复位指令模式的并行序列的编程方法。

图 3.68 中步 R3 之后有一个并行序列的分支,当 R3 是活动步,并且转换条件 X2 满足时,步 R4 和步 R6 应同时变为活动步;须将 R3 和 X2 的常开触点串联,作为 使 R4 和 R6 同时置位和 R3 复位的条件,如图 3.69 中[45]处所示。

图 3.68 中步 R8 之前有一个并行序列的合并,该转换实现的条件是所有的前级 步(即步 R5 和 R7)都是活动步,并且转换条件"＝1"(常数 1 恒成立)满足。因此,须 将 R5、R7 的常开触点和"＝1"串联,作为 R8 置位和 R5、R7 同时复位的条件,如 图 3.69 中[72]处所示。

3.5.4　顺序控制设计法中步进指令的编程

1. 顺序控制设计中使用步进指令的编程方法

步进指令有 5 条指令,分别是 NSTP、NSTL、SSTP、CSTP、STPE。

步进过程在满足转移条件时就会立刻发生转移(下一个步进过程启动),此时,原 步进过程就立刻清除并停止执行,而下一步进过程在 SSTP 指令的驱动下开始执行。

可见,编写步进指令电路块时,NSTP 指令前只须写独立的转换条件。类似"启-保-停"电路模块的自锁、停止、前级活动步常开触点均不要了。

步进指令模式的编程要点:

① 步进指令模式是以转换条件写电路块。一般情况下,有多少个独立转换就有 多少个。如图 3.70 中有 5 处独立转换就有 5 条 NSTP 指令。

② 步进程序中的每一个步进过程,都需要用 SSTP 指令去驱动步进过程的执 行。必须明确的是:在步进程序中,每个 SSTP 指令都会与 NSTL 或 NSTP 指令共 同使用,即每个步进过程都需要先用 NSTL 或 NSTP 指令启动指定的步进过程,再 用 SSTP 指令使步进过程里面的程序执行。

③ 图 3.70 中步进过程转移图的实心箭头表示步进程序最后一个过程的转移, 不管转移到哪个过程,一般使用 NSTL 指令执行。例如,图 3.71 指令程序中的[66] "NSTL 0"。

④ 步进程序结束一定要使用指令 STPE;如果不写入 STPE,则程序会提示出 错。程序中只允许有一个 STPE 指令。

⑤ 每个步进过程都有一个编号,而且每个步进过程的编号都是不相同的。但对 连续的步进过程,没有规定要用连续的编号,所以编程时为了使程序更为简洁明了且 程序修改的方便,应习惯把编号从小到大编写,并且对两个相邻的步进过程采用相隔

2~5 个数的编号,有利于以后修改插入程序步进过程。

⑥ 程序中的元件双重输出。对于步进过程中的执行元件,要求在同一个步进过程内不能出现相同的输出软元件,否则会出现元件的双重输出现象,从而使程序控制出现问题。但若在不同的步进过程中使用相同的执行元件,如输出继电器 Y、内部继电器 R 等,则不会出现元件双重输出的控制问题。所以,在步进程序中,相同的执行元件在不同的步进过程中是允许使用的。

但是对于定时器 TM 和计数器 CT,在步进程序中的使用与普通梯形图中的使用一样,不能出现两个相同编号的定时器或计数器;就算是不同的步进过程中也是不允许的。

⑦ 由于定时器在步进过程停止执行后会自动复位,因此不需要对定时器复位。但要注意,定时器控制指令 TM 和 OT 是有区别的。因此,在步进程序中,定时器控制指令 TM 不能直接和步进过程连接,必须要有执行条件,但可以使用具有常闭功能的 R9010,如图 3.71 的[66]处。

2. 顺序控制设计中使用步进指令的单序列编程举例

项目 3.15:3 个灯顺序发光与闪烁的停止控制

(1) 控制要求

按下动合按钮 SB1 后,红灯发光;3 s 后熄灭,黄灯开始以 1 次/s 的频率闪烁,黄灯闪烁 5 次后熄灭,绿灯开始以 1 次/s 的频率闪烁,绿灯闪烁 6 次后熄灭。要求:按下动合按钮 SB2 时,运行停止,再按 SB1 可重新运行。

(2) I/O 分配

输入:动合按钮 SB1→X0;动合按钮 SB2→X1;

输出:指示灯 HL1(红色)→Y0;指示灯 HL2(黄色)→Y1;指示灯 HL3(绿色)→Y2。

(3) PLC 程序的编写步进过程转移图(供参考)

PLC 程序的编写步进过程转移图如图 3.70 所示,程序中的"程序□"标志是表示输入程序的顺序。

(4) 步进梯形图程序和指令程序步进梯形图程序与指令程序

步进梯形图程序和指令程序步进梯形图程序与指令程序如图 3.71 所示。

块清除指令 SCLR 具有对所设定范围内的多个步进过程清除的功能。图 3.71 中的 X1 接通后,SCLR 指令将在 20~25 步范围内的步进过程进行清除。低档 PLC 无此指令,可用多条 CSTP 指令代替。

3. 顺序控制设计中使用步进指令的选择序列编程举例

项目 3.16:大小球分拣控制

(1) 控制要求

如图 3.72 所示,铁球有两种规格尺寸,一大一小,要求系统能自动识别并分别拣

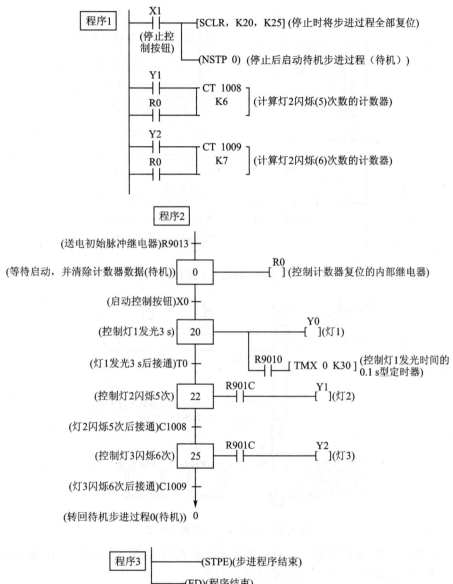

图 3.70　步进过程转移图

出来放到相应的容器内。控制系统硬件结构有分拣杆：左右移动分别由改变其正反转来实现，垂直方向的运动由电磁阀控制的液压机构实现。分拣杆处于最左端和最上端时为原始位置，SQ1 为左限位行程开关，SQ4 为上限位行程开关，停车时应处于此位置并使磁铁失电。小球右限位开关 SQ2，大球右限位开关 SQ3，下限位开关 SQ5，当吸住大球时不动作，吸住小球时动作。

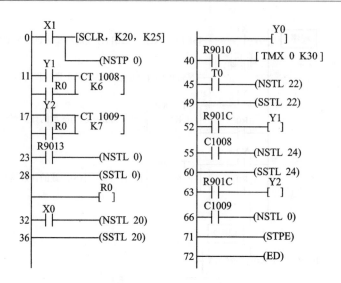

图 3.71　步进梯形图程序

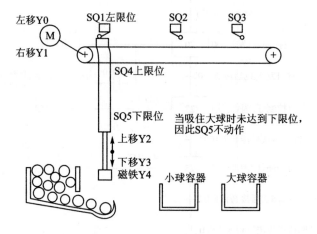

图 3.72　大小球分拣控制示意图

① 打开开关,系统判断分拣杆是否在原始位置(电磁阀 Y4 失电、SQ1 和 SQ4 压合)。若不在原始位置,则自动调整到原始位置。

② 当分拣杆处于原始位置时,系统开始工作:

ⓐ 磁铁下降→碰到大球→吸起大球→达到上限位→右行至大球容器处→磁铁下降释放铁球→磁铁上升并退回原位。

ⓑ 磁铁下降→碰到小球→吸起小球→达到上限位→右行至小球容器处→磁铁下降释放铁球→磁铁上升并退回原位。

③ 磁铁下降碰球时间为 2 s,大球还是小球由 SQ5 的状态决定。考虑到工作的可靠性,规定磁铁吸牢和释放铁球的时间为 1 s。

④ 分拣杆的垂直运动和横向运动不能同时进行。

（2）I/O 分配

对系统功能进行分析，确定本系统 I/O 分配如表 3.4 所列。

表 3.4　大小球分拣控制系统 I/O 分配表

输　入			输　出		
元件代号	元件功能	输入继电器	输出继电器	元件功能	元件代号
SA	启动开关	X0	Y0	左移	KM1
SQ1	左限位	X1	Y1	右移	KM2
SQ2	小球右限位	X2	Y2	上升	KM3
SQ3	大球右限位	X3	Y3	下降	KM4
SQ4	上限位	X4	Y4	电磁铁	
SQ5	下限位	X5			

（3）系统顺序功能图

顺序功能图编程方法第一步是根据系统功能画出顺序功能图，如图 3.73 所示。

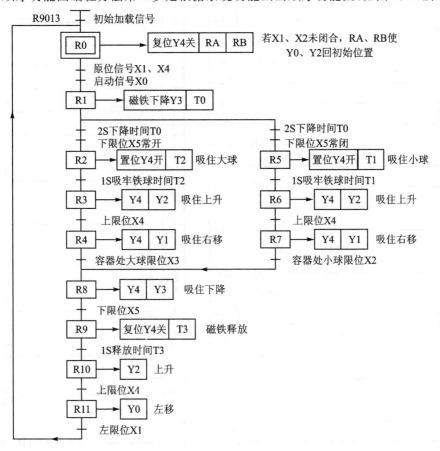

图 3.73　大小球分拣顺序功能图

(4) 控制梯形图

在正确画出系统顺序功能图的基础上,我们利用步进指令写出系统梯形图,如图 3.74 所示。

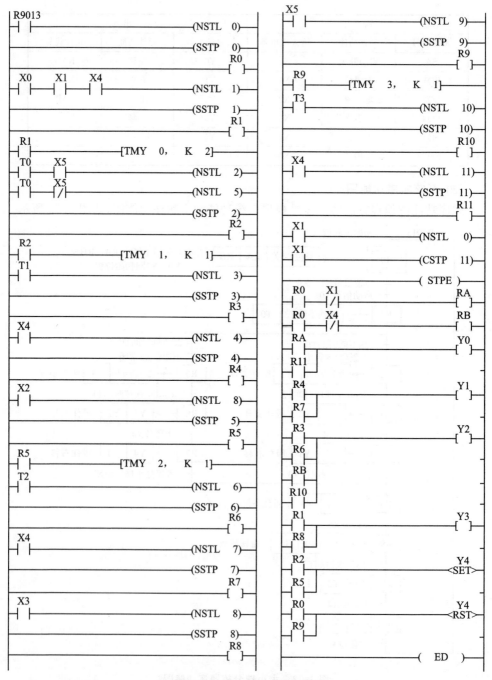

图 3.74　大小球分拣梯形图

4. 顺序控制设计中使用步进指令的并行序列编程举例

项目 3.17：多个灯发光与闪烁的并行控制

(1) 控制要求

启动后,灯 1～灯 4 同时分以下两路运行:

第一路:灯 1 发光,2 s 后熄灭;接着灯 2 发光,3 s 后熄灭。

第 2 路:灯 3 与灯 4 以"0.5 s 发光,0.5 s 熄灭"的方式交替发光,5 s 后熄灭。

当两路都完成运行后,灯 1、灯 2、灯 3 和灯 4 一齐发光,3 s 后熄灭。要求:

① 用按钮 SB1、SB2 分别做启动与停止控制,停止后按 SB1 可重新启动运行。

② 用开关 SA1 作连续运行与单周期运行控制,SA1 断开时作连续运行,SA1 闭合时做单周期运行。

(2) PLC 的 I/O 分配和接线 PLC I/O 分配

PLC 的 I/O 分配和接线 PLC I/O 分配如表 3.5 所列。

表 3.5　PLC 的 I/O 分配

输入端		输出端	
外接元件	输入继电器	外接元件	输出继电器
动合按钮 SB1(启动)	X0	指示灯 1 (HL 1)	Y0
动合按钮 SB2(停止)	X1	指示灯 2 (HL 2)	Y1
开关 SA1	X10	指示灯 3 (HL3)	Y2
		指示灯 4 (HL 4)	Y3

(3) 编写步进过程转移图

编写步进过程转移图如图 3.75 所示。

(4) 写步进梯形图

根据图 3.75 写出步进梯形图,如图 3.76 所示。

(5) PLC 程序的执行与调试

下载到 PLC 执行,并进行程序调试,直至满足以下的控制要求:

① 单周期运行:将开关 SA1 闭合,按下按钮 SB1 启动,两路灯同时发光和闪烁。灯 1 发光 2 s 熄灭,接着灯 2 发光 3 s 熄灭;同时灯 3 与灯 4 以 1 次/s 的频率交替发光,5 s 后熄灭。接着灯 1、灯 2、灯 3、灯 4 一齐发光,3 s 后熄灭。

② 连续运行:将开关 SA1 断开,按下按钮 SB1 启动,各个灯按单周期的运行规律连续地反复运行。

③ 停止控制:按下按钮 SB2,运行停止,全部灯熄灭。按 SB1 再重新启动运行。

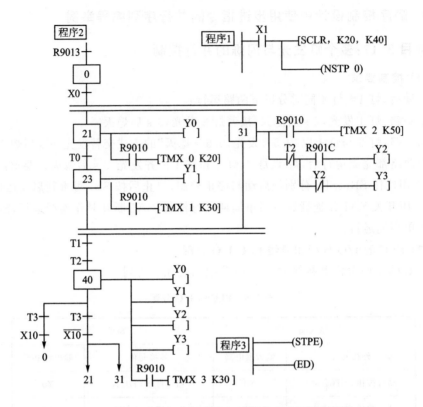

图 3.75　多个灯发光与闪烁的并行控制步进过程转移图程序

(6) 分析与思考

① "灯 1、灯 2 的顺序发光"与"灯 3、灯 4 的交替发光"两路控制的运行时间都是 5 s，所以是同时执行完毕并同时汇合转移。

如果 2 条支路的运行时间不相同，而汇合条件又要求 2 个支路都要执行完毕才能转移。此时，运行时间短的支路会在执行完最后的步进过程后停留等待，直到运行时间长的支路执行完再一起汇合转移。

② 如果将图 3.75 所示程序的分支点前（即转换条件 X0 之后）设置了一个空步进过程 20，则为连续运行提供一个分支前的步进过程进行转移。这样在最后转换条件 X̄10 处理连续运行时，转移到步进过程 20 就可以，而不用像图 3.75 那样要同时转移到步进过程 21 和 31，因此这样程序的编写会更合理些。

③ CSTP 指令在并行性分支中的应用：CSTP 指令主要是在并行性分支汇合点的地方用作清除步进过程，这一点是必须要做的，不然汇合就会失败。若 3 个并行性分支汇合，则要把其中两个步进过程清除，依此类推。

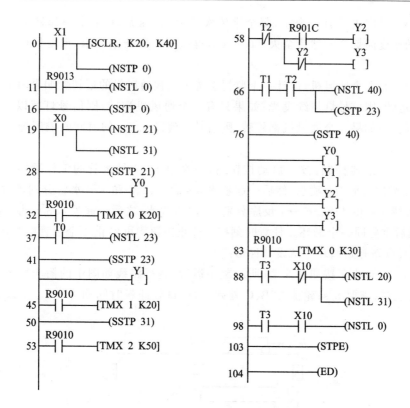

图 3.76 多个灯发光与闪烁的并行控制步进梯形图

习 题

3.1 用经验设计法设计满足图 3.77 所示波形的梯形图。

3.2 按下按钮 X0 后 Y0 变为 ON 并自保持，T0 定时 7 s 后，用 C100 对 X1 输入的 1 s 脉冲（0.5:0.5）计数，计满 4 个脉冲后，Y0 变为 OFF（如图 3.78 所示）；同时 C100 和 T0 被复位，在 PLC 刚开始执行用户程序时，C100 也被复位，据此设计出梯形图。

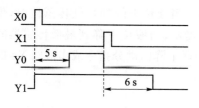

图 3.77 题 3.1 图

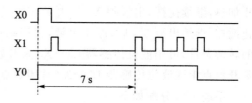

图 3.78 题 3.2 图

3.3 某广告牌有 6 个字,每个字依次显示 0.5 s 后,6 个字一起显示 2 s,再以 0.1 s 的速度闪烁 2 s,然后全灭。0.5 s 后再从第一字开始显示,重复执行。试设计梯形图。

3.4 有 3 个通风机,设计一个监视系统来监视通风机的运转。如果两个或两个以上在运转,则信号灯持续发光;如果只有一个通风机运转,则信号灯就以 2 s 的时间间隔闪烁;如果 3 个通风机都停转,则信号灯就以 0.5 s 的时间间隔闪烁。试设计梯形图。

3.5 喷水池控制:按下启动按钮后,喷水池 1~4 号水管的工作顺序为按 1→2→3→4 顺序延时 2 s 喷水,然后一起喷水 3 s 后,1、2、3 和 4 号水管分别延时 2 s 停水,再等待 1 s,由 4→3→2→1 反序分别延时 2 s 喷水,之后一起喷水 3 s,再全部停止 1 s。然后重复同一个循环。任意时刻按下停止按钮均可停止 4 个水管的喷水,按开始按钮又重新开始循环。试设计梯形图。

3.6 运料小车按如图 3.79 所示顺序运行,运行路线如图中的箭头所示。小车在 A 处装料,需要 5 s;轮流在 B、C 处卸料,在每处卸料时间均为 3 s。试设计控制程序。

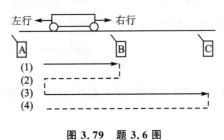

图 3.79 题 3.6 图

3.7 多种液体混合。

多种液体混合装置如图 3.80 所示,上限位、下限位和中限位液位传感器被液体淹没时为 1 状态,阀门 Y1、Y2、Y3 为电磁阀,线圈通电时阀门打开,线圈断电时阀门关闭。开始时容器是空的,各阀门关闭。按下启动按钮后,打开阀门 Y1,液体 A 流入容器,下限位开关 L3 变为 ON 时,关闭阀门 Y1,打开阀门 Y2,液体 B 流入容器;液面上升,中限位开关 L2 变为 ON 时,关闭阀门 Y2,打开阀门 Y3,液体 C 流入容器;上限位开关 L1 变为 ON 时,关闭阀门 Y3,并开始搅拌和加热。当温度传感器接通,停止加热,继续搅拌,出液阀 Y4 打开放出混合液体。当液位下降到最低传感器时,停止搅拌,继续出液 5 s 后,停止出液,程序结束。(提示,当液位下降到最低传感器时的转换条件,可用液位传感器 L3→X3 常开触点串联下降沿微分指令或出液阀 Y4 的常开触点串联液位传感器 L3→X3 常闭触点。)

系统 I/O 分配如下:

输入:启动按钮→X0;   液位传感器 L1→X1;   液位传感器 L2→X2;

         液位传感器 L3→X3;   温度传感器 T→X4。

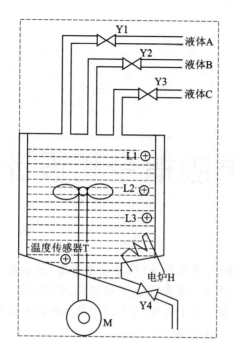

图 3.80　题 3.7 图

输出:液体 A 进液阀→Y1;　　液体 B 进液阀→Y2;　　液体 C 进液阀→Y3;

出液阀→Y4;　　　　搅拌机 M→Y5;　　　　电炉 H→Y6。

① 根据功能要求画出顺序功能图,分别用"启-保-停"电路法、"置-复位"转换法、步进指令控制法设计相应的 PLC 梯形图。

② 假如多种液体混合程序控制要求最后停止出液后程序不结束,而是自动开始注入液体 A,重复刚才的过程。写出修改后的程序。

3.8　有一个自动控制系统由 3 台电动机拖动,设计梯形图要完成下面控制要求:

① 按下 X0,电动机 M1、M2 同时启动。

② 电动机 M1、M2 启动隔 5 s 后,M3 才能自行启动。

③ 按下 X1,则 M3 先停止。要求 M3 停止隔 10 s 后,M1、M2 才能自动同时停止。

第 **4** 章

PLC 的高级指令和设计举例

FP1 具有丰富的指令,不仅有 80 余条基本指令,而且有 100 多条的高级指令。这些高级指令共分数据传输、算术运算、数据比较、逻辑运算、数据转换、数据移位、位操作、特殊功能 8 种类型。由于机型不同,高级指令条数不尽相同。

1. 高级指令的一般构成

高级指令的一般构成如下:

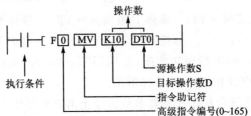

高级指令前一定要有控制触点。高级指令由高级指令编号、指令助记符和操作数组成。

> 高级指令编号:用于输入高级指令。例如,用于指定 MV 指令的编号是 0(F0 或 P0)。
> 指令助记符:用于表示各个指令的处理内容。
> 操作数:用于存放处理方式、处理数据的存储区地址等内容。各个指令的操作数的数量不同。

其中,操作数分为 3 类,S 源(source),存储被处理的数据或指定处理方式的数据;D 目标(destination),指定存储处理结果的位置;N 数字(number),指定被处理的数值数据或设置处理方式。

由于每个高级功能指令不一样,并不是每个高级指令都会具备每一个元素。

2. 高级指令执行形式

多数的高级指令都有两种型号,带有前缀 F 的为连续执行型,当执行条件为 ON

时,扫描程序的每个周期都执行该条高级指令;带有前缀 P 的为脉冲执行型,在检测到执行条件为上升沿的情况下执行一个扫描周期,即无论执行条件 ON 多久,都只会执行该条高级指令一个扫描周期的时间,且该指令只在接通的第一个扫描周期有效。

4.1　数据传输、算术运算指令及其设计举例

4.1.1　数据传输指令和算术运算指令

1. 数据传输指令

数据传输指令(F0~F17)包括 16 位、32 位数据传输、求反后的数据传输,以及位传输、块传输、块复制和数据交换,如表 4.1 所列。

表 4.1　数据传输指令

功能号	助记符	操作数	功能说明
F0	MV	S,D	16 位数据传送:S→D
F1	DMV	S,D	32 位数据传送:S→D
F2	MV/	S,D	16 位数求反传送:S→D
F3	DMV/	S,D	32 位数求反传送:S→D
F5	BTM	S、n、D	二进制数位传送:将 S 中的某位传送到 D 中的某位,n:H(目的地址位 0~F)0(源地址位 0~F)。例如,[F5 BTM,DT0,H0E04,DT1]作用是将数据寄存器 DT0 中的第 4 位数据传送到数据寄存器 DT1 的第 14 位上,DT1 其他位的数据不变
F6	DGT	S、n、D	十六进制数位传送。将十六进制数 S 中的若干位(1~4 位)传送到 D 中的指定位,n 的格式如下:H0abc。其中,a 指定目的的存储单元的首位地址,b 指定要传送的十六进制数的位数,c 指定被传送的十六进制的首位地址,abc 的取值范围均为 0~3
F10	BKMV	S1、S2、D	数据块传送。将首地址 S1 至末地址 S2 中的数据块中的数据传送到以 D 为首地址的存储单元中
F11	COPY	S、D1、D2	区块复制。将 S 中的数据复制到 D1 为首地址 D2 为末地址的数据块
F15	XCH	D1、D2	16 位数据交换。将 D1、D2 中的数据互换
F16	DXCH	D1、D2	32 位数据交换
F17	SWAP	D	16 位数据高/低字节交换。将 D 中的高 8 位与低 8 位互换

2. 算术运算指令

算术运算指令(F20~F58)包括加、减、乘、除以及加 1、减 1 运算,如表 4.2 所列。

这些运算按进制不同分为 BIN(二进制)和 BCD 码(十进制)运算,按运算数据位数不同又分为二进制 16 位、32 位及 BCD 码 4 位、8 位运算。

表 4.2　算术运算指令

功能号	助记符	操作数	功能说明
F20	+	S,D	16 位数据加:D+S→D
F21	D+	S,D	32 位数据加:(D+1,D)+(S+1,S)→(D+1,D)
F22	+	S1,S2,D	16 位数据加:Sl+S2→D
F23	D+	S1,S2,D	32 位数据加[(S1+1,S1)+(S2+1,S2)→(D+1,D)
F25	−	S,D	16 位数据减:D−S→D
F26	D−	S,D	32 位数据减:(D+1,D)−(S+1,S)→(D+1,D)
F27	−	S1,S2,D	16 位数据减:S1−S2→D
F28	D−	S1,S2,D	32 位数据减:(S1+1,S1)−(S2+1,S2)→(D+1,D)
F30	*	S1,S2,D	16 位数据乘:S1×S2→(D+1,D)
F31	D*	S1,S2,D	32 位数据乘:(S1+1,S1)×(S2+1,S2)→(D+3,D+2,D+1,D)
F32	%	S1,S2,D	16 位数据除:S1 除以 S2 的结果,商存在 D 中,余数存在 DT9015 中
F33	D%	S1,S2,D	32 位数据除:32 位数据除。S1 除以 S2 的结果中,商存在 D,D+1 中,余数存在 DT9015、DT9016 中
F35	+1	D	16 位数据加 1:(D+1→D)
F36	D+1	D	32 位数据加 1:(D+1,D)+1→(D+1,D)
F37	−1	D	16 位数据减 1:(D−1→D)
F38	D−1	D	32 位数据减 1:(D+1,D)−1→(D+1,D)

F40~F58 为 BCD 码算术运算指令。同样,BCD 码(十进制数)也具有＋、一、×、÷及加 1、减 1 指令。与二进制运算指令的主要区别是,二进制数的运算是按位运算,BCD 码的运算是按 4 位一组二进制数所代表的十进制数运算。

例如,[F40 B＋,S,D]为 4 位 BCD 码数据相加指令,功能为 D＋S→D。两个 16 位数分别用二进制数及 BCD 码相加,运算结果如图 4.1 所示。

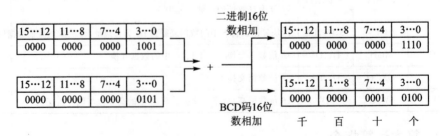

图 4.1　16 位数的二进制数及 BCD 码的加法运算

4.1.2　数据传输和算术运算指令设计举例

1. 项目 4.1:算术运算模块

(1) 控制要求

计算按钮按下时,计算 $\dfrac{(1\ 234+4\ 321)\times 123-456}{1\ 234}$ 的结果,并将结果存入 DT0～DT6 中;当清零按钮按下时,清零。

(2) 输入输出分配

按照要求设计算按钮为 X1,当按钮接通时计算,清零按钮为 X0,接通时复位。并将各步运算结果存入 DT0～DT6 中,记录下来。

(3) 梯形图

根据题目要求,编程如图 4.2 所示。

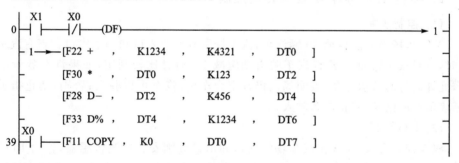

图 4.2　算术运算梯形图

(4) 调　试

按下计算按钮 X0,观察 DT0～DT6 所存数的状态,再按下 X0,看看有没有变化。同时,可以借助在线菜单下的数据监控图观察运算过程。

(5) 程序分析

① 图 4.2 中[0]处,根据控制要求只是让指令在控制触点接通(上升沿)时执行一次,所以在高级指令前使用了微分指令(DF)。若不加微分指令,则当控制触点闭合后,每经过一个扫描周期执行一次高级指令。

② 图 4.2 中[39]处 F11(COPY)指令功能:当控制触点 X0 接通时,将十进制数 K0 复制到以 DT0 为起始地址、DT7 为终止地址的数据区中,即对 DT0～DT7 清零。

③ 图 4.2 中[0]处,F22 为 16 位二进制数的 3 操作数相加指令,它与 F20(双操作数相加指令)的区别:F20 运算结果和被加数共用一个寄存器,可节省一个寄存器,但运算结果覆盖原来的被加数;F22 需要 3 个不同的寄存器,被加数保留不变,但执行指令的步数要多两步。

16 位数据运算范围是－K32768～K32767(H8000～H7FFF),如图 4.3 所示,数

据超出有效范围就会出错。

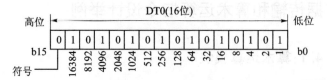

注:0 为正数,1 为负数。

图 4.3　16 位数据存储器处理的数值范围

④ 图 4.2 中[0]处,F28 为 32 位二进制数的三操作数相减指令。

功能:(DT3、DT2)−K456→(DT5、DT4)。注意:32 位二进制的算术运算中,指令中的操作数所指的寄存器是低 16 位的寄存器,高 16 位寄存器是相邻的寄存器(S+1 及 D+1)。例如,指令中的操作数为 DT0,实际参与运算的是 DT1 和 DT0。

32 位数据运算范围是−K2147483648〜K2147483647(H80000000〜H7FFFFFFF)。

2. 项目 4.2:停车场显示装置控制

(1) 控制要求

某汽车场最多能容纳 50 辆汽车,汽车场设有一个入口和一个出口。当有汽车驶入时,应对汽车数加 1,若有汽车驶出则应减 1。通过比较判定,如果汽车数量小于 50,允许通行的指示灯亮,表明场内仍有空余车位,汽车可以驶入;否则,禁止指示灯亮,表示车库已满,禁止汽车驶入。

(2) I/O 分配

根据控制要求,应该在汽车场的入口和出口分别安装检测传感器,作为 PLC 的输入信号,用于允许通行指示和禁止通行指示的两个灯信号,与 PLC 的两个输出端相接。共需 4 个 I/O 点,其中,2 个输入、2 个输出。

输入信号:汽车入口检测传感器 BL1→X0;　汽车出口检测传感器 BL2→X1;

输出信号:允许通行指示灯 HL1→Y0;　　　禁止通行指示灯 HL2→Y1。

(3) 梯形图程序设计

由于汽车驶入、驶出是单一数量,因此,可以利用加 1 和减 1 指令对数据寄存器 DT0 进行数据操作。再利用比较指令判定 DT0 中的数据是否等于 50,以决定汽车能否允许进入。

程序中[0]处 F0 指令功能:当 R9013 初始闭合接通时将十进制常数 0 送到数据寄存器 DT0 中。

梯形图如图 4.4 所示。

3. 项目 4.3:用 PLC 计算 1+2+3+……+100＝?

(1) 控制要求

按钮 X1 按下时,计算 1+2+3+……+100 的结果,并将运算结果存入 DT0 中。当计算完成时,指示灯 Y0 亮。当清零按钮 X0 按下时,清零。

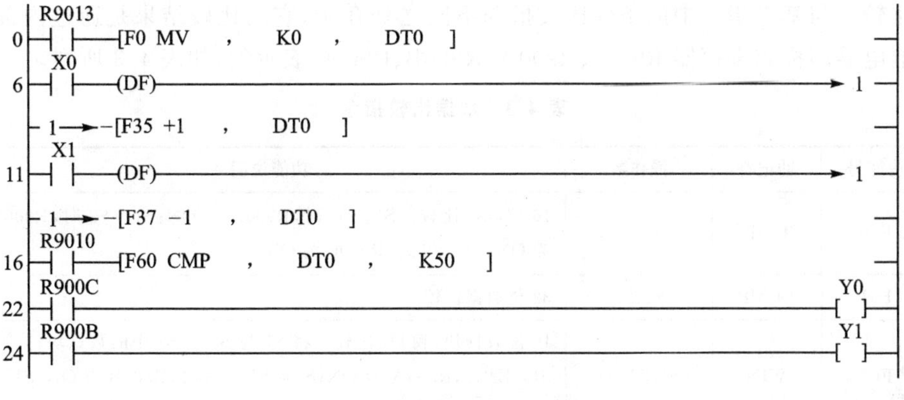

```
     R9013
0 ──┤├──────[F0 MV   ,    K0  ,     DT0  ]
     X0
6 ──┤├──(DF)────────────────────────────────► 1

   1──→─[F35 +1   ,    DT0  ]
     X1
11 ──┤├──(DF)───────────────────────────────► 1

   1──→─[F37 −1   ,    DT0  ]
     R9010
16 ──┤├──────[F60 CMP  ,    DT0  ,     K50  ]
     R900C                                    Y0
22 ──┤├─────────────────────────────────────[ ]
     R900B                                    Y1
24 ──┤├─────────────────────────────────────[ ]
```

图 4.4　停车场显示装置控制梯形图

（2）梯形图

根据题目要求，编程如图 4.5 所示。

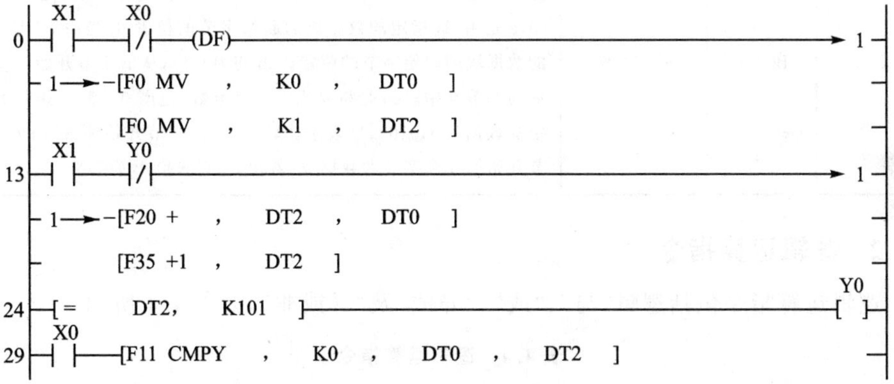

```
     X1   X0
0 ──┤├──┤/├──(DF)───────────────────────────► 1

   1──→─[F0 MV   ,    K0  ,     DT0  ]
        [F0 MV   ,    K1  ,     DT2  ]
     X1   Y0
13 ──┤├──┤/├────────────────────────────────► 1

   1──→─[F20 +   ,    DT2  ,     DT0  ]
        [F35 +1  ,    DT2  ]
                                              Y0
24 ──┤=      DT2，  K101  ├──────────────────[ ]
     X0
29 ──┤├──[F11 CMPY  ,   K0  ,    DT0  ,    DT2  ]
```

图 4.5　1＋2＋3＋……＋100 梯形图

（3）思　考

本程序是用循环扫描工作方式执行的。思考在图 4.5 中[13]和[23]处加入循环指令 LBL 和 LOOP 可缩短程序时间。

4.2　数据比较、逻辑运算指令及其设计举例

4.2.1　数据比较和逻辑运算指令

1. 数据比较指令

数据比较指令（F60～F64）包括 16 位数据和 32 位数据比较、窗口比较以及数据

块比较。与基本指令中的条件比较指令不同之处在于,它的比较结果是通过内部特殊继电器即标志寄存器 R9009、R900A、R900B、R900C 表示的,如表 4.3 所列。

表 4.3　数据比较指令

功能号	助记符	操作数	功能说明
F60	CMP	S1、S2	16 位数据比较。S1＞S2 时,R900A 为 ON;S1＝S2 时,R900B 为 ON;S1＜S2 时,R900C 为 ON
F61	DCMP	S1、S2	32 位数据比较
F62	WIN	S1、S2、S3	16 位数据块(窗口)比较。将 S1 与 S2 至 S3 中的数据块比较。S1＞S2 时,R900A 为 ON;S1≤S2≤S3 时,R900B 为 ON;S1＜S2 时,R900C 为 ON
F63	DWIN	S1、S 2、S3	32 位数据块比较
F64	BCMP	S1、S2、S3	数据块比较。根据 S1 的设定,将 S2 指定的数据块与 S3 指定的数据块进行比较。当 S2＝S3 时,R900B 为 ON。S1 设定 Hab-cd,a 是由 S3 指定的数据块的起始字节的位置;b 是由 S2 指定的数据块的起始字节的位置。ab 均为 0 位,从低字节开始,1 位从高字节开始。cd 是将要比较的字节数,范围 0～99。如若 S1 中的数据为 H0104,则表示比较 S2 由高字节开始和 S3 由低字节开始的 4 个字节的数据块,若相等,则 R900B 为 ON

2. 逻辑运算指令

逻辑运算指令包括逻辑"与"、"或"、"异或"及"异或非",如表 4.4 所列。

表 4.4　逻辑运算指令

功能号	助记符	操作数	功能说明
F65	WAN	S1、S2、D	16 位数据"与"运算。将 S1 与 S2 中的数据按位相与,结果存在 D 中
F66	WOR	S1、S2、D	16 位数据"或"运算
F67	XOR	S1、S2、D	16 位数据"异或"运算
F68	XNR	S1、S2、D	16 位数据"异或非"运算

4.2.2　数据比较指令设计举例

项目 4.4:自动售货机的电气控制

(1) 控制要求

售货机自动控制系统在实际应用中一般包括计币系统、比较系统、选择系统、饮料供应系统、退币系统和报警系统。

售货机系统的基本要求是：

➢ 只能投入是 1 角、5 角和 1 元这 3 种硬币。

➢ 有两种饮料可供选择：汽水和咖啡，汽水的价格是 2 元，咖啡的价格是 3 元。

➢ 当投入的硬币不小于 2 元时，按下汽水选择按钮即可出汽水；当硬币不小于 3 元时，按下咖啡选择按钮可接咖啡。

➢ 当硬币没有用完或中途终止操作时，均可按下退币按钮，系统自动退回剩余硬币。

➢ 当系统饮料用完或硬币不足时，报警系统工作，通知工作人员。

（2）I/O 分配

I/O 分配如表 4.5 所列。

表 4.5　自动售货机系统 PLC 控制 I/O 分配表

输　入			输　出		
元件代号	元件功能	输入继电器	输出继电器	元件功能	元件代号
	1 角投币感应器	X0	Y0	硬币不足显示	EL
	5 角投币感应器	X1	Y1	汽水选择灯	EL
	1 元投币感应器	X2	Y2	咖啡选择灯	EL
SB2	汽水选择按钮	X3	Y3	汽水电动机	KM1
SB3	咖啡选择按钮	X4	Y4	汽水电磁阀	W1
	1 元退币感应器	X5	Y5	咖啡电动机	KM2
	5 角退币感应器	X6	Y6	咖啡电磁阀	YV2
	1 角退币感应器	X7	Y7	钱币不足报警	EL
	退币按钮	X20	Y20	没有汽水报警	EL
	汽水液量不足	X21	Y21	没有咖啡报警	EL
	咖啡液量不足	X22	Y22	1 元传动电动机	KM3
	1 元硬币不足	X23	Y23	5 角传动电动机	KM4
	5 角硬币不足	X24	Y24	1 角传动电动机	KM5
	1 角硬币不足	X25			
SB0	启动按钮	X26			
SB1	急停按钮	X27			

（3）自动售货机流程图

根据自动售货机控制要求，可设计如图 4.6 所示程序设计流程图。

（4）控制梯形图

① 计币系统。当有顾客买饮料时，投入的硬币经过感应器，感应器记忆投币的

个数且传送到计币系统。计币系统进行硬币数据叠加,叠加的硬币数据存放在数据寄存器中。

② 比较系统。投币完成后,系统会把寄存器内的硬币数据和可以购买饮料的价格进行区间比较。当投入的硬币小于 2 元时,硬币不足指示灯亮,证明投入的硬币不足,须继续投币或选择退币。当投入的硬币在 2~3 元间时,汽水选择指示灯长亮;当投入的硬币大于 3 元时,汽水和咖啡指示灯同时长亮,此时可选择饮料或退币。

③ 选择系统。当比较电路完成比较后,选择指示灯是长亮的,按下汽水或咖啡选择键,相应的指示灯变为闪亮(1 s 为周期)。饮料供应完毕,闪烁同时停止。

④ 饮料供应系统。当按下选择按钮时,相应的电磁阀(Y4 或 Y6)和电动机(Y3 或 Y5)同时启动,饮料输出。在饮料输出的同时减去相

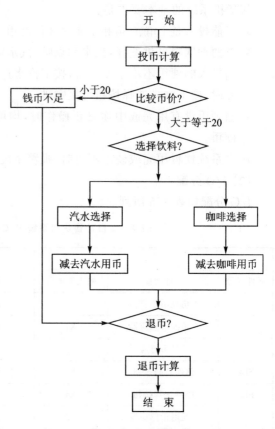

图 4.6　自动售货机程序设计流程图

应的购买硬币数,并使用比较系统,实时地刷新剩余硬币数是否够用并显示。当饮料输出达到 8 s 时,电磁阀首先关闭,小电动机继续工作 0.5 s 后停机。此小电动机的作用是:输出饮料时,加快输出;电磁阀关闭后,给电磁阀加压,加速电磁阀关断。(注意:由于售货机是长期使用,电磁阀使用过多时,返回弹力减小,不能完全关断时会出现漏饮料现象。此时电动机 Y3 或 Y5 延长工作 0.5 s,起到给电磁阀加压的作用,使电磁阀可以完好地关断。)

⑤ 退币系统。顾客买完饮料后,多余的硬币会在按下退币按钮后退出。退币过程是:把寄存器内存储的硬币数据除以 10,得到的整数部分便是须退回的 1 元硬币数量;余数再除以 5,得到的整数部分便是须退回的 5 角硬币数量;如还有余数,则这个余数就正好是须退回的 1 角硬币的数量。在退币的同时启动 3 个退币电动机,3 个感应器开始计数,当感应器记录的个数等于数据寄存器退回硬币数时,退币电动机停止。

⑥ 报警系统。当 1 元、5 角、1 角硬币有任意一种不足时,发出报警;当汽水和咖啡数量任意一种不足时也发出报警,同时切断相应的饮料指示选择指示灯,提示不能被选择,并等待工作人员加液。自动售货机控制梯形图如图 4.7 所示。

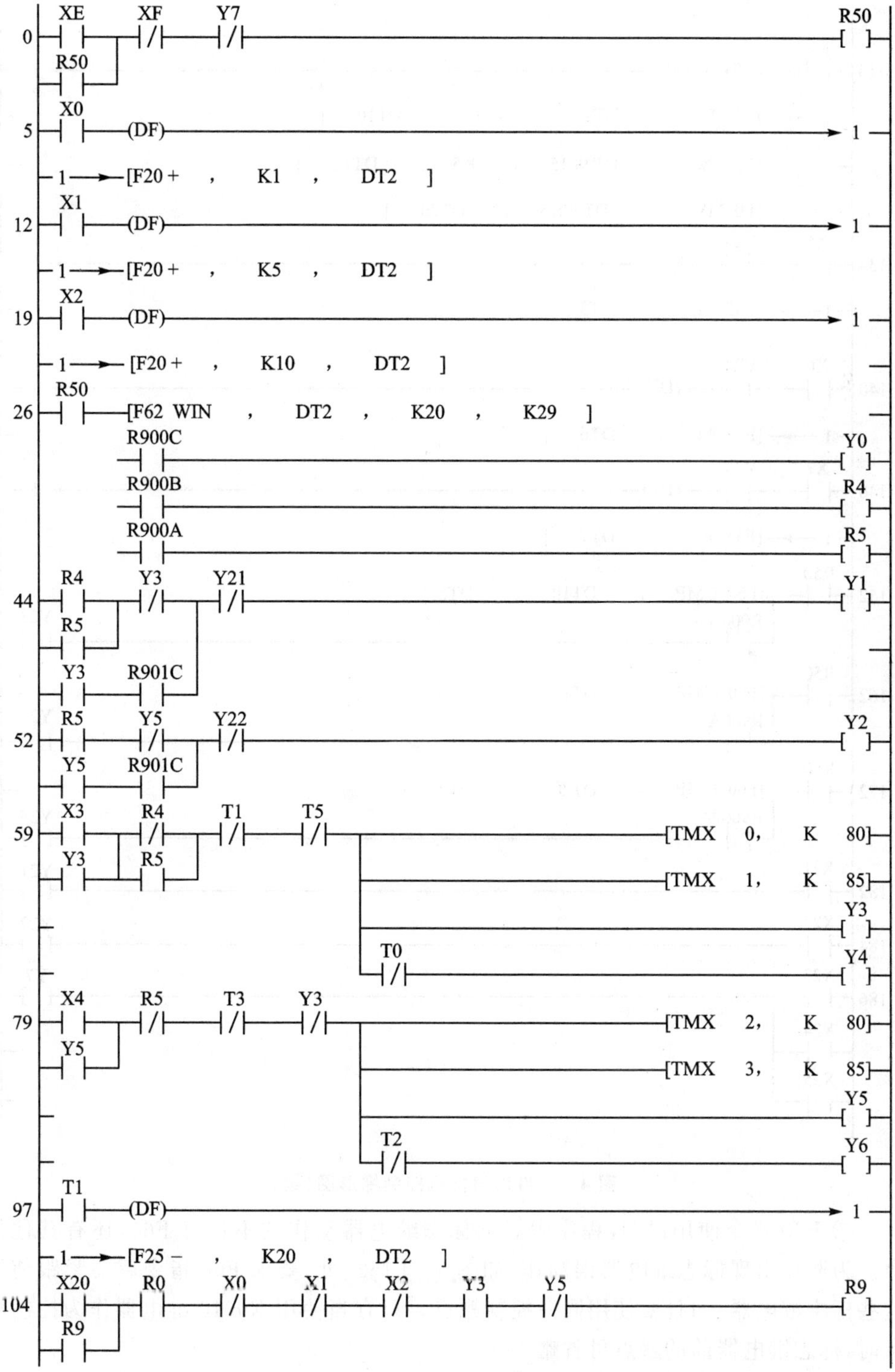

```
        XE    XF    Y7                                          R50
  0   ┤├──┤/├──┤/├──────────────────────────────────────────( )─┤
        R50
      ┤├─┘
        X0
  5   ┤├────(DF)─────────────────────────────────────────────────▶ 1

      ├ 1 ──▶[F20+   ,    K1    ,    DT2   ]
        X1
 12   ┤├────(DF)─────────────────────────────────────────────────▶ 1

      ├ 1 ──▶[F20+   ,    K5    ,    DT2   ]
        X2
 19   ┤├────(DF)─────────────────────────────────────────────────▶ 1

      ├ 1 ──▶[F20+   ,    K10   ,    DT2   ]
        R50
 26   ┤├────[F62 WIN  ,    DT2   ,    K20   ,    K29   ]
        R900C                                                   Y0
      ┤├──────────────────────────────────────────────────────( )─┤
        R900B                                                   R4
      ┤├──────────────────────────────────────────────────────( )─┤
        R900A                                                   R5
      ┤├──────────────────────────────────────────────────────( )─┤
        R4    Y3    Y21                                         Y1
 44   ┤├──┤/├──┤/├──────────────────────────────────────────( )─┤
        R5
      ┤├─┘
        Y3    R901C
      ┤├──┤├─┘
        R5    Y5    Y22                                         Y2
 52   ┤├──┤/├──┤/├──────────────────────────────────────────( )─┤
        Y5    R901C
      ┤├──┤├─┘
        X3    R4    T1    T5
 59   ┤├──┤├──┤├──┤/├────────────────────────────[TMX   0,    K   80]
        Y3    R5
      ┤├──┤├─┘
                                                  ──────────[TMX   1,    K   85]
                                                                Y3
                                                  ──────────────────────( )─┤
                          T0                                    Y4
                        ┤/├──────────────────────────────────────────( )─┤
        X4    R5    T3    Y3
 79   ┤├──┤/├──┤/├──┤/├────────────────────────────[TMX   2,    K   80]
        Y5
      ┤├─┘
                                                  ──────────[TMX   3,    K   85]
                                                                Y5
                                                  ──────────────────────( )─┤
                          T2                                    Y6
                        ┤/├──────────────────────────────────────────( )─┤
        T1
 97   ┤├────(DF)─────────────────────────────────────────────────▶ 1

      ├ 1 ──▶[F25−   ,    K20   ,    DT2   ]
        X20   R0    X0    X1    X2    Y3    Y5                   R9
104   ┤├──┤├──┤/├──┤/├──┤/├──┤/├──┤/├────────────────────────( )─┤
        R9
      ┤├─┘
```

图 4.7　自动售货机控制梯形图

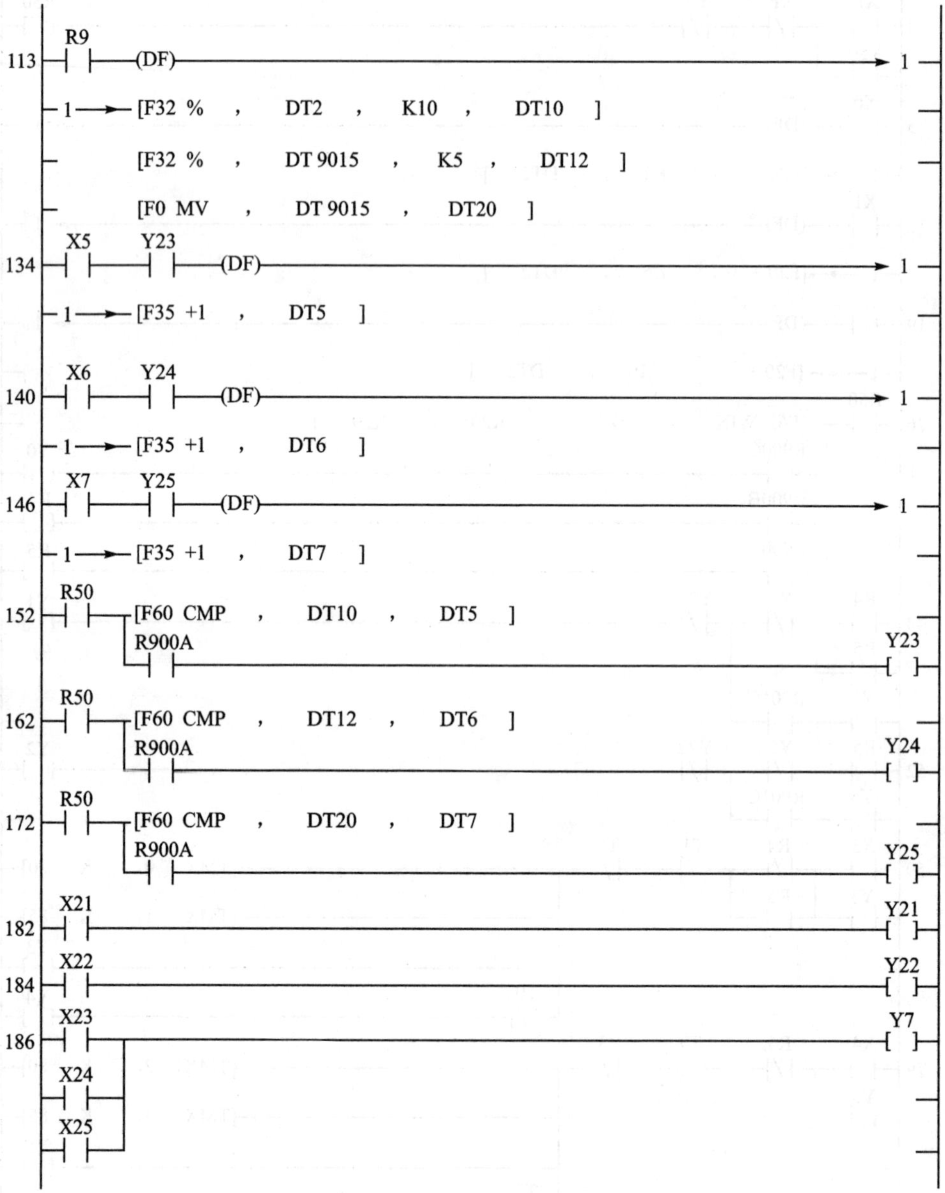

```
       R9
113 ──┤├──(DF)─────────────────────────────────────────────────────1

     ├─1──[F32 %    ,    DT2    ,    K10    ,    DT10   ]

         [F32 %    ,    DT 9015    ,    K5    ,    DT12   ]

         [F0  MV    ,    DT 9015    ,    DT20   ]
       X5    Y23
134 ──┤├──┤├──(DF)───────────────────────────────────────────────1

     ├─1──[F35 +1    ,    DT5    ]

       X6    Y24
140 ──┤├──┤├──(DF)───────────────────────────────────────────────1

     ├─1──[F35 +1    ,    DT6    ]

       X7    Y25
146 ──┤├──┤├──(DF)───────────────────────────────────────────────1

     ├─1──[F35 +1    ,    DT7    ]

       R50
152 ──┤├──┤├──[F60 CMP    ,    DT10    ,    DT5    ]
          R900A                                                   Y23
          ──┤├───────────────────────────────────────────────────( )

       R50
162 ──┤├──┤├──[F60 CMP    ,    DT12    ,    DT6    ]
          R900A                                                   Y24
          ──┤├───────────────────────────────────────────────────( )

       R50
172 ──┤├──┤├──[F60 CMP    ,    DT20    ,    DT7    ]
          R900A                                                   Y25
          ──┤├───────────────────────────────────────────────────( )

       X21                                                        Y21
182 ──┤├─────────────────────────────────────────────────────────( )
       X22                                                        Y22
184 ──┤├─────────────────────────────────────────────────────────( )
       X23                                                        Y7
186 ──┤├──┬──────────────────────────────────────────────────────( )
       X24 │
     ──┤├──┤
       X25 │
     ──┤├──┘
```

图 4.7　自动售货机控制梯形图(续)

⑦ F60 指令使用说明：程序中影响标志继电器动作的不仅有 F60，还有其他指令。为避免出现标志继电器误动作，如图 4.7[152]处，要求 F60 指令后要紧跟使用这些标志继电器，而且要使用同一控制触点。只有当使用 R9010 继电器作为控制触点时，标志继电器前的触点可省略。

4.3　数据转换指令及其设计举例

4.3.1　数据转换指令

数据转换指令(F70～F96)包括不同进制数、BCD 码与 ASCII 码的相互转换,二进制数与 BCD 码的相互转换,多位二进制数的求反、求补、取绝对值,以及解码、编码、7 段显示解码、数据组合、分离等,如表 4.6 所列。

表 4.6　数据比较指令

功能号	助记符	操作数	功能说明
F70	BCC	S1、S2、S3、D	区块检查码计算
F71	HEXA	S1、S2、D	十六进制数→十六进制 ASCII 码
F72	AHEX	S1、S2、D	十六进制 ASCII 码→十六进制数
F73	BCDA	S1、S2、D	BCD 码→十进制 ASCII 码变换
F74	ABCD	S1、S2、D	十进制 ASCII 码→BCD 码
F75	BINA	S1、S2、D	16 位二进制数→十进制 ASCII 码
F76	ABIN	S1、S2、D	十进制 ASCII 码→16 位二进制数
F77	DBIA	S1、S2、D	32 位二进制数→十六进制 ASCII 码
F78	DABI	S1、S2、D	十六进制 ASCII 码→32 位二进制数
F80	BCD	S、D	16 位二进制数→4 位 BCD 码。将 S 指定的 16 位二进制数转换成 4 位 BCD 码数,结果存储在 D 中。数据范围为 K0(H0)～K9999(H270F)
F81	BIN	S、D	4 位 BCD 码→16 位二进制数
F82	DBCD	S、D	32 位二进制数→8 位 BCD 码
F83	DBIN	S、D	8 位 BCD 码→32 位二进制数
F84	INV	D	16 位二进制数求反
F85	NEG	D	16 位二进制数求补
F86	DNEG	D	32 位二进制数求补
F87	ABS	D	16 位二进制数取绝对值
F88	DABS	D	32 位数据取绝对值
F89	EXT	D	16 位数据位数扩展
F90	DECO	S、n、D	解码。将 S 指定的 16 位数据根据 n 的设定进行解码,结果存在 D 起始的存储区域中。n 的格式为 Ha0b,其中,a 为解码的首地址,范围为 0～F;b 为解码的位数,范围 0～8

功能号	助记符	操作数	功能说明
F91	SEGT	S、D	16 位数据 7 段显示解码。将 S 中的 4 位十六进制数转换成 7 段 LED 数码管(共阴)显示对应的字形码,结果存在 D 起始的存储区域中
F92	ENCO	S、n、D	编码。将 S 指定的 16 位二进制数根据 n 的规定进行编码,结果存在 D 起始的存储区域中。n 的格式为 HaOb,其中,a 为编码的首地址,设置范围 0～F;b 为编码位数,范围 1～8,如 H0005,则编码位数为 $2^5 = 32$ 位
F93	UNIT	S、n、D	16 位数据组合。将 S 指定的 1～4 个 16 位存储单元最低 4 位取出来组合成一个字,结果存在 D 中。n 指定组合数据的个数,范围为 K0～K4,当 n=K0 时,不执行该命令;当 n<K4 时,D 中未被占用的高位数据位被自动复位为 0
F94	DIST	S、n、D	16 位数据分离。将 S 指定的 4 位十六进制数分离,结果依次存储在 D 起始的 1～4 个 16 位存储单元的低 4 位,其余的数据位保持不变。n 规定分离数据的个数,范围为 K0～K4
F95	ASC	S、D	字符→ASCII 码
F96	SRC	S1、S2、S3	表数据查找

4.3.2　数据转换指令设计举例

1. 项目 4.5:抢答器控制

(1) 相关知识

[F91 SEGT,S,D]　这 7 段解码指令的功能:将 S 指定的 16 位数据转换为 7 段显示码,结果存放在 D 寄存器中。

7 段转换关系如表 4.7 所列。可见,因为每 4 位待转换的二进制数译成 8 位 7 段显示码(7 段显示最高位为 0),因此存放译码结果的寄存器 D 应扩大一倍。F91 (SEGT)指令执行情况如图 4.8 所示。

(2) 控制要求

设计一个 4 组抢答器,主持人按下开始抢答按钮后,若 10 s 内无人抢答,则该题作废,有铃声提示。主持人按下开始抢答按钮后,显示器显示抢答剩余时间,10(A)→9→8→…→0。若 10 s 内任意一组抢先按下按键后,显示器能及时显示该组的编号,并使蜂鸣器发出一声响声(1 s),同时锁住抢答器,使其他组按下按键无效。抢答开始后计时,25 s 时发提示音,蜂鸣器响一下(1 s),30 s 时抢答时间到,关闭显示,可重新抢答。抢答器同时还设有复位按钮,复位按钮按下时也可重新抢答。显示器由 7 段数码显示器实现。

表 4.7　7 段转换表

待变换的数据					七段显示的组成	用于 7 段显示的 8 位数据								7 段显示
十六进制	二进制						g	f	e	d	c	b	a	
H0	0	0	0	0		0	0	1	1	1	1	1	1	0
H1	0	0	0	1		0	0	0	0	0	1	1	0	1
H2	0	0	1	0		0	1	0	1	1	0	1	1	2
H3	0	0	1	1		0	1	0	0	1	1	1	1	3
H4	0	1	0	0		0	1	1	0	0	1	1	0	4
H5	0	1	0	1		0	1	1	0	1	1	0	1	5
H6	0	1	1	0		0	1	1	1	1	1	0	1	6
H7	0	1	1	1		0	0	1	0	0	1	1	1	7
H8	1	0	0	0		0	1	1	1	1	1	1	1	8
H9	1	0	0	1		0	1	1	0	1	1	1	1	9
HA	1	0	1	0		0	1	1	1	0	1	1	1	A
Hb	1	0	1	1		0	1	1	1	1	1	0	0	b
HC	1	1	0	0		0	0	1	1	1	0	0	1	C
HD	1	1	0	1		0	1	0	1	1	1	1	0	d
HE	1	1	1	0		0	1	1	1	1	0	0	1	E
HF	1	1	1	1		0	1	1	1	0	0	0	1	F

七段显示的组成（a、f、g、b、e、c、d）

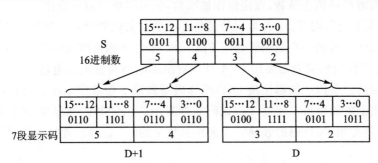

图 4.8　F91(SEGT)指令执行情况

(3) 输入输出分配

输入：一组抢答按键 X1；　　　　　　输出：蜂鸣器　Y20；

　　　二组抢答按键 X2；　　　　　　　　a　　　　Y0；

　　　三组抢答按键 X3；　　　　　　　　b　　　　Y1；

　　　四组抢答按键 X4；　　　　　　　　c　　　　Y2；

开始抢答按键 X5;	d	Y3;
复位开关　　　X6;	e	Y4;
	f	Y5;
	g	Y6。

(4) 编制控制程序

抢答器梯形图如图 4.9 所示。

(5) 实际接线图

抢答器实际接线图如图 4.10 所示。

(6) 分析和思考

图 4.9 中 7 段数码管的输出控制是通过 F91(SEGT) 的 7 段解码指令实现的。另外,还可以通过抢答按钮 X1～X4 控制的内部继电器 R1～R4,与 7 段显示输出 Y1～Y7 相接。因为数码显示 1、2、3、4 对应 bc、abged、abgcd、fgbc,所以与此相对应的输出为 Y1Y2、Y0Y1Y6Y4Y3、Y0Y1Y6Y2Y3 和 Y5Y6Y1Y2。7 段显示输出显示部分梯形图如图 4.11 所示,读者可自行完善梯形图来实现本项目功能。

2. 项目 4.6:用 2 位数码管显示灯闪烁次数的变化值(增计数)

(1) 相关知识

① 在 PLC 的控制中,用数码管实现增计数显示的方法是用普通计数器作倒计数,用算法将计数器的增计数过程转换为增计数过程,再变换为 BCD 码输入到数码管显示。例如,计数器倒计数 9、8、7、6、5、4、3、2、1。用减法算法变为增计数 $10-9=1$、$10-8=2$、$10-7=3$、$10-6=4$、……$10-1=9$,即变化为 1、2、3、4、5、6、7、8、9。即用计数的实时经过值作减数,设定值作被减数,就可得增计数的变化。

② 认识 2 位数码管。2 位数码管是将 2 个 7 段数码管合在一起作 2 位数字显示的器件。之前学过的一位数码管是用 PLC 的 7 个外部输出继电器(Y0～Y6)进行控制的,因此,2 位数码管就需要用 14 个外部输出继电器对输出继电器进行控制,这样是非常浪费的。所以一般都使用 BCD 码译码器做成 2 位数字显示的器件,只需要 8 个外部输出继电器就可以控制 2 位数码管的显示。由于其内部已接 BCD 码的译码器,因此它是使用 BCD 码的数制方式来显示数字的。2 位数码管的示意图如图 4.12 所示。

每个 BCD 码的数码管有 4 个接线端,可接到 PLC 的输出端,通过 PLC 的控制实现数字显示;但由于 PLC 内部运算用二进制数(BIN 码),所以需要用数制转换指令将 BIN 码变换成 BCD 码,才能使信号输出到数码管上显示。

③ [F80 BCD,S,D] 功能:将 S 中被转换的 16 位二进制数据转换为 BCD 码,存放到 D 寄存器中,如图 4.13 所示。

BCD 码是用 4 位二进制数表示 0～9 的十进制数,其值不能超过 1001(十进制数 9)。当使用相同二进制位数时,显然 BCD 码表示数的范围要小得多。比如 16 位二

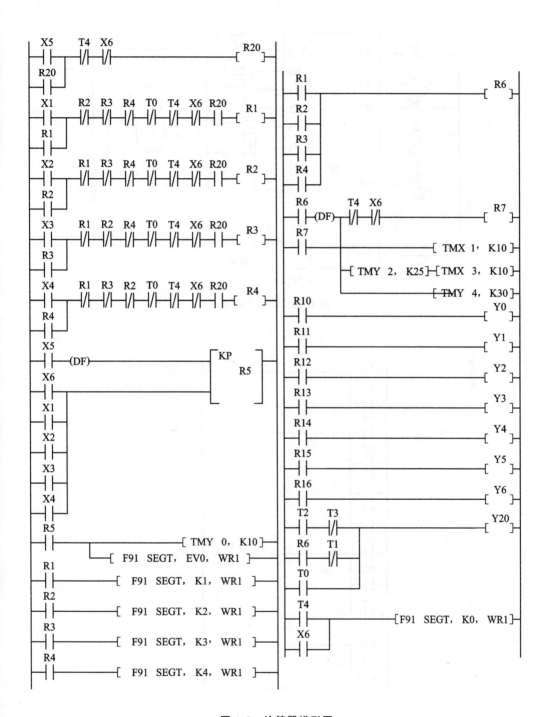

图 4.9　抢答器梯形图

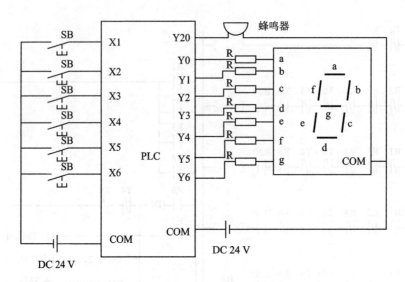

图 4.10　实际接线图

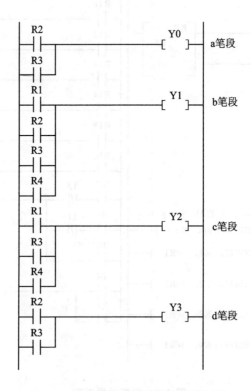

图 4.11　7 段显示输出提示部分梯形图

进制数用 BCD 码表示最大十进制为 9999，对应 BCD 码 1001 1001 1001 1001。

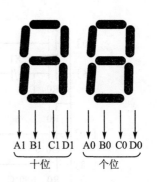

(2) 控制要求

启动后，绿灯以 1 次/s 的频率闪烁，要求：

① 用 2 位数码管实时显示绿灯的闪烁次数，并做 0～14 的加计数显示；到 14 后又重新从 0 开始显示，可以不断重复。

② 用按钮 SB1 做灯闪烁启动控制，用按钮 SB2 做灯熄灭控制。

③ 当灯熄灭后数码管显示为 0。

A1 B1 C1 D1 A0 B0 C0 D0
十位
个位

图 4.12　2 位数码管的示意图

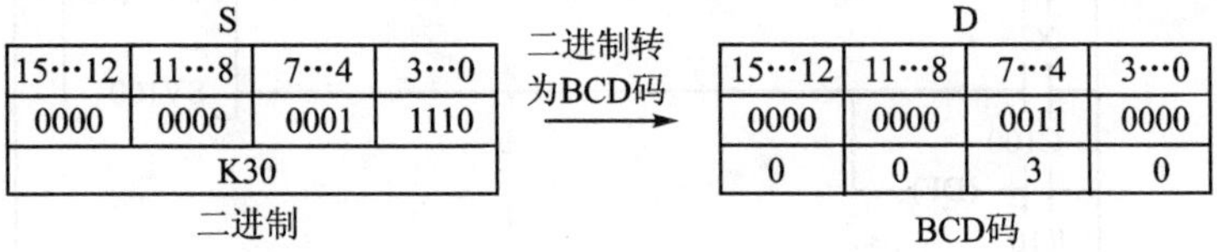

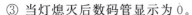

S
15…12 11…8 7…4 3…0
0000 0000 0001 1110
K30
二进制
二进制转
为BCD码
D
15…12 11…8 7…4 3…0
0000 0000 0011 0000
0 0 3 0
BCD码

图 4.13　16 位二进数转换为 4 位 BCD 码

(3) PLC 的 I/O 分配

PLC 的 I/O 分配如图 4.14 所示。

输入端		输出端		
外接元件	输入继电器	外接元件		输出继电器
按钮 SB1(启动控制)	X0	2 位数码管	A0	Y0
按钮 SB2(停止控制)	X1		B0	Y1
			C0	Y2
			D0	Y3
			A1	Y4
			B1	Y5
			C1	Y6
			D1	Y7
		绿灯		Y8

图 4.14　PLC 的 I/O 分配

(4) 梯形图设计

PLC 控制 2 位数码管显示程序如图 4.15 所示。

(5) 2 位数码管的接线

2 位数码管的接线如图 4.16 所示。

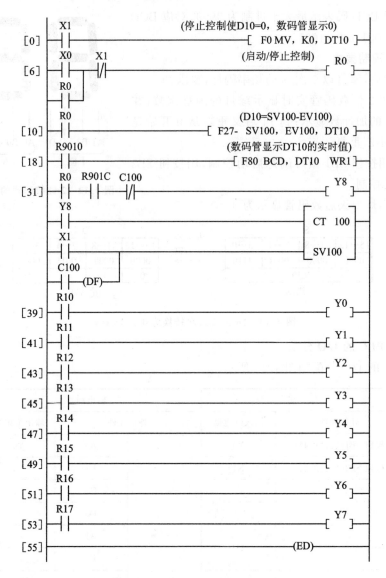

图 4.15　PLC 控制 2 位数码管显示程序

(6) PLC 程序的执行与调试

程序传送到 PLC 执行并进行程序调试,直至满足以下的控制要求:送电后,数码管显示 0;按下启动按钮 SB1,绿灯以 1 次/s 的频率闪烁,数码管以增计数(0→14)方式显示计数器对灯闪烁计数的实时值;每次完成 0→14 的显示后,再次重复显示。按下停止按钮 SB2,灯熄灭,数码管变为 0 的显示。

(7) 思　考

程序运行的控制,图 4.15 所示程序的绿灯闪烁与数码管显示是可以自动反复进行的,原因是计数器 C100 动作时,只做了计数器的复位而没有将启动/停止控制

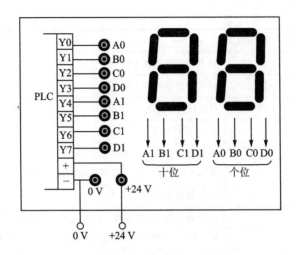

图 4.16　2 位数码管与 PLC 的接线

(R0)支路切断。若要改为运行一次(一周期)就停止,则需要在程序的启动/停止控制支路(见程序[6]处)中串入一个 C100 的动断触点。

4.4　数据移位指令及其设计举例

4.4.1　数据移位指令

　数据移位指令(F100～F123)包括 16 位数据 n 位的左、右移,十六进制位的左、右移,字的左、右移,以及 16 位数据 n 位的循环移位等,如表 4.8 所列。

表 4.8　数据移位指令

功能号	助记符	操作数	功能说明
F100	SHR	D、n	16 位二进制数据右移 n 位。将 D 指定的 16 位二进制数右移 n 位,最后一位移出的数据传送到进位标志 R9009 中,高 n 位补入 0
F101	SHL	D、n	16 位二进制数据左移 n 位。将 D 指定的 16 位二进制数左移 n 位,最后一位移出的数据传送到进位标志 R9009 中,低 n 位补入 0
F105	BSR	D	16 位数据右移 4 位
F106	BSL	D	16 位数据左移 4 位
F110	WSHR	D1、D2	16 位数据区右移一个字。将以 D1 为首地址,D2 为末地址的存储区域右移一个字,D2 补入 0
F111	WSHL	D1、D2	16 位数据区左移一个字

功能号	助记符	操作数	功能说明
F112	WBSR	D1、D2	16 位数据区右移 4 位
F113	WBSL	D1、D2	16 位数据区左移 4 位
F118	UDC	S、D	可逆计数器指令
F119	LRSR	D1、D2	左/右移位指令
F120	ROR	D、n	16 位数据右循环。将 D 指定的 16 位数据右移 n 位,D 中的最低位依次移入高位,最后一位移出的数据移入 R9009 中
F121	ROL	D、n	16 位数据左循环
F122	RCR	D、n	16 位数据带进位右循环。将 D 指定的数据带进位标志循环右移 n 位,最后一位移出的数据传送到进位标志 R9009 中
F123	RCL	D、n	16 位数据带进位左循环

4.4.2　位操作指令

位操作指令(F130~F136)包括 16 位数据的置位、复位、求反、位测试以及对 16 位、32 位数据中"1"的统计。它们共同的特点是执行操作的对象不是字,而是字中的某一位或几位,如表 4.9 所列。

表 4.9　数据比较指令

功能号	助记符	操作数	功能说明
F130	BTS	D、n	16 位数据置位(位)。将 D 中的数据第 n 位置位为 1,其他位保持不变
F131	BTR	D、n	对 16 位 D 寄存器的第 n 位复位
F132	BTI	D、n	对 16 位 D 寄存器的第 n 位求反(位)
F133	BTT	D、n	16 位数据测试(位)。测试 D 中的第 n 位,若该位为 OFF,则 R900B 为 ON;若该位为 1,则 R900B 为 OFF。n 的取值范围为 H0~HF 或 K0~K15
F135	BCU	S、D	16 位数据中"1"的统计。计算 S 指定的 16 位数据为 1 的位数,结果存在 D 中
F136	DBCU	S、D	32 位数据中的统计

PLC 的高级指令中还有一类是特殊功能指令,其功能是完成对时间的转换、I/O 刷新、通信、打印输出、高速计数等。限于篇幅,这里不再介绍,读者可查阅其他资料。

4.4.3　位操作指令设计举例

项目 4.7：投票表决系统程序设计

(1) 控制要求

投票表决系统应用范围很广,可用于决策部门进行投票、表决等。该投票表决设有 6 位投票人,每个投票人有"同意"和"反对"两个按钮。不单独设置"弃权"按钮,不选择即视为弃权。另设有系统"开始"和"结束"两个控制按钮。

按下"开始"按钮,投票系统被启动,投票人投票有效。投票人若先后两次按下不同按钮,则视为弃权;多次按下同一按钮,只计一次,不重复统计。

投票系统设置投票时间限定:系统启动后计时 30 s,各投票人需在限定时间内完成投票选举,时间到会自动显示投票结果,同时封锁各投票按钮,即使再次按动投票按钮也不会改变投票结果。按下"结束"按钮,系统恢复初始状态,为再次投票做好准备。

投票后显示结果如下:

➤ 同意票多于反对票,输出"通过"灯亮;

➤ 同意票少于反对票,输出"否决"灯亮;

➤ 同意票等于反对票,输出"无效"灯亮。

(2) I/O 分配

根据要求,输入有"开始"、"结束"2 个控制按钮,6 位投票人"同意"、"反对"各 6 个表决按钮;输出"通过"、"否决"、"无效"3 个指示灯。共需 17 个 I/O 点,其中,14 个输入,3 个输出。

输入信号:主持人"开始"按钮 SB0→X0;　　3 号投票人反对按钮 SB7→X7;

　　　　　主持人"结束"按钮 SB1→X1;　　4 号投票人同意按钮 SB8→X8;

　　　　　1 号投票人同意按钮 SB2→X2;　　4 号投票人反对按钮 SB9→X9;

　　　　　1 号投票人反对按钮 SB3→X3;　　5 号投票人同意按钮 SB10→XA;

　　　　　2 号投票人同意按钮 SB4→X4;　　5 号投票人反对按钮 SB11→XB;

　　　　　2 号投票人反对按钮 SB5→X5;　　6 号投票人同意按钮 SB12→XC;

　　　　　3 号投票人同意按钮 SB6→X6;　　6 号投票人反对按钮 SB13→XD。

输出信号:"通过"指示灯 HL1→Y0;

　　　　　"否决"指示灯 HL2→Y1;

　　　　　"无效"指示灯 HL3→Y2。

(3) 梯形图程序设计

统计投票方法很多,可以用加法指令、计数器指令等,这里采用 F135(BCU)16 位数据中"1"位数统计指令。投票表决系统梯形图如图 4.17 所示。

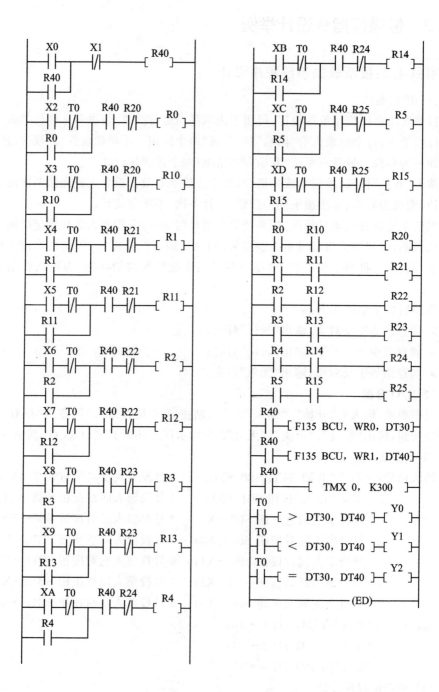

图 4.17　投票表决系统梯形图

4.5　霓虹灯的 PLC 控制

　　霓虹灯是一种用于户外招牌、广告与装饰的美术灯,过去主要是用高压电激发充气的发光管发出不同颜色的光,并通过控制其发光顺序来获得广告、招牌或装饰盼效果。目前,充气管霓虹灯已逐步被 LED 管替代,LED 管作霓虹灯具有节能、发光效果好、造型容易与控制简单等优点,因此今后将会被更广泛地应用。

　　图 4.18 为某 PLC 实训装置的霓虹灯实训模块面板示意图。该模块的 LED 灯接线如图 4.19 所示,可组成环形灯 5 组(H1~H5),也可组成条形灯 8 组(L1~L8)。这两种不同组合的灯组可以顺序发光和交叉发光,通过 PLC 控制组成多种发光形式。

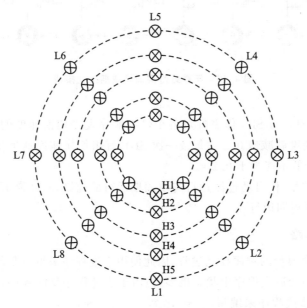

图 4.18　某 PLC 实训装置的霓虹灯实训模块面板示意图

4.5.1　霓虹灯的控制方式一

1. 霓虹灯控制方式一的要求

　　启动后,条形灯从 L1~L8 顺序发光,接着环形灯从 H1~H5 顺序发光,每组灯发光 1 s 后切换。要求:

　　① 用按钮 SB1 与 SB2 作霓虹灯启动与停止控制。

　　② 用按钮 SB3 作多段灯组顺序发光的控制,每按一次 SB3,就增加一组灯组

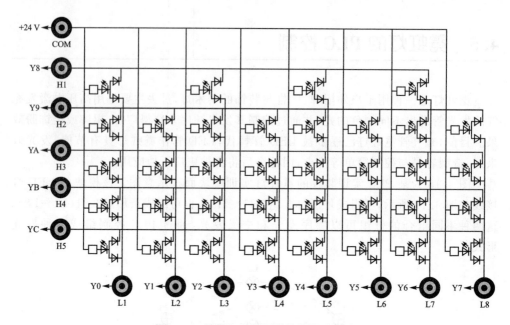

图 4.19　某霓虹灯实训模块插接孔接线

发光。

③ 用按钮 SB4 与 SB5 作霓虹灯各个灯组顺序发光切换速度的控制,每按一次 SB3,灯组切换速度就减慢 0.2 s;每按一次 SB4,灯组切换速度就加快 0.2 s,但每组灯的发光时间最低不能少于 0.2 s。

④ 用开关 SA1 作自动连续运行与单周期运行的控制,SA1 断开时作连续运行,SA1 接通时作单周期运行。

2. 编程思路

① 这是一个典型的顺序控制过程,因此使用步进程序来编写是较容易的。虽然灯组较多(13 组)会造成程序中状态也多,但由于步进程序反映顺序控制过程十分明确,所以适宜用步进程序来编写。

② 灯组切换时间变化的实现方法:灯组切换时间的变化可用按钮驱动加法指令"F20(＋)"与减法指令"F25(－)"来实现,设定按一次按钮则加 2 或减 2。因为是使用 0.1 s 计时单位的定时器,所以每次加、减为 0.2 s(可自己设定),使用时要注意用脉冲执行型指令。要设定对最短发光时间的限制,可使用触点比较指令来实现。

③ 2 个灯组同时发光的实现方法:实现 2 个灯组(或 2 个以上灯组)同时发光,若用步进程序编写,可在一个灯组发光并转移后,再用按钮接通步进程序的第一个步进过程,又从 L1 灯组发光开始步进执行。此时,步进程序中同时有两个步进过程,因此就同时有 2 个不同的灯组发光,用此方法可实现多组灯组的同时发光。

3. PLC 的 I/O 分配与接线

霓虹灯控制方式一的 I/O 分配如表 4.10 所列。

表 4.10　霓虹灯 PLC 控制的 I/O 分配

输入端		输出端	
外接元件	输入继电器	外接元件	输出继电器
动合按钮 SB1(启动控制)	X0	L1 灯组	Y0
动合按钮 SB2(停止控制)	X1	L2 灯组	Y1
动合按钮 SB3(多个灯组发光控制)	X2	L3 灯组	Y2
开关 SA1(连续与单周期控制)	X3	L4 灯组	Y3
动合按钮 SB4(灯组切换速度"＋")	X10	L5 灯组	Y4
动合按钮 SB5(灯组切换速度"－")	X11	L6 灯组	Y5
		L7 灯组	Y6
		L8 灯组	Y7
		H1 灯组	Y8
		H2 灯组	Y9
		H3 灯组	YA
		H4 灯组	YB
		H5 灯组	YC

4. 梯形图程序编写

霓虹灯控制方式一的梯形图程序(供参考)如图 4.20 所示。

5. 程序分析

① 图 4.20 所示程序分为两部分。第一部分是"程序 1"所示的梯形图,这部分程序主要包括启动与停止控制、多个灯组发光的实现(第 0 行)以及灯组发光切换速度快慢的控制(第 4~22 行);而第 30 行则是为阻止灯组发光切换时间过低(小于 0.2 s)而设置的。

② 程序的第二部分是步进过程转移图程序。在初始步进过程(0)中,传送 K10 给 DT0,设定每组灯的运行时间为 1 s。程序中每一个步进过程控制一个灯组发光的时间。从第一个步进过程(20)驱动 L1 灯组开始,按顺序执行各个灯组的发光。由于各个灯组发光时间用 DT0 来设定,所以当 DT0 值改变时,各个灯组的发光时间也随着改变。这样,结合梯形图的第 15 行与第 22 行累加和累减,就能实现灯组发光切换速度的变化。程序最后用开关 SA1(X3)作连续与单周期运行控制。

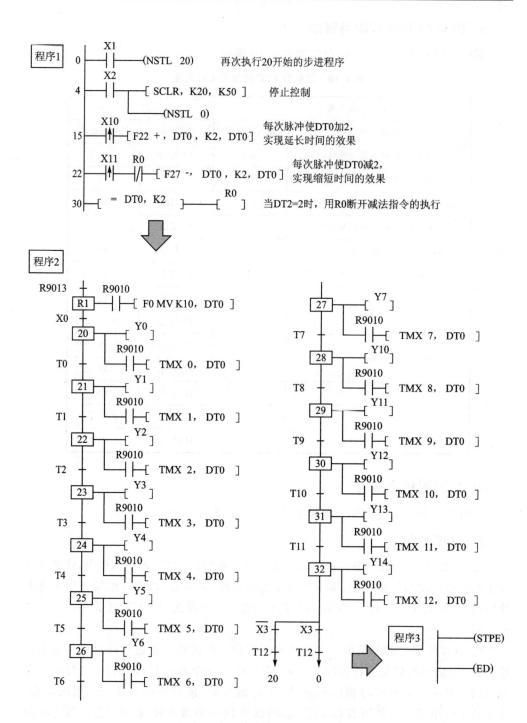

图 4.20 霓虹灯控制方式一的梯形图

该程序十分直观,容易编写也容易分析,虽然程序行较多,但也不失为一种可取的程序编写方法。

6. 安装调试

安装:霓虹灯控制方式一模块的插接孔接线如图 4.19 所示,按图接线。

程序的执行与调试:按图 4.20 编写程序,传送到 PLC 执行。并进行程序调试,直到满足以下的控制要求,即霓虹灯各个灯组以 1 s 发光时间的切换速度运行。

① 单灯组运行控制。将开关 SA1 断开(连续运行控制),按下启动按钮 SB1,L1 灯组发光,1 s 后 L1 灯组熄灭,L2 灯组发光,1 s 后 L2 灯组熄灭,L3 灯组发光,如此按 L1、L2、L3…H5 灯组每隔 1 s 顺序发光和熄灭的规律自动反复运行,实现霓虹灯灯光效果的控制。若开关 SA1 闭合(单周期运行控制),则灯组的顺序发光只运行一次就会停止。若按下停止按钮 SB2,则霓虹灯运行也会停止,再按 SB1 可重新启动。

② 灯组发光切换速度快慢控制。按一次 SB4,灯组发光时间就增加 0.2 s;若启动后按 5 次 SB4,则灯组发光时间为 2 s,此时可观察到霓虹灯灯组切换速度明显减慢。按一次 SB5,灯组发光时间就减少 0.2 s;若启动后按 3 次 SB5,则灯组发光时间为 0.4 s,此时可观察到霓虹灯灯组切换速度明显加快。若启动后连续按 4 次 SB5,则灯组发光时间变为 0.2 s;此时再按 SB5 按钮,则灯组发光时间不会再减少,仍保持 0.2 s。

③ 多个灯组运行控制。按下 SB1 启动,L1 灯组发光 1 s,熄灭后 L2 灯组发光 1 s,熄灭后 L3 灯组发光;此时若按下按钮 SB3,则 L1 灯组又开始发光,并按顺序运行,此时霓虹灯就会保持有 2 个灯组同时发光。若 L1 灯发光熄灭后再继续按 SB3,又会再多一个灯组同时发光,依此类推(测试时实现 2、3 个灯组同时发光即可)。

7. 思　考

程序中对增加灯组发光的控制不是很完善,通过调试观察其效果,并加以改进。

4.5.2　霓虹灯的控制方式二

1. 霓虹灯的控制方式二要求

启动后,条形灯从 L1~L8 顺序发光,同时环形灯按 H1~H5 顺序发光,每组灯发光 1 s 后切换。要求:

① 用按钮 SB1 与 SB2 作霓虹灯启动与停止控制。

② 用按钮 SB4 与 SB5 作霓虹灯各灯组顺序发光切换速度的控制,每按一次 SB3,灯组切换速度就减慢 0.2 s;而每按一次 SB4,灯组切换速度就加快 0.2 s,但每组灯的发光时间最低不能少于 0.2 s。

2. PLC 的 I/O 分配与接线

霓虹灯控制方式二的 I/O 分配如表 4.11 所列。

3. 梯形图程序编写

霓虹灯控制方式二的梯形图程序(供参考)如图 4.21 所示。

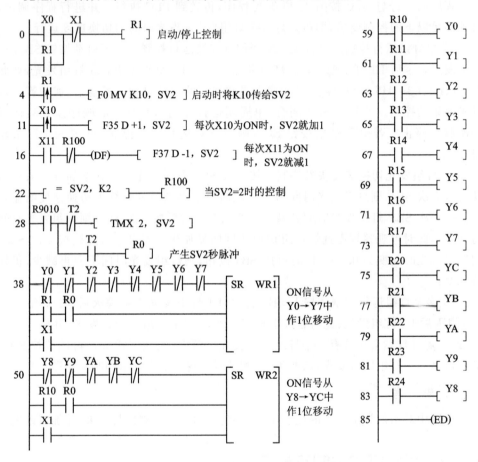

图 4.21　霓虹灯控制方式二的梯形图

4. 程序分析

① 图 4.21 所示程序使用了一个左移位指令 SR 来实现 L1~L8 灯组的发光切换,并用另一个左移位指令 SR 实现 H1~H5 灯组的发光切换。这样,使控制方式二的程序比控制方式一的步进程序显得更加简洁,这就是使用应用指令的优点。但使用应用指令时,一定要将指令理解并掌握其运用方法,才能在运用上得心应手。

② 程序用具有加 1 功能指令 F35 (+1)与具有减 1 功能指令 F37(−1)作灯组发光切换速度的控制,与控制方式一所示程序中使用加法指令 F22(+)、减法指令 F27

（一）作灯组发光切换速度的控制相比较,两者都有同样的能用按钮接通次数实现数据递增与递减的功能。不同的是,前者每次增加或减少都为"1",而后者的增加或减少则可在一定范围内自由设定,各有其特点,可视控制需求来选用。

5. 安装调试

1) 安　装

霓虹灯的控制方式二模块的插接孔接线如图 4.22 所示,按图接线。

2) 程序的执行与调试

按图 4.21 编写程序,传送到 PLC 执行,并进行程序调试,直到满足以下的控制要求:

① 霓虹灯各个灯组以 1 s 发光时间的切换速度运行控制。按下启动按钮 SB1,L1～L8 灯组以 1 s 时间顺序切换发光,同时 H5～H1 灯组亦以 1 s 时间顺序切换发光,并自动反复运行,从而实现霓虹灯条形灯组与环形灯组同时发光的效果。按下停止按钮 SB2,霓虹灯运行停止,再按 SB1 可重新启动。

② 灯组发光切换速度快慢控制。按一次 SB4,灯组发光时间就增加 0.1 s;若启动后按 10 次 SB4,灯组发光时间为 2 s,此时可观察到霓虹灯灯组切换速度明显减慢。按一次 SB5,灯组发光时间就减少 0.1 s;若启动后按 5 次 SB5,灯组发光时间为 0.5 s,此时可观察到霓虹灯灯组切换速度明显加快。若启动后连续按 8 次 SB5,则灯组发光时间变为 0.2 s;此时再按 SB5 按钮,则灯组发光时间不会再减少,仍保持 0.2 s。

6. 思　考

该程序中还存在着不完善的地方:灯在一个时间内会全部熄灭,通过调试思考其原因并加以改善。

习　题

4.1　在使用 F5(BTM)二进制数据位传输指令时,若 S 取用 DT0,D 取用 DT1,n 取用 WR1,已知 WR1 数据为 H0D04,DT0 数据为 HA158,DT1 数据为 HB2A5,则在指令执行后 DT1 中的数据为多少?

4.2　用 PLC 计算 $51+52+53+\cdots\cdots+100$,并求平均值。

4.3　用 PLC 设计一个抢答器控制,使其满足下面控制要求:有 4 个抢答台,在主持人的主持下,参赛人通过抢先按下抢答按钮回答问题。当主持人按下开始抢答按钮后,抢答开始,并限定时间。最先按下按钮的由 7 段显示器显示该台台号,同时蜂鸣器发出音响,其他抢答按钮被视作无效。如果在限定时间内各参赛人均不能回答,则 10 s 后蜂鸣器发出音响,此后抢答无效。如果在主持人未按下开始按钮之前,有人按下抢答按钮,则属违规,在显示该台台号的同时,蜂鸣器响,违规指示灯闪烁,其他按钮不起作用。

各台号数字显示的消除、蜂鸣器音响及违规指示灯的关断都要通过主持人去按下复位按钮。

4.4　在 X0 为 ON 时,将计数器 C100 的当前值转换为 BCD 码后送到 Y0～Y7 中,C100 的输入脉冲和复位信号分别由 X1 和 X2 提供,设计出梯形图程序。

4.5　用 X0 控制接在 Y0～YF 上的 16 个彩灯是否移位,每 1 s 移 1 位,用 X1 控制左移或右移。用 MOVE 指令将彩灯的初始值设定为十六进制数 H000F(仅 Y0～Y3 为 1),设计梯形图程序。

第 **5** 章

西门子 PLC

在工业自动化控制系统中,德国西门子(Siemens)公司生产的 SIMATICS7 系列 PLC 是被广泛应用的产品之一。特别是 S7 - 200 CPU22 * 系列 PLC 很具有代表性,它是一种高性价比的小型 PLC,功能强大;采用 S7 - 22 * 系列 PLC 来完成控制系统的设计会更加简单,系统的集成更加方便,几乎可以完成任何功能的控制任务。S7 - 200 系列一经推出即受到了广泛的关注。

S7 系列 PLC 有 S7 - 400、S7 - 300、S7 - 200 子系列,分别是大、中、小型 PLC 系统,S7 系列 PLC 的编程均使用 STEP7 编程语言。

本章主要介绍了西门子 S7 - 200 系列 PLC 的编程元件地址编号、性能指标、功能特点和指令系统。与松下 FP 系列 PLC 相比,尽管指令格式有所区别,但在编程思维、实际应用上完全可以对比学习,两种 PLC 指令的学习可以互相促进,举一反三。

5.1 西门子 PLC 内部编程元件和寻址方式

5.1.1 西门子 PLC 内部编程元件

根据 CPU 型号不同,S7 - 200 又分为 CPU 221、CPU 222 等不同型号。不同型号 PLC 输入/输出个数、支持的高级指令各有不同,但编程使用的编程元件基本相同。

西门子 PLC 内部编程元件与松下 PLC 基本相同,主要有以下几种:

(1) 数字量输入继电器(I)

输入继电器也就是输入映像寄存器。数字量输入继电器用"I"表示,输入映像寄存器区属于位地址空间,范围为 10.0～I15.7,可进行位、字节、字、双字操作。实际输入点数不能超过这个数量,未用的输入映像寄存器区可以被其他编程元件使用,如可以当作通用辅助继电器或数据寄存器。

(2) 数字量输出继电器(Q)

输出继电器也就是输出映像寄存器。数字量输出继电器用"Q"表示,输出映像寄存器区属于位地址空间,范围为 Q0.0~Q15.7,可进行位、字节、字、双字操作。

(3) 通用辅助继电器(M)

通用辅助继电器如同电器控制系统中的中间继电器,在 PLC 中没有输入/输出端与之对应,因此,通用辅助继电器的线圈不直接受输入信号的控制,其触点也不能直接驱动外部负载。所以,通用辅助继电器只能用于内部逻辑运算。

(4) 特殊标志继电器(SM)

有些辅助继电器具有特殊功能或存储系统的状态变量、有关的控制参数和信息,我们称之为特殊标志继电器。用户可以通过特殊标志来沟通 PLC 与被控对象之间的信息。

特殊标志继电器区根据功能和性质不同,具有位、字节、字和双字操作方式。其中,SMB0、SMB1 为系统状态字,只能读取其中的状态数据,不能改写,可以位寻址。系统状态字中部分常用的标志位说明如下:

➢ SM0.0:始终接通;

➢ SM0.1:首次扫描为 1,以后为 0,常用来对程序进行初始化;

➢ SM0.2:当机器执行数学运算的结果为负时,该位被置 1;

➢ SM0.3:开机后进入 RUN 方式,该位被置 1;

➢ SM0.4:该位提供一个周期为 1 min 的时钟脉冲,30 s 为 1,30 s 为 0;

➢ SM0.5:该位提供一个周期为 1 s 的时钟脉冲,0.5 s 为 1,0.5 s 为 0;

➢ SM0.6:该位为扫描时钟脉冲,本次扫描为 1,下次扫描为 0;

➢ SM1.0:当执行某些指令的结果为 0 时,将该位置 1;

➢ SM1.1:当执行某些指令的结果溢出或为非法数值时,将该位置 1;

➢ SM1.2:当执行数学运算指令的结果为负数时,将该位置 1;

➢ SM1.3:试图除以 0 时,将该位置 1;

其他常用特殊标志继电器的功能可以参见 S7 200 系统手册。

(5) 变量存储器(V)

变量存储器用来存储变量,可以存放程序执行过程中控制逻辑操作的中间结果,也可以用来保存与工序或任务相关的其他数据。

变量存储器用"V"表示,变量存储器区属于位地址空间,可进行位操作,但更多的是用于字节、字、双字操作。变量存储器也是 S7 - 200 中空间最大的存储区域,所以常用来进行数学运算和数据处理,存放全局变量数据。

(6) 局部变量存储器(L)

局部变量存储器用来存放局部变量。局部变量与变量存储器所存储的全局变量十分相似,主要区别是全局变量是全局有效的,而局部变量是局部有效的。全局有效是指同一个变量可以被任何程序(包括主程序、子程序和中断程序)访问,而局部有效是指变量只和特定的程序相关联。

（7）顺序控制继电器（S）

顺序控制继电器用在顺序控制和步进控制中,它是特殊的继电器。顺序控制继电器用"S"表示,顺序控制继电器区属于位地址空间,可进行位操作,也可以进行字节、字、双字操作。

（8）定时器（T）

定时器是可编程序控制器中重要的编程元件,是累计时间增量的内部器件。

（9）计数器（C）

计数器用来累计内部事件的次数。

（10）模拟量输入映像寄存器（AI）、模拟量输出映像寄存器（AQ）

模拟量输入电路用以实现模拟量/数字量（A/D）之间的转换,而模拟量输出电路用以实现数字量/模拟量（D/A）之间的转换,PLC 处理的是其中的数字量。

在模拟量输入/输出映像寄存器中,数字量的长度为 1 字长（16 位）,且从偶数号字节进行编址来存取转换前后的模拟量值,如 0、2、4、6、8。编址内容包括元件名称、数据长度和起始字节的地址,模拟量输入映像寄存器用 AI 表示,模拟量输出映像寄存器用 AQ 表示,如 AIW10,AQW4 等。

（11）高速计数器（HC）

高速计数器的工作原理与普通计数器基本相同,用来累计比主机扫描速率更快的高速脉冲。高速计数器的当前值为双字长（32 位）的整数,且为只读值。高速计数器的数量很少,编址时只用名称 HC 和编号,如 HC2。

（12）累加器（AC）

S7-200 PLC 提供 4 个 32 位累加器,分别为 AC0、AC1、AC2、AC3。累加器（AC）是用来暂存数据的寄存器,可以用来存放数据（如运算数据、中间数据和结果数据）,也可用来向子程序传递参数,或从子程序返回参数。使用时只表示出累加器的地址编号,如 AC0。

例如,AC3 提供的是 32 位的数据存取空间,可以按字节、字或双字来存取累加器中的数值,存取数据的长度由所用指令决定,如图 5.1 所示。

S7-200 存储器分区及数量,如表 5.1 所列,由该表可知某种存储单元地址的取值范围及数量,即某种编程元件的数量。例如,表中顺序控制继电器 S 的取值范围为 S0.0～S31.7,即数量为 $8 \times 32 = 256$ 个。

表 5.1　S7-200 系列 PLC 存储器分区及数量

描　述	CPU221	CPU222	CPU224	CPU226	CPU226XM
输入映像寄存器（I）	I0.0～I15.7	I0.0～I15.7	I0.0～I15.7	I0.0～I15.7	I0.0～I15.7
输出映像寄存器（Q）	Q0.0～Q15.7	Q0.0～Q15.7	Q0.0～Q15.7	Q0.0～Q15.7	Q0.0～Q15.7
模拟量输出（只读）		AIW0～AIW30	AIW0～AIW62	AIW0～AIW62	AIW0～AIW62
模拟量输出（只写）		AQW0～ AQW30	AQW0～ AQW62	AQW0～ AQW62	AQW0～ AQW62

描　述	CPU221	CPU222	CPU224	CPU226	CPU226XM
变量存储器(V)	VB0～VB2047	VB0～VB2047	VB0～VB5119	VB0～VB5119	VB0～VB10239
局部存储器(L)	LB0～LB63	LB0～LB63	LB0～LB63	LB0～LB63	LB0～LB63
位存储器(M)	M0.0～M31.7	M0.0～M31.7	M0.0～M31.7	M0.0～M31.7	M0.0～M31.7
特殊存储器(SM)	SM0.0～ SM179.7 SM0.0～ SM29.7	SM0.0～ SM179.7 SM0.0～ SM29.7	SM0.0～ SM549.7 SM0.0～ SM29.7	SM0.0～ SM549.7 SM0.0～ SM29.7	SM0.0～ SM549.7 SM0.0～ SM29.7
定时器(T)	256 (T0～T255)	256 (T0～T255)	256 (T0～T255)	256 (T0～T255)	256 (T0～T255)
有记忆接通(1 ms)	T0,T64	T0,T64	T0,T64	T0,T64	T0,T64
有记忆接通(10 ms)	T1～T4, T65～T68	T1～T4, T65～T68	T1～T4, T65～T68	T1～T4, T65～T68	T1～T4, T65～T68
有记忆接通(100 ms)	T5～T31 T69～T95	T5～T31 T69～T95	T5～T31 T69～T95	T5～T31 T69～T95	T5～T31 T69～T95
接通/关断(1 ms)	T32～T36	T32～T36	T32～T36	T32～T36	T32～T36
接通/关断(10 ms)	T97～T100 T37～T 63	T97～T100 T37～T 63	T97～T100 T37～T 63	T97～T100 T37～T 63	T97～T100 T37～T 63
接通/关断(100 ms)	T101～T225	T101～T225	T101～T225	T101～T225	T101～T225
计数器(C)	C0～C 255	C0～C 255	C0～C 255	C0～C 255	C0～C 255
高速计数器(HC)	HC0,HC3, HC4,HC5	HC0,HC3, HC4,HC5	HC0～HC5	HC0～HC5	HC0～HC5
顺序控制继电器(S)	S0.0～S31.7	S0.0～S31.7	S0.0～S31.7	S0.0～S31.7	S0.0～S31.7
累加寄存器(AC)	AC0～AC3	AC0～AC3	AC0～AC3	AC0～AC3	AC0～AC3

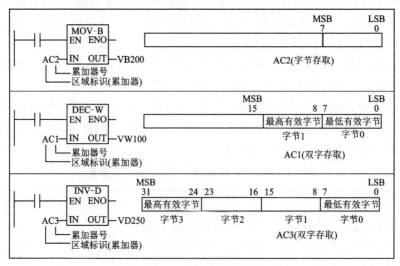

图 5.1　累加器的寻址

5.1.2 编程元件的寻址方式

1. 常数形式

编程中经常会使用常数。常数的数据长度可为字节、字和双字。机器内部的数据都以二进制存储,但常数的书写可以采用二进制、十进制、十六进制、ASCⅡ码或浮点数(实数)等多种形式。几种常数形式分别如表 5.2 所列。注意,表中的"♯"为常数的进制格式说明符,如果常数无任何格式说明符,则系统默认为十进制数。

表 5.2 常用几种常数形式

进 制	书写格式	举 例
十进制	十进制数值	2562
十六进制	16♯十六进制	16♯4E5F
二进制	2♯二进数值	2♯1010-0110-1101-0001
ASCII 码	字符串格式	"Text"
实数 (浮点数)	ANSI/IEEE 754—1985 标准	(正数)+1.175495E−38~+3.402823E+38
		(负数)1.175495E−38~3.402823E+38

说明:

(1) 负数的表示方法

PLC 一般用二进制补码来表示有符号数,其最高位为符号位,为 0 时为正数,为 1 时为负数,最大的 16 位正数为 16♯7FFF(即 32767)。正数的补码是它本身,将正数的补码逐位取反(0 变为 1,1 变为 0)后加 1,得到绝对值与它相同的负数的补码,将负数的补码的各位取反后加 1,得到它的绝对值。例如,十进制正整数 35 对应的二进制补码为 2♯0010 0011,十进制−35 对应的二进制数补码为 2♯1101 1101。16 位数据 1100 1101 1011 1001 求绝对值为 0011 0010 0100 0111。不同数据的取值范围如表 5.3 所列。

表 5.3 数据的位数与取值范围

数据的位数	无符号数		有符号整数	
	十进制	十六进制	十进制	十六进制
B(字节):8 位值	0~255	0~FF	−128~127	80~7F
W(字):16 位值	0~65535	0~FFFF	−32768~32767	8000~7FFF
D(双字):32 位值	0~4294967295	0~FFFFFFFF	−2147483648~2147483647	80000000~7FFFFFFF

(2) 实数(REAL)

实数(REAL)又称浮点数,可以表示为 $1.m \times 2^E$,其中,尾数 m 和指数 E 均为二进制数,E 可能是正数,也可能是负数。ANSI/IEEE 754—1985 标准格式的 32 位实数(见图 5.2)可以表示为 $1. m \times 2^e$,式中,指数 $e = E + 127 (1 \leqslant E \leqslant 254)$ 为 8 位正整数。

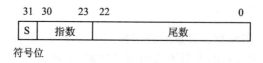

图 5.2　浮点数的格式

实数的最高位(第 31 位)为符号位,最高位为 0 时为正数,为 1 时为负数;因为规定尾数的整数部分总是为 1,这里只保留了尾数的小数部分 m(0~22 位)。浮点数的表示范围为 $\pm 1.175495 \times 10^{-38} \sim \pm 3.402823 \times 10^{38}$。

在编程软件中输入立即数时,带小数点的数(例如 50.0)被认为是浮点数,没有小数点的数(例如 50)则被认为是整数。

(3) 字符串的格式

ASCII(美国信息交换标准码)是一种字符编码格式,用一个字节的二进制数值代表不同的字符。例如,字母 A~F 的 ASCII 值为十六进制数 H41~H46,数字 0~9 的 ASCII 值为 H 30~H 39。字符串中也能包括汉字编码,每个汉字的编码占用两个字节。

字符串由若干个 ASCII 码字符组成,每个字符占一个字节(见图 5.3)。字符串的第一个字节定义了字符串的长度(0~254),即字符的个数。一个字符串的最大长度为 255,一个字符串常量的最大长度为 128 个字节。

图 5.3　字符串的格式

2. 直接寻址与间接寻址

(1) 直接寻址

S7-200 将信息存储在存储器中,存储单元按字节进行编址,无论寻址的是何种数据类型,通常应指出它所在存储区域内的字节地址。每个单元都有唯一的地址,这种直接指出元件名称的寻址方式称为直接寻址。

按位寻址时的格式为:Ax.y,使用时必须指定元件名称、字节地址和位号。

可以进行位寻址的编程元件有输入继电器(I)、输出继电器(Q)、通用辅助继电器(M)、特殊标志继电器(SM)、局部变量存储器(L)、变量存储器(V)和顺序控制继电器(S),如图 5.4 所示。

存储区内另有一些元件是具有一定功能的器件,由于元件数量很少,所以不用指出它们的字节,而是直接写出其编号。这类元件包括定时器(T)、计数器(C)、高速计

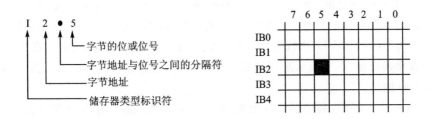

图 5.4　编程元件的编址方式

数器(HC)和累加器(AC)。其中,T、C 和 HC 的地址编号中各包含两个相关变量信息,例如,T10 既表示 T10 的定时器位状态,又表示此定时器的当前值。

　　还可以按字节编址的形式直接访问字节、字和双字数据,使用时须指明元件名称、数据类型和存储区域内的首字节地址。可以用此方式进行编址的元件有输入继电器(I)、输出继电器(Q)、通用辅助继电器(M)、特殊标志继电器(SM)、局部变量存储器(L)、变量存储器(V)、顺序控制继电器(S)、模拟量输入映像寄存器(A1)和模拟量输出映像寄存器(AQ),如图 5.5 所示。

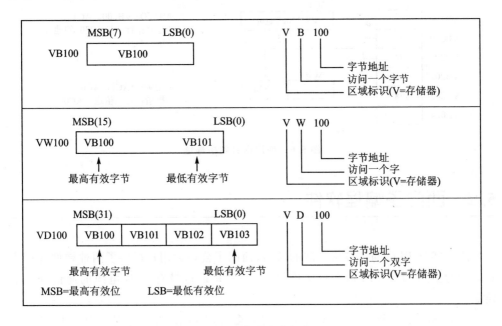

图 5.5　常用寻址方式

(2) 间接寻址

　　间接寻址时操作数并不提供直接数据位置,而是通过使用地址指针来存取存储器中的数据。S7-200 中允许使用指针对 I、Q、M、V、S、T、C(仅当前值)存储区进行间接寻址。

　　① 使用间接寻址前，要先创建一个指向该位置的指针。指针为双字（32 位），存放的是另一个存储器的地址，只能用 V、L 或累加器 AC 作指针。生成指针时，要使用双字传送指令（MOVD）将数据所在单元的内存地址送入指针，双字传送指令的输入操作数开始处加"&"，表示某存储器的地址，而不是存储器内部的值。指令输出操作数是指针地址。

　　② 指针建立好后，利用指针存取数据。在使用地址指针存取数据的指令中，操作数前加"＊"，表示该操作数为地址指针。例如，"MOVD&VB200，AC1"指令将 VB200 存储器中 32 位物理地址值送 AC1。指令中"&"为地址符号，它与单元编号结合表示所对应单元的 32 位物理地址；将本指令中的 &VB200 改为 &VW200 或 VD200，指令功能不变。间接寻址（用指针存取数据）：在操作数的前面加"＊"表示该操作数为一个指针。如图 5.6 所示，AC1 为指针，用来存放要访问的操作数的地址，即把以 AC1 中内容为起始地址的内存单元的 16 位数据送到累加器 AC0 中。图 5.6 中存于 VB200、VB201 中的数据被传送到 AC0 中去。在使用 AC1 作为内存地址指针，操作过程如图 5.6 所示。

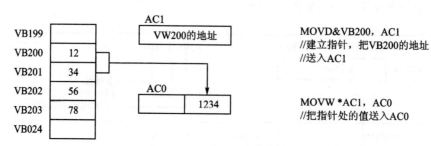

图 5.6　使用指针间接寻址

5.2　西门子编程软件

　　为了实现 PLC 与计算机之间的通信，西门子公司为用户提供了两种硬件连接方式，一种是通过 PC/PPI 电缆直接连接，另一种是通过带有 MPI 电缆的通信处理器连接。

　　目前 S7-200 及以上的 PLC 的应用大多采用 PC/PPI 电缆建立计算机与 PLC 之间的通信。图 5.7 为一个基本的 S7-200 PLC 系统的配置，图中，通过 PC/PPI（Point Point Interface）通信电缆提供从 RS-232 口到 RS-485 口的转换，把个人计算机与 S7-200CPU 连接来。用户程序由编程软件 SETP7-Micro/WIN 32 生成，并下载至 CPU 执行。在图 5.7 所示的配置中，PC 机为主站（站地址默认为 0），S7-200CPU 为从站（站地址为 2～126，默认地址为 2）。

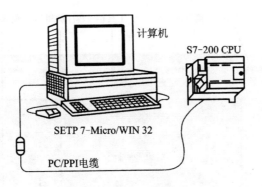

图 5.7　主机与计算机连接

5.2.1　主界面

1. 安装 STEP 7 – Micro/WIN 32 编程软件

安装 STEP 7 – Micro/WIN 32 编程软件在一张光盘上,用户可按以下步骤安装:

① 将光盘插入光盘驱动器。

② 系统自动进入安装向导,或单击"开始"按钮启动 Windows 菜单。

③ 单击"运行"。

④ 按照安装向导完成软件的安装。

⑤ 安装结束时会出现是否重新启动计算机选项。

2. STEP 7 – Micro/WIN 32 主界面

编程界面启动后,选择"工具(Tools)→选项→语言→中文",其主要界面外观如图 5.8 所示。

主界面一般可分为以下 6 个区域:菜单栏(包含 8 个主菜单项)、工具栏(快捷按钮)、浏览栏(快捷操作窗口)、指令树(快捷操作窗口)、输出窗口和用户窗口(可同时或分别打开图中的 5 个用户窗口)。除菜单栏外,用户可根据需要决定其他窗口的取舍和样式的设置。

(1) 指令树

指令树以树形结构提供项目对象和当前编辑器的所有指令。双击指令树中的指令符,则能自动在梯形图显示区光标位置插入所选的梯形图指令。双击项目选项文件夹,然后双击打开需要的配置页就可以实现对项目对象的操作。选择"查看→指令树"菜单项可以打开指令数打开。

(2) 浏览栏

浏览栏可为编程提供按钮控制的快速窗口切换功能,单击浏览栏的任意选项按

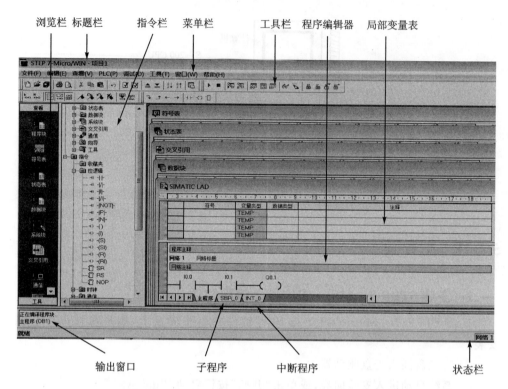

图 5.8　STEP 7 - Micro/WIN32 编程软件的主界面

钮,则主窗口切换成此按钮对应的窗口。

　　浏览栏可划分为 8 个窗口组件,下面按窗口组件介绍各窗口按钮选项的操作功能。

　　① 程序块。程序块用于完成程序的编辑以及相关注释。程序包括主程序(OBI)、子程序(SBR)和中断程序(INT)。

　　梯形图编辑器中的"网络 n"标志每个梯级,同时也是标题栏,可在网络标题文本框输入标题,为本梯级加注标题。还可在程序注释和网络注释文本框输入必要的注释说明,使程序清晰易读。

　　如果需要编辑 SBR 或 INT,则可以用编辑窗口底部的选项卡切换。

　　② 符号表。符号表是允许用户使用符号编址的一种工具。实际编程时为了增加程序的可读性,可用带有实际含义的符号作为编程元件代号,而不是直接使用元件在主机中的直接地址。

　　③ 状态表。状态表用于联机调试时监控各变量的值和状态。在 PLC 运行方式下,可以打开"状态表"窗口,在程序扫描执行时,能够连续、自动地更新状态表的数值和状态。

　　④ 数据块。数据块用于设置和修改变量存储区内各种类型存储区的一个或多个变量值,并加注必要的注释说明,下载后可以使用状态表监控存储区的数据。

⑤ 系统块。系统块可配置 S7 - 200 用于 CPU 的参数。

系统块的信息须下载到 PLC,为 PLC 提供新的系统配置。当项目的 CPU 类型和版本能够支持特定选项时,这些系统块配置选项将被启用。

⑥ 交叉引用。交叉引用提供用户程序所用的 PLC 信息资源,包括 3 个方面的引用信息,即交叉引用信息、字节使用情况信息和位使用情况信息,使编程所用的 PLC 资源一目了然。交叉引用及用法信息不会下载到 PLC。

⑦ 通信,进行网络地址和波特率的配置。网络地址是用户为网络上每台设备指定的一个独特号码。该独特的网络地址确保将数据传送至正确的设备,并从正确的设备检索数据。S7 - 200 支持 0～126 的网络地址。

⑧ 设置 PG/PC,进行地址及通信速率的配置。

5.2.2　网络设置

安装完软件并且设置连接好硬件之后,可以按下面的步骤核实默认的参数:

1. 打开 Communications 通信对话框

在 STEP 7 - Micro/WIN 32 运行时单击通信图标,或选择 View→Communications 菜单项,则会出现一个通信对话框,如图 5.9 所示,这里在 Remote(远程)文本框输入 2。

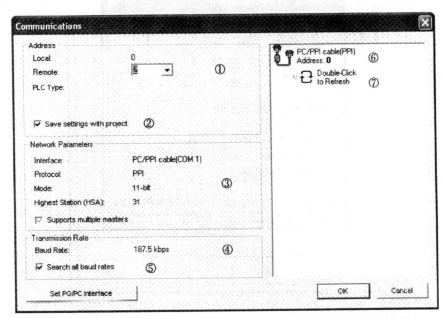

图 5.9　Communications 设置对话框

Communications 设置对话框介绍：

标号①：通信设置区。Local(本地)显示的是运行 STEP 7Micro WIN 的编程器的网络地址，默认的地址为 0。

使用 Remote(远程)下拉列表框可以选取试图连通的远程 CPU 地址。S7 - 200CPU 的默认网络地址为 2。

标号②：选中此复选框可以使通信设置与项目文件一起保存。

标号③：显示电缆的属性以及连接的个人计算机通信口。

标号④：本地(编程器)当前的通信速率。S7 - 200CPU 的默认波特率为 9.6 千波特。

标号⑤：选中此复选框会在刷新时分别用多种波特率寻找网络上的通信节点。

标号⑥：显示当前使用的通信设备，双击可以打开 Set PG/PC Interface 对话框，用来设置本地通信属性。

标号⑦：双击可以开始刷新网络地址，寻找通信站点。

2. 设置 PC/PPI 电缆属性

双击图 5.9 中的⑥，则打开 Set PG/PC Interface 对话框，检查编程通信设备。如果型号不符合，须重新选择。单击 Properties 按钮，则打开 PC/PPI 电缆的属性设置对话框，如图 5.10 所示。

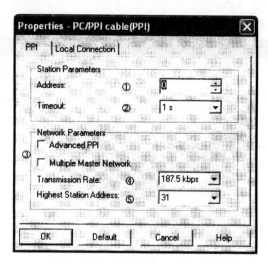

图 5.10　PC/PPI 电缆属性设置

在 PPI 选项卡中：

① 设置 STEP 7Micro/WIN32 的本地地址。

② 设置通信设置超时时间。

③ 这两项是附加设置，如果使用智能多主站电缆和 STEP 7Micro/WIN32 SP4

以上版本,则不必选中。

④ 本地通信速率设置。S7 - 200CPU 的默认波特率为 9.6 千波特。

⑤ 本地设置的最高站址。

3. 检查本地计算机通信口设置

在 Local Connection(本地连接)选项卡(见图 5.11)中:

① 选择 PC/PPI 电缆连接的通信口,如果使用 USB/PPI 电缆,则可以选择 USB。

② 如果使用本地计算机的 Modem(调制解调器),须选取此项。这时 STEP 7Micro/WIN32 只通过 Modem 与电话网中的 S7 - 200 连接(EM241)。

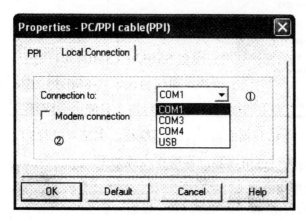

图 5.11　选择本地通信口

4. 双击图 5.9 中的⑦图标,开始寻找与计算机连接的 S7 - 200 站

找到 S7 - 200 站后,则显示如图 5.12 所示。其中,标号①为找到的站点地址。标号②显示找到的 S7 - 200 站点参数。双击可以打开 PLC Information 对话框,单击 OK 按钮,保存通信设置。

5.2.3　STEP 7 - Micro/WIN 32 主要编程功能和编程练习

1. STEP 7 - Micro/WIN 32 主要编程功能

(1) 编程元素和项目组件

S7 - 200 的 3 种程序组织单位(POU)指主程序、子程序和中断程序。

一个项目(Project)包括的基本组件有程序块、数据块、系统块、符号表、状态图、交叉引用表。程序块、数据块、系统块须下载到 PLC,而符号表、状态图、交叉引用表不下载到 PLC。

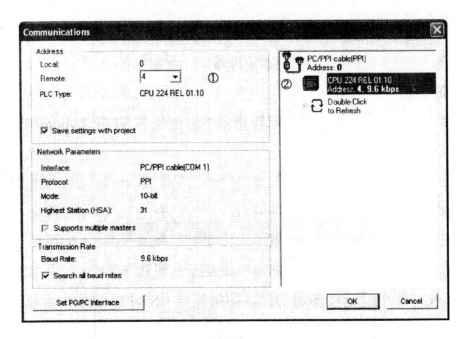

图 5.12   找到 S7 - 200CPU

程序块由可执行代码和注释组成,可执行代码由一个主程序和可选子程序或中断程序组成。程序代码被编译并下载到 PLC,程序注释被忽略。

在指令树中,右击"程序块"图标,则可以插入子程序和中断程序。

数据块由数据(包括初始内存值和常数值)和注释两部分组成。

系统块用来设置系统的参数,包括 EM 配置、保留范围、模拟和数字输入过滤器、背景时间、密码、脉冲截取位和输出表等选项。

单击浏览条上的"系统块"按钮,或者单击指令树内的"系统块"图标,则可查看并编辑系统块。

系统块的信息须下载到可编程序控制器,为 PLC 提供新的系统配置。例如,CPU 密码的创建设置情况如下:

1) 密码的作用

S7 - 200 的密码保护功能提供了 4 种限制存取 CPU 存储器功能的等级。各等级均有不需要密码就可以使用的某些功能。默认的是 1 级(没有设置密码),S7 - 200 提供不受限制的访问。如果设置了密码,则只有输入正确的密码后,S7 - 200 才根据授权级别提供相应的操作功能。系统块下载到 CPU 后,密码才起作用。

在第 3 级密码的保护下,须要密码才能进行:上传程序、数据块和系统块;下载到 CPU;监控程序状态;删除程序块、数据块或系统块;强制数据或执行单次/多次扫描;复制到存储器卡;在 STOP 模式写输出。

在网络上输入密码不会危及 CPU 的密码保护。允许一个用户使用授权的 CPU

功能就会禁止其他用户使用该功能。在同一时刻,只允许一个用户不受限制地存取。

　　2)密码的设置

　　双击指令树"系统块"文件夹中的"密码"图标,在系统块的"密码"对话框中,如果选择权限为 2～4 级,则应输入并核实密码,密码最多 8 位,字母不区分大小写。

　　3)忘记密码的处理

　　如果忘记了密码,则必须清除存储器,重新下载程序。清除存储器会使 CPU 进入 STOP 模式,并将它设置为厂家设定的默认状态(CPU 地址、波特率和实时时钟除外)。

　　计算机与 PLC 建立连接后,选择"PLC→清除"菜单项,则在显示出清除对话框后,选择要清除的块,单击"清除"按钮。如果设置了密码,则会显示一个密码授权对话框。在对话框中输入 CLEARPLC(不区分大小写),确认后执行指定的清除操作。

　　(2)梯形图程序的输入

　　1)建立项目

　　① 打开已有的项目文件,常用的方法如下:

　　选择"文件→打开"菜单项,在"打开文件"对话框中选择项目的路径及名称,单击"确定"按钮,打开现有项目。

　　在"文件"菜单底部列出最近工作过的项目名称,选择文件名再直接选择"打开"即可。

　　利用 Windows 资源管理器,选择扩展名为.mwp 的文件并打开。

　　② 创建新项目,常用方法如下:

　　➢ 单击"新建"快捷按钮。

　　➢ 选择"文件→新建"菜单项。

　　➢ 单击浏览条中的"程序块"按钮,新建一个项目。

　　2)输入程序

　　打开项目后就可以进行编程:

　　①输入指令。梯形图的元素主要有接点、线圈和指令盒,梯形图的每个网络必须从接点开始,以线圈或没有 ENO 输出的指令盒结束。线圈不允许串联使用。

　　要输入梯形图指令则首先要进入梯形图编辑器,并选择"检视→阶梯(L)"菜单项。接着在梯形图编辑器中输入指令。输入指令可以通过指令树、工具条按钮、快捷键等方法实现。

　　➢ 在指令树中,选择需要的指令,拖放到需要的位置。

　　➢ 将光标放在需要的位置,在指令树中双击需要的指令。

　　➢ 将光标放到需要的位置,单击工具条中的指令按钮,打开一个"通用指令"窗口,选择需要的指令。

　　➢ 使用功能键:F4→接点,F6→线圈,F9→指令盒。

　　当编程元件图形出现在指定位置后,再单击编程元件符号的"???",并输入操作数,则红色字样显示语法出错;当把不合法的地址或符号改变为合法值时,红色消失。若数值下面出现红色的波浪线,则表示输入的操作数超出范围或与指令的类型不匹配。

② 上、下线的操作。将光标移到要合并的触点处,单击"上行线"或"下行线"按钮。

③ 输入程序注释。LAD 编辑器中共有 4 个注释级别:项目组件(POU)注释、网络标题、网络注释、项目组件属性。

项目组件(POU)注释:在"网络 1"上方的灰色方框中单击,输入 POU 注释:

单击"切换 POU 注释"按钮,或者选择"检视→ POU 注释"菜单项,则可在 POU 注释打开(可视)和关闭(隐藏)之间切换。

每条 POU 注释所允许使用的最大字符数为 4 096。可视时始终位于 POU 顶端,并在第一个网络之前显示。

网络标题:将光标放在网络标题行,输入一个便于该逻辑网络识别的标题。网络标题中可允许使用的最大字符数为 127。

网络注释:将光标移到网络标号下方的灰色方框中,可以输入网络注释。网络注释可对网络的内容进行简单说明,以便于程序的理解和阅读。网络注释中可允许使用的最大字符数为 4 096。

单击"切换网络注释"按钮或者选择"检视→网络注释"菜单项,则可在网络注释打开(可视)和关闭(隐藏)之间切换。

项目组件属性:用下面的方法存取"属性"标签:

➢ 右击指令树中的 POU 选择"属性"命令。

➢ 右击"程序编辑器"窗口中的任何一个 POU 标签,并从快捷菜单中选择"属性"命令。

属性对话框中有两个标签:一般和保护。在"一般"选项卡中可为子程序、中断程序和主程序块(OB1)重新编号和重新命名,并为项目指定一个作者。在"保护"选项卡中可以选择一个密码保护 POU,以便其他用户无法看到该 POU,并在下载时加密。若用密码保护 POU,则启用"用密码保护该 POU"复选框。输入一个 4 个字符的密码并核实该密码。

④ 程序的编辑,各种操作如下:

剪切、复制、粘贴或删除多个网络:通过 Shift 键+鼠标单击,可以选择多个相邻的网络,从而进行剪切、复制、粘贴或删除等操作。注意:不能选择部分网络,只能选择整个网络。

编辑单元格、指令、地址和网络:选中需要进行编辑的单元右击,则弹出快捷菜单,可以进行插入或删除行、列、垂直线或水平线的操作。删除垂直线时把方框放在垂直线左边单元上,删除时选择"行"或按 Delete 键。进行插入编辑时,先将方框移至欲插入的位置,然后选择"列"。

⑤ 程序的编译。程序经过编译后，方可下载到 PLC。

单击"编译"按钮或选择"PLC→编译"菜单项，则编译当前被激活窗口中的程序块或数据块。

单击"全部编译"按钮或选择"PLC→全部编译"菜单项，则编译全部项目元件（程序块、数据块和系统块）。使用"全部编译"命令时，与哪一个窗口是活动窗口无关。

编译结束后，输出窗口显示编译结果。

(3) 数据块编辑

数据块用来对变量存储器 V 赋初值，可用字节、字或双字赋值。

(4) 符号表操作

步骤如下：

① 建立符号表：单击浏览条中的"符号表"按钮。

② 在"符号"列输入符号名（如启动）。注意：在给符号指定地址之前，该符号下有绿色波浪下划线；在给符号指定地址后，绿色波浪下划线自动消失。如果选择同时显示项目操作数的符号和地址，则较长的符号名在 LAD，FBD 和 STL 程序编辑器窗口中被一个波浪号（～）截断。可将鼠标放在被截断的名称上，在工具提示中查看全名。

③ 在"地址"列中输入地址（如 I0.0）。

④ 输入注释（此为可选项，最多允许 79 个字符）。

⑤ 符号表建立后，选择"检视→符号编址"菜单项，则直接地址将转换成符号表中对应的符号名。并且可通过选择"工具→选项"菜单项，在"程序编辑器"选项卡中设置"符号编址"选项。

⑥ 选择"检视→符号信息表"菜单项，则可选择符号表的显示与否。选择"检视→符号编址"菜单项，可选择是否将直接地址转换成对应的符号名。

2. STEP 7 – Micro/WIN 32 编程练习

① PLC 认识。记录所使用 PLC 的型号、输入/输出点数，观察主机面板的结构以及 PLC、PC 之间的连接。

② 开机（打开 PC 和 PLC）并新建一个项目。选择"文件→新建"菜单项或单击"新建项目"快捷按钮。

③ 检查 PLC 和运行 STEP 7 – Micro/WIN 32 的 PC 连线后，设置与读取 PLC 的型号。选择"PLC→类型"菜单项，在"PLC 类型"对话框中单击"读取 PLC"按钮，或者在指令树中右击"项目"名称，在快捷菜单中选择"类型"命令，在"PLC 类型"对话框中单击"读取 PLC"按钮。

④ 选择指令集和编辑器。选择"工具→选项"菜单项，单击"一般"标签，在该选项卡中设置"编程模式"，选择 SIMATIC；或选择"检视→LAD"菜单项，或者"工具→

选项"菜单项,单击"一般"标签,在该选项卡中选择默认编辑器。

⑤ 输入、编辑如图 5.13 所示梯形图,并转换成语句表指令。

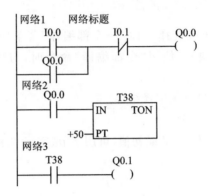

图 5.13　输入、编辑梯形图程序

⑥ 给梯形图加 POU 注释、网络标题、网络注释。

⑦ 编写符号表如表 5.4 所列。选择操作数显示形式为:符号和地址同时显示。操作方法如下:

表 5.4　符号表

	符　号	地　址	注　释
1	启动按钮	I0.0	
2	停止按钮	I0.1	
3	灯 1	Q0.0	
4	灯 2	Q0.1	
5			

建立符号表:单击浏览条中的"符号表"按钮图。

符号和地址同时显示:选择"工具→选项"菜单项,并设置"程序编辑器"选项。

⑧ 编译程序并观察编译结果,若提示错误,则修改,直到编译成功。

⑨ 将程序下载到 PLC。下载之前,PLC 必须位于"停止"的工作方式。如果 PLC 没有在"停止"工作方式下,则单击工具条中的"停止"按钮,再将 PLC 置于"停止"方式。

单击工具条中的"下载"按钮,或选择"文件→下载"菜单项,则弹出"下载"对话框。这里可选择是否下载"程序代码块"、"数据块"和"CPU"配置,单击"确定"按钮,开始下载程序。

⑩ 运行程序。单击工具条中的"运行"按钮。

⑪ 结果记录。认真观察 PLC 基本单元上的输入/输出指示灯的变化,并记录。

5.3　西门子 PLC 基本指令

SIMATIC S7 - 200 系列 PLC 的基本指令由指令、操作数（变量）及数据构成。SIMATIC S7 - 200 的编程指令与松下 FP 系列 PLC 的指令有类似之处，但也有其自身的特点。

基本指令是构成基本运算功能指令的集合，包括基本的位操作指令、置位/复位指令、立即指令、边沿脉冲指令、逻辑堆栈指令、定时器、计数器、比较指令、取非、空操作、比较指令、程序控制类指令等。

5.3.1　基本位操作指令

位操作指令是 PLC 常用的基本指令，能够实现基本的位逻辑运算和控制。

1. 逻辑取及线圈驱动指令 LD、LDN、=

LD(Load)：装载指令。对应梯形图从左侧母线开始，连接动合触点。

LDN(Load Not)：装载指令。对应梯形图从左侧母线开始，连接动断触点。

=(Out)：线圈驱动指令。线圈输出。

2. 触点串联指令 A、AN

A：“与”操作指令，用于动合触点的串联。

AN：“与”操作指令，用于动断触点的串联。

3. 触点并联指令 O、ON

O：“或”操作指令，用于动合触点的并联。

ON：“或”操作指令，用于动断触点的并联。

4. 串联电路块的并联指令 OLD

5. 并联电路块的串联指令 ALD

6. 置位和复位指令 S、R

（1）置位/复位指令

置位/复位指令的 LAD 和 STL 形式以及功能如表 5.5 所列。图 5.14 所示为 S/R 指令的用法。

（2）RS 触发器指令

RS 触发器指令的基本功能与置位指令 S 和复位指令 R 的功能相同：

置位优先触发器 SR 的置位信号 S1 和复位信号 R 同时为 1 时，输出信号 OUT

为 1。

复位优先触发器 RS 的置位信号 S 和复位信号 R1 同时为 1 时,输出信号 OUT 为 0。

RS 触发器指令格式如图 5.15 所示。

表 5.5　置位/复位指令功能表

指令名称	梯形图(LAD)	指令表(STL)	功　能
置位指令	bit —(S) N	S bit,N	从 bit 开始的 N 个元件置 1 并保持
复位指令	bit —(R) N	R bit,N	从 bit 开始的 N 个元件清 0 并保持

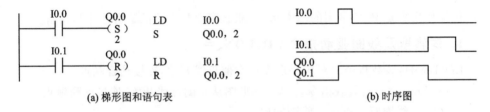

(a) 梯形图和语句表　　　　　　　　　　(b) 时序图

图 5.14　S/R 指令应用程序及时序图

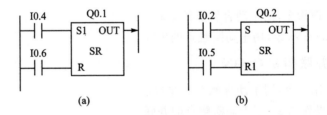

(a)　　　　　　　　　　(b)

图 5.15　置位优先与复位优先触发器指令格式

5.3.2　立即指令 I(Immediate)

立即指令是为了提高 PLC 对输入/输出的响应速度而设置的,它不受 PLC 循环扫描工作方式的影响,允许对输入和输出点进行快速直接存取。当用立即指令读取输入点的状态时,对 I 进行操作,相应输入映像寄存器中的值并未更新;当用立即指令访问输出点时,对 Q 进行操作,新值同时写到 PLC 的物理输出点和相应的输出映像寄存器。立即指令的名称和使用说明如表 5.6 所列。图 5.16 所示为立即指令的应用。

表 5.6　立即指令的名称和使用说明

指令名称	指令表(STL)	梯形图(LAD)	使用说明
立即取	LDI　bit		
立即取反	LDNI　bit	**bit** —┤├—	
立即"或"	OI　bit		
立即"或"反	ONI　bit	**bit** —┤/├—	
立即"与"	AI　bit		
立即"与"反	ANI　bit		
立即输出	=I　bit	bit —(I)	bit 只能为 Q
立即置位	SI　bit,N	bit —(S) N	1. bit 只能为 Q 2. N 的范围:1～38 3. N 的操作数同 S/R 指令
立即复位	RI　bit,N	bit —(R) N	

　　在本例中,要注意理解输出物理点和相应的输出映像寄存器是不一样的概念,并且要结合 PLC 工作方式的原理来看时序图。图 5.16 中,t 为执行到输出点处程序所用的时间,Q0.0、Q0.1、Q0.2 的输入逻辑是 I0.0 的普通常开触点。Q0.0 为普通输出,程序执行它时,它的映像寄存器的状态会随着本扫描周期采集到的 I0.0 状态的改变而改变,而它的物理触点要等到本扫描周期的输出刷新阶段才改变;Q0.1、Q0.2 为立即输出,程序执行它们时,它们的物理触点和输出映像寄存器同时改变;而对 Q0.3 来说,它的输入逻辑是 I0.0 的立即触点,所以在程序执行它时,Q0.3 的映像寄存器的状态会随着 I0.0 即时状态的改变而立即改变,而它的物理触点要等到本扫描周期的输出刷新阶段才改变。

　　必须指出的是,立即 I/O 指令是直接访问物理输入/输出点的,比一般指令访问输入/输出映像寄存器占用 CPU 的时间要长,因而不能盲目地使用立即指令;否则,会加长扫描周期的时间,反而对系统造成不利的影响。

5.3.3　边沿脉冲、栈操作、取反和空操作指令

1. 边沿脉冲指令 EU、ED

边沿脉冲指令的使用及说明如表 5.7 所列。

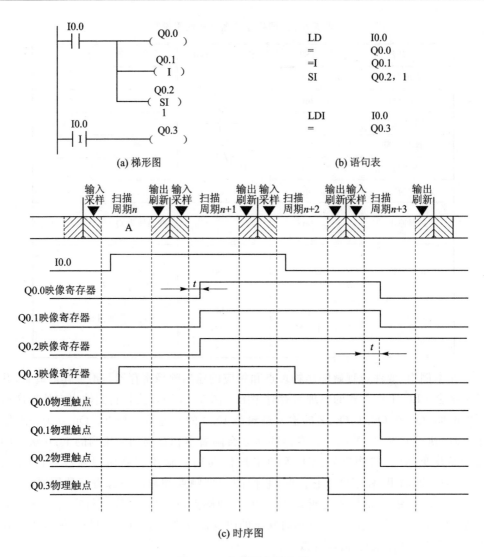

(a) 梯形图　　　　　　　　　　　　　(b) 语句表

(c) 时序图

图 5.16　立即指令的应用

表 5.7　边沿脉冲指令的名称及使用说明

指令表(STL)	梯形图(LAD)	功　能
EU(Edge Up)	─┤P├─(　)	上升沿微分输出
ED(Edge Down)	─┤N├─(　)	下降沿微分输出

2. 栈操作指令 LPS、LRD、LPP

➤ LPS：逻辑堆栈操作指令(无操作元件)。

➤ LRD：逻辑读栈指令(无操作元件)。

➢ LPP:逻辑弹栈指令(无操作元件)。

S7－200 采用模拟栈结构,用来存放逻辑运算结果以及保存断点地址,所以其操作又称为逻辑栈操作。这里仅讨论断点保护功能的栈操作概念。

堆栈操作时将断点的地址压入栈区,栈区内容自动下移,栈底内容丢失。读栈操作时将存储器栈区顶部的内容读入程序的地址指针寄存器,栈区内容保持不变。弹栈操作时,栈的内容依次按照"后进先出"的原则弹出,将栈顶内容弹入程序的地址指针寄存器,栈的内容依次上移。

逻辑堆栈指令(LPS)可以嵌套使用,最多为 9 层。为保证程序地址指针不发生错误,堆栈和弹栈指令必须成对使用,最后一次读栈操作应使用弹栈指令。

3. 取反和空操作指令

取反和空操作指令格式及功能如表 5.8 所列。

表 5.8　取反及空操作指令格式

LAD	STL	功　能
—|NOT|—	NOT	取反
N —|NOP|—	NOPN	空操作指令。操作数 N 为执行空操作指令的次数,N＝0～255

5.3.4　定时器指令

S7－200 可编程控制器提供了 3 种定时器,分别为接通延时定时器(TON)、带有记忆的接通延时定时器(TONR)及断开延时定时器(TOF)。

1. 接通延时定时器(TON)

接通延时定时器梯形图由定时器标识符 TON、启动电平输入端 IN、时间设定输入端阳及定时器编号 Tn 构成;语句表形式由定时器标识符 TON、定时器编号 Tn 及时间设定值 PT 构成,如图 5.17 所示。

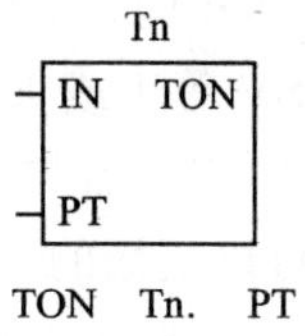

TON Tn. PT

图 5.17　接通延时定时器

接通延时定时器的功能原理:当定时器的启动信号 IN 的状态为 0 时,定时器的当前值 SV＝0,定时器 Tn 的状态也是 0,定时器没有工作。

当 Tn 的启动信号由 0 变为 1 时,定时器开始工作,每过一个时基时间,定时器的当前值 SV＝SV＋1。当定时器的当前值 SV 等于或大于定时器的设定值 PT 时,定时器的延时时间到了,这时定时器的状态由 0 转换为 1。在定时器输出状态改变后,定时器继续计时,直到 SV＝32 767(最大值)才停止计时,SV 将保持不变。只要 SV＞PT 值,定时器的状态就为 1;如果不满足这个条件,定时器的状态应为 0。

　　操作数 PT 的范围为 VW、IW、QW、MW、SW、SMW、LW、T、C、AC、常数。

　　梯形图如图 5.18(a)所示的程序,其对应的时序图如图 5.18(b)所示。当 I0.0 接通时,T33 开始计数;计数到设定值 PT＝3 时,T33 状态置 1,其常开触点闭合,Q0.0 有输出;其后定时器继续计数,但不影响其状态位。当 I0.0 断开时,T33 复位,当前值清 0,状态位也置 0。如果 10.0 的接通时间没达到设定值就断开了,则 T33 跟随复位,Q0.0 不会有输出。

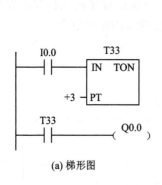
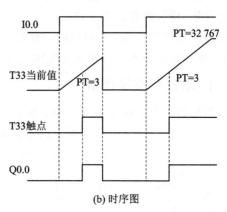

(a) 梯形图　　　　　　　　　　　　　　(b) 时序图

图 5.18　接通延时定时器编程

2. 带有记忆的接通延时定时器(TONR)

　　带有记忆的接通延时定时器梯形图由定时器标识符 TONR、启动电平输入端 IN、时间设定输入端 PT 及定时器编号 Tn 构成;语句表形式由定时器标识符 TONR、定时器编号 Tn 及时间设定值门构成,如图 5.19 所示。

　　带有记忆的接通延时定时器的功能原理与接通延时定时器大体相同,当 IN 信号由 0 变为 1 时,当前值 SV 递增;当 SV 等于或大于 PT 值时,定时器接通。带有记

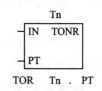

图 5.19　带有记忆的接通延时定时器(TONR)

忆接通延时定时器与接通延时定时器不同之处在于,带有记忆接通延时定时器的 SV 值是可以记忆的。当 IN 从 0 变为 1 后,维持的时间不足以使得 SV 达到 PT 值时,IN 从 1 变为 0,这时 SV 可以保持;IN 再次从 0 变为 1 时,SV 在有保持值的基础上累积,当 SV 等于或大于 PT 值时,Tn 的状态仍可由 0 变为 1。

　　梯形图如图 5.20(a)所示的程序,其对应的时序图如图 5.20(b)所示。当 T2 定时器的 IN 接通时,T2 开始计时,直到 T2 的当前值等于 10(100 ms),这时 T2 的触点接通,使 Q0.0 接通。其间,当 IN 从 1 变为 0,T2 的当前值保持不变,即所谓的记忆功能。直到 I0.1 触点接通,使 T2 复位,Q0.0 被断开,同时 T2 的当前值被清零。

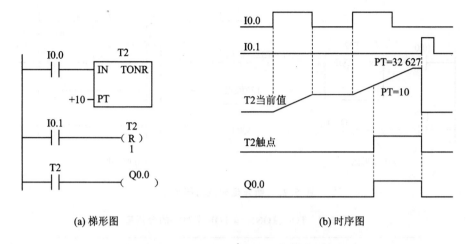

(a) 梯形图　　　　　　　　　　　　　　(b) 时序图

图 5.20　带有记忆的接通延时定时器编程

3. 断开延时定时器(TOF)

图 5.21　断开延时定时器(TOF)

其梯形图(LAD)由定时器标识符 TOF、启动电平输入端 IN、时间设定输入端 PT 及定时器编号 Tn 构成;语句表形式由定时器标识符 TOF、定时器编号 Tn 及时间设定值 PT 构成,如图 5.21 所示。

断开延时定时器的功能原理:当定时器的启动信号 IN 的状态为 1 时,定时器的当前值 SV=0,定时器 Tn 的状态也是 1,定时器没有工作。

当 Tn 的启动信号由 1 变为 0 时,定时器开始工作,每过一个时基时间,定时器的当前值 SV=SV+1;当定时器的当前值 SV 等于或大于定时器的设定值 PT 时,定时器的延时时间到了,这时定时器的状态由 1 转换为 0;在定时器输出状态改变后,定时器停止计时,SV 将保持不变,定时器的状态就为 0。当 IN 信号由 0 变为 1 后,SV 被复位(SV=0),Tn 状态也变为 1。

梯形图如图 5.22(a)所示的程序,其对应的时序图如图 5.22(b)所示。当 T32 定时器的 IN=1 时,T32 的当前值=0,T32 的状态也为 1,定时器还没有工作;当 IN 从 1 变为 0 时,定时器开始计时,直到 T32 的当前值等于 3,这时 T32 的触点断开,使 Q0.0 断开。当 IN 信号由 0 变为 1 后,T32 当前值复位,T32 也变为 1。

以上介绍的定时器具有不同的功能:接通延时定时器用于单一间隔的定时,带有记忆的接通延时定时器用于累积时间间隔的计时,断开延时定时器用于故障发生后的时间延时。

TON、TONR 和 TOF 定时器有 3 种分辨率,如表 5.9 所列。

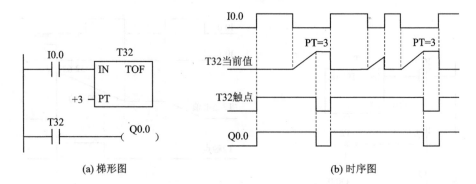

(a) 梯形图　　　　　　　　　　　　　(b) 时序图

图 5.22　断开延时定时器编程

表 5.9　TON、TONR 和 TOF 定时器的分辨率

定时器	分辨率	最大定时	定时器号
	1	32.767	T0、T64
TONR	10	327.67	T1~T4、T65~T68
	100	3 276.7	T5~T31、T69~T95
	1	32.767	T32、T96
TON、TOF	10	327.67	T33~T36、T97~T100
	100	3 276.7	T37~T63、T101~T255

5.3.5　计数器指令

S7 - 200 可编程控制器提供了 3 种计数器,分别为增计数器(CTU)、减计数器(CTD)及增减计数器(CTUD)。

1. 增计数器(CTU)

增计数器梯形图由增计数器标识符 CTU、计数脉冲输入端 CU、增计数器复位信号输入端 R、增计数器的设定值 PV 和计数器编号 Cn 构成;语句表形式由增计数器操作码 CTU、计数器编号 Cn 和增计数器的设定值 PV 构成,如图 5.23 所示。

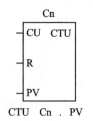

图 5.23　增计数器(CTU)

增计数器的功能原理:R=1 时,当前值 SV=0,Cn 状态为 0;R=0 时,计数器开始计数。CU 端有一个输入脉冲上升沿到来时,计数器的 SV=SV+1;当 SV≥PV 时,Cn 状态为 1,CU 端再有脉冲到来时,SV 继续累加,直到 SV=32 767 时,停止计数;

R＝1 时,计数器复位,SV＝0,Cn 状态为 0。

　　说明:用语句表表示时,一定按 CU、R、PV 的顺序输入。

　　操作数范围:计数器编号为 n＝0～255。

　　梯形图如图 5.24(a)所示的程序,其对应的时序图如图 5.24(b)所示。当计数器 C50 对 CU 输入端 I0.0 的脉冲累加值达到 3 时,计数器的状态被置 1。C50 的常开触点闭合,则使 Q0.0 被接通,直到 I0.1 触点闭合,使计数器 C50 复位。

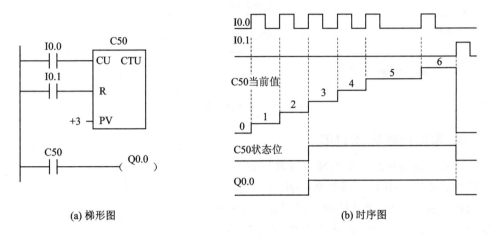

(a) 梯形图　　　　　　　　　　　　　　　　(b) 时序图

图 5.24　增计数器编程

2. 减计数器(CTD)

　　减计数器梯形图由减计数器标识符 CTD、计数脉冲输入端 CD、减计数器的装载输入端 LD、减计数器的设定值 PV 和计数器编号 Cn 构成;语句表形式由减计数器操作码 CTD、计数器编号 Cn 和减计数器的设定值 PV 构成,如图 5.25 所示。

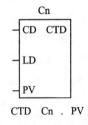

　　减计数器的功能原理:当 LD＝1 时,其计数器的设定值 PV 被装入计数器的当前值寄存器,此时 SV＝PV,Cn 状态为 0;LD＝0 时,计数器开始计数。CD 端有一个

图 5.25　减计数器(CTD)

输入脉冲上升沿到来时,计数器的 SV＝SV－1。当 SV＝0 时,Cn 状态为 1,并停止计数;LD＝1 时,再一次装入 PV 值之后,SV＝PV,计数器复位,Cn 状态为 0。

　　说明:用语句表表示时,一定按 CD、LD、PV 的顺序输入。

　　操作数范围:计数器编号为 n＝0～255。

　　梯形图如图 5.26(a)所示的程序,其对应的时序图如图 5.26(b)所示。当 I0.1 触点闭合时,给 C50 复位端(LD)一个复位信号,使其状态位为 0,同时 C50 被装入预设值(PV)3。当 C50 的输入端累积脉冲达到 3 时,C50 的当前值减到 0,使状态置 1,接通 Q0.0,直至 I0.1 触点再闭合。

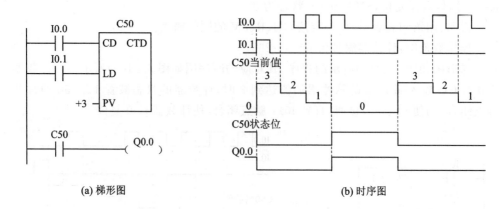

| (a) 梯形图 | (b) 时序图 |

图 5.26　减计数器编程

3. 增减计数器(CTUD)

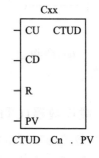

增减计数器梯形图由增减计数器标识符 CTUD、增计数脉冲输入端 CU、减计数脉冲输入端 CD、增减计数器的复位端 R、增减计数器的设定值 PV 和计数器编号 Cn 构成;语句表形式由增减计数器操作码 CTUD、计数器编号 Cn 和增减计数器的设定值 PV 构成,如图 5.27 所示。

增减计数器的功能原理:R=1 时,当前值 SV=0,Cn 状态为 0。R= 0 时,计数器开始计数:当 CU 端有一个输入脉冲上升沿到来,计数器的 SV=SV+1。当

图 5.27　增减计数器(CTUD)

SV≥PV 时,Cn 状态为 1;CU 端再有脉冲到来时,SV 继续累加,直到 SV=32 767 时停止计数。当 CD 端有一个输入脉冲上升沿到来,计数器的 SV=SV−1。当 SV＜PV 时,Cn 状态为 0,CD 端再有脉冲到来时,计数器的当前值仍不断地递减;R=1 时,计数器复位,SV=0,Cn 状态为 0。

说明:用语句表表示时,一定按 CU、CD、R、PV 的顺序输入。

操作数范围:计数器编号为 n=0～255。

梯形图如图 5.28(a)所示的程序,其对应的时序图如图 5.28(b)所示。当增减计数器 C50 的增输入端 CU(I0.0)来过 4 个上升沿后,C50 的状态位被置 1,再有上升沿到来,C50 继续累加,但状态位不变。当 C50 的减输入端 CD(I0.1)有上升沿到来时,C50 执行减计数;如果 C50 的当前值小于预设值 4,则 C50 状态位复位,但是 C50 的当前值不变,直到复位端 R(I0.0)的信号到来,C50 当前值被清零,状态位复位。Q0.0 与 C50 的状态位具有相同的状态。

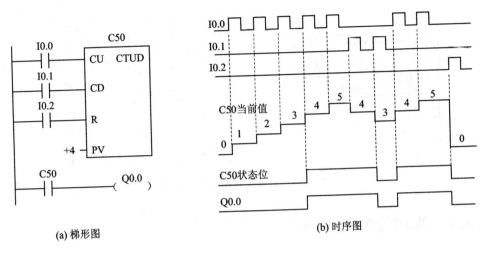

图 5.28　增减计数器编程

5.3.6　比较操作指令

比较操作指令按操作数类型可分为字节比较、字比较、双字比较和实数比较。比较指令的梯形图由比较数 1(IN1)、比较数 2(IN2)、比较关系符和比较触点构成。其语句表形式由比较操作码(字节比较 LDB、字比较 LDW、双字比较 LDD 和实数比较 LDR)、比较关系符、比较数 1(IN1)和比较数 2(IN2)构成。比较符有等于(＝＝)、大于(＞)、小于(＜)、不等(＜＞)、大于等于(＞＝)、小于等于(＜＝),相应的梯形图和语句表格式如图 5.29 所示。

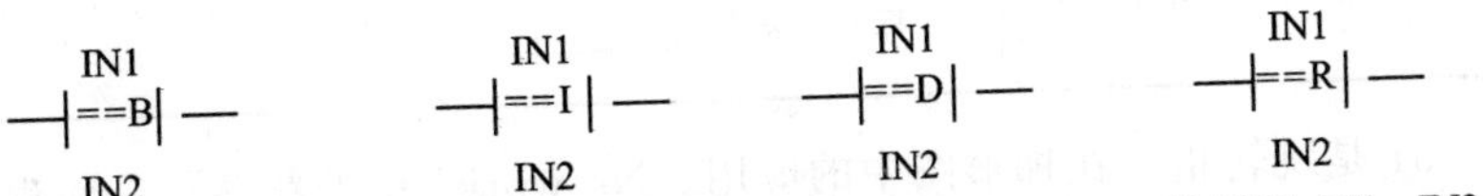

```
    IN1              IN1              IN1              IN1
 ─┤==B├─          ─┤==I├─          ─┤==D├─          ─┤==R├─
    IN2              IN2              IN2              IN2
(a) LDB=IN1，IN2  (b) LDI=IN1，IN2  (c) LDD=IN1，IN2  (d) LDR=IN1，IN2
```

图 5.29　比较操作指令

比较操作指令的功能:当比较数 1(IN1)和比较数 2(IN2)的关系符合比较符的条件时,比较触点闭合,后面的电路被接通;否则,比较触点断开,后面的电路不接通。

【例 5.1】　用接通延时定时器和比较指令组成占空比可调的脉冲发生器

M0.0 和 10 ms 定时器 T33 组成了一个脉冲发生器,使 T33 的当前值按图 5.30 所示的波形变化。比较指令用来产生脉冲宽度可调的方波,Q0.0 为 0 的时间取决于比较指令"LDW＞＝T33,40"中的第 2 个操作数的值。

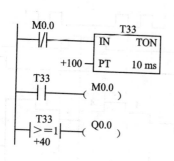
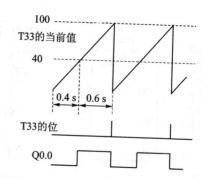

图 5.30　自复位接通延时定时器

5.3.7　程序控制类指令

程序控制类指令包括跳转指令、循环指令、顺控继电器指令、子程序指令、中断指令等,主要用于程序执行流程的控制。

1. 跳转及标号指令

跳转指令使程序流程跳转到指定标号 N 处的程序分支执行。标号指令标记跳转目的地的位置 N。跳转及标号指令的表达形式及操作数范围如表 5.10 所列。

表 5.10　跳转及标号指令

指令的表达形式		操作数的含义及范围
跳转指令: JMP N N —(JMP)	标号指令: LBL N N LBL	N:WORD 常数 0~255

图 5.31 是跳转指令在梯形图中的应用。Network4 中的跳转指令使程序流程跨过一些程序分支(Network5~15)而跳转到标号 4 处继续运行。跳转指令中的"N"与标号指令中的"N"值相同。在跳转发生的扫描周期中,被跳过的程序段停止执行,该程序段涉及的各输出器件的状态保持跳转前的状态不变,不响应程序相关的各种工作条件的变化。

2. 循环指令 FOR 和 NEXT

(1) 循环指令功能

循环开始指令 FOR:用来标记循环体的开始。

循环结束指令 NEXT:用来标记循环体的结束,无操作数。

FOR 和 NEXT 之间的程序段称为循环体,每执行一次循环体,当前计数值增 1,并且将其结果同终值作比较,如果大于终值,则终止循环。

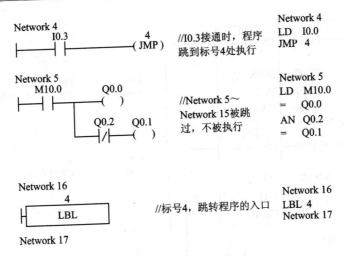

图 5.31　跳转指令实例

循环指令的 LAD 和 STL 形式如图 5.32 所示。

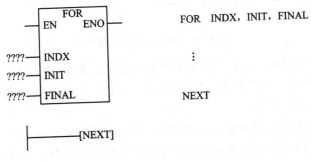

图 5.32　循环指令的 LAD 和 STL 形式

(2) 说　明

使用时必须给 FOR 指令指定当前循环计数(INDX)、初值(INIT)和终值(FINAL)。
每次使能输入(EN)重新有效时,指令将自动复位各参数。

初值大于终值时,循环体不被执行。

循环指令使用举例如图 5.33 所示。当 I1.0 接通时,表示为 A 的外层循环执行
100 次。当 I1.1 接通时,表示为 B 的内层循环执行 2 次。

3. 子程序

子程序指令如表 5.11 所列。

(1) 局部变量表

1) 局部变量与全局变量

在 SIMATIC 符号表或 IEC 的全局变量表中定义的变量为全局变量。程序中的
每个 POU(Program Organizational Unit,程序组织单元)均有自己的由 64 字节 L 存

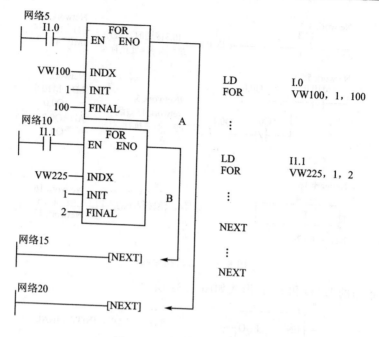

图 5.33　循环指令应用程序

储器组成的局部变量表。它们用来定义有使用范围限制的变量,局部变量只在它被创建的 POU 中有效。与之相反,全局符号在各 POU 中均有效,只能在符号表中定义。局部变量有以下优点:

① 如果在子程序中尽量使用局部变量,不使用绝对地址或全局符号,因为与其他 POU 几乎没有地址冲突,就可以很方便地将子程序移植到其他项目。

② 如果使用临时变量(TEMP),则同一片物理存储器可以在不同的程序中重复使用。

局部变量还用来在子程序和调用它的程序之间传递输入参数和输出参数。

表 5.11　子程序指令

指令的表达形式		数据类型及操作数
子程序调用指令:CALL SBR – N SBR-N ─┤EN	子程序条件返回指令:CRET ─(RET)	N:WORD 常数 CPU221、CPU222、CPU224、 CPU226:0~63

2) 局部变量的类型

TEMP(临时变量)是暂时保存在局部数据区中的变量。只有在执行该 POU 时,定义的临时变量才被使用;POU 执行完后,不再保存临时变量的数值。主程序和中断程序的局部变量表只有临时变量。子程序的局部变量表中还有下面 3 种变量:

① 1N(输入变量)是由调用它的 POU 提供的传入子程序的输入参数。如果参

数是直接寻址,如 VB10,则指定地址的值被传入子程序。如果是间接寻址参数,如
＊AC1,则用指针指定的地址的值被传入子程序。如果参数是常数(例如 DW♯
12345)或地址(例如 &VB100),则常数或地址的值被传入子程序。

② OUT(输出变量)是子程序的执行结果,它被返回给调用它的 POU。

③ IN OUT(输入输出变量)的初始值由调用它的 POU 提供,用同一个地址将
子程序的执行结果返回给调用它的 POU。

常数和地址不能用作子程序的输出变量和输入/输出变量。

3) 局部变量的地址分配

在局部变量表中赋值时,只需要指定局部变量的类型(如 TEMP)和数据类型
(如 BOOL),不用指定存储器地址;程序编辑器自动在局部存储器中为所有局部变量
指定存储器位置,起始地址为 LB0,1~8 个连续的位参数分配一个字节,不足 8 位也
占一个字节。字节、字和双字值在局部存储器中按字节顺序分配。

4) 在局部变量表中增加和删除变量

在编程软件中将局部变量表下面的水平分裂条拉至程序编辑器视窗的顶部(见
图 5.34),则不再显示局部变量表,但是它仍然存在。将分裂条下拉,则显示局部变
量表。

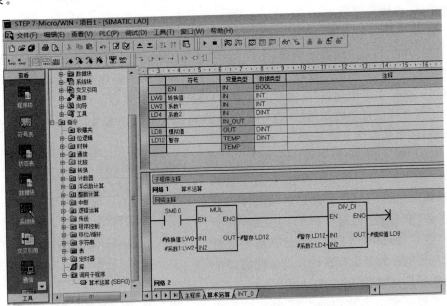

图 5.34　局部变量表与算术运算子程序

用右键单击局部变量表中的某一行(该行的局部变量类型应与要插入的局部变
量类型相同),则在弹出的级联菜单中选择"插入→行"菜单项,则在所选择的行的
上部插入新的行。选择"插入→下一行"菜单项,则在所选择的行的下部插入新
的行。

用鼠标单击局部变量表最左边的地址列,选中某一行,则该行的背景色变为深蓝色,按删除键可以删除该行。

(2) 子程序的编写与调用

S7 - 200 CPU 的控制程序由主程序 OB1、子程序和中断程序组成。STEP 7 - Micro 在程序编辑器窗口里为每个 POU(程序组织单元)提供一个独立的页。主程序总是第一页,后面是子程序和中断程序。

因为各个 POU 在程序编辑器窗口中是分页存放的,子程序或中断程序执行到末尾时自动返回,不必加返回指令;在子程序或中断程序中可以使用条件返回指令 CRET。

1) 子程序的作用

子程序常用于需要多次反复执行相同任务的地方,只需要写一次子程序,就可以多次调用它,而无须重写该程序。子程序的调用是有条件的,满足调用条件时,每个扫描周期都要执行一次被调用的子程序。未调用它时不会执行子程序中的指令,因此,使用子程序可以减少扫描时间。

在编写复杂的 PLC 程序时,最好把全部控制功能划分为几个符合工艺控制规律的子功能块,每个子功能块由一个或多个子程序组成。子程序使程序结构简单清晰,易于调试、查错和维护。

2) 子程序的创建

可以用下列方法创建子程序:选择"编辑→插入→ 子程序"菜单项,则程序编辑器自动生成和打开新的子程序。用鼠标右击指令树中的子程序或中断程序的图标,在弹出的级联菜单中选择"重新命名",则可以修改它们的名称。

子程序可以带参数调用,参数在子程序的局部变量表中定义,最多可以传递 16 个参数,参数的变量名最多 23 个字符。

名为"算术运算"的子程序如图 5.35 所示,在该子程序的局部变量表中,定义了名为"转换值"、"系数 1"和"系数 2"的输入(IN)变量,名为"模拟值"的输出(OUT)变量,以及名为"暂存"的临时(TEMT)变量。局部变量表最左边的一列是编程软件自动分配的每个变量在局部存储器(L)中的地址。

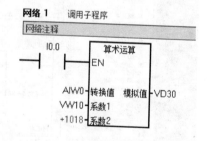

子程序变量名称中的"#"表示局部变量,是编程软件自动添加的。输入局部变量时不用输入"#"。不能使用跳转指令跳入或跳出子程序。

图 5.35　在主程序中调用子程序

3) 子程序的调用

可以在主程序、其他子程序或中断程序中调用子程序。调用子程序时将执行子程序中的指令,直至子程序结束,然后返回调用它的程序中该子程序调用指令的下一条指令之处。

CPU 226 的项目最多可以创建 128 个子程序,其他 CPU 的项目可以创建 64 个子程序。

子程序可以嵌套调用,即在子程序中调用别的子程序,一共可以嵌套 8 层。在中断服务程序中调用的子程序不能再调用别的子程序。

创建上述的子程序后,STEP 7 - Micro/WIN 在指令树的程序块文件夹和最下面的"调用子程序"文件夹内自动生成刚创建的子程序"算术运算"的图标(见图 5.34)。在子程序的局部变量表中为该子程序定义参数后,将生成客户化调用指令块,指令块中自动包含了子程序的输入参数和输出参数(见图 5.35)。

梯形图程序中插入子程序调用指令时,首先打开程序编辑器视窗中需要调用子程序的 POU,显示出需要调用子程序的地方。双击打开程序块文件夹或"调用子程序"文件夹,用鼠标左键按住需要调用的子程序图标,将它"拖"到程序编辑器中需要的位置。放开左键,则子程序块便被放置在该位置。也可以将矩形光标置于程序编辑器视窗中需要放置该程序的地方,然后双击指令树中要调用的子程序图标,则子程序块将会自动出现在光标所在的位置。如果用语句表编程,子程序调用指令的格式为:

CALL　子程序号,参数 1,参数 2,…参数 n

其中,n=0~16。图 5.35 中的梯形图对应的语句表程序为:

LD I0.0
CALL 算术运算,AIW0,VW10,+1018,VD30

在语句表中调用带参数的子程序时,参数必须按一定的顺序排列,输入参数在最前面,其次是输入/输出参数,最后是输出参数。从上面的例子可以看出,对于梯形图中从上到下的同类参数,在语句表中按从左到右的顺序排列。子程序调用指令中的有效操作数为存储器地址、常量、全局符号和调用指令所在的 POU 中的局部变量,不能指定为被调用子程序中的局部变量。

子程序和调用程序共用累加器,不会因为使用子程序自动保存或恢复累加器。

调用子程序时,输入参数被复制到子程序的局部存储器;子程序执行完后,从局部存储器复制输出参数到指定的输出参数地址。

如果在使用子程序调用指令后修改该子程序中的局部变量表,则调用指令将变为无效;必须删除无效调用,并用能反映正确参数的新的调用指令代替。

局部变量作为参数向子程序传递时,在该子程序的局部变量表中指定的数据类型必须与调用它的 POU 中的数据类型值匹配。例如,上面的例子中,主程序 OB1 调用子程序"算术运算",在该子程序的局部变量表中,定义了一个名为"系数 1"的局部变量作为输入参数。在 OB1 调用该子程序时"系数 1"被指定为 VW10,VW10 的数值被传入"系数 1"。VW10 和"系数 1"的数据类型必须匹配(均为 16 位整数 INT)。

停止调用子程序时,线圈在子程序内的位元件的 ON/OFF 状态保持不变。如果停止调用时子程序中的定时器正在定时,则 100 ms 定时器将停止定时,当前值保持不变,重新调用时继续定时;但是 1 ms 定时器和 10 ms 定时器将继续定时,定时时间到时,它们的定时器位变为 1 状态,并且可以在子程序之外起作用。

下面用一个例子来说明怎样用地址指针作子程序的输入变量。

【例 5.2】 设计求 V 存储区内连续的若干个字的累加和的子程序。表 5.12 是使用间接寻址的子程序,即名为"求和"的子程序的局部变量表和 STL 程序代码。子程序中的 * #POINT 是地址指针 POINT 指定的地址中字变量的值。

表 5.12   局部变量表

	符 号	变量类型	数据类型	注 释
	EN	IN	BOOL	
LD0	POINT	IN	DWORD	地址指针初值
LW4	NUMB	IN	WORD	要求和的次数
		IN - OUT		
LD6	RESULT	OUT	DINT	求和的结果
LD10	TMP1	TEMP	DINT	存储待累加的数
LW14	COUNT	TEMP	INT	循环次数计数器

网络 1:

```
LD      SM0.0
MOVD    0,#RESULT            //清结果单元
FOR     #COUNT,1,#NUMB      //循环开始
```

网络 2:

```
LD      SM0.0
ITD     *#POINT,#TMP1        //将待累加的整数转换为双整数
+D      #TMP1,#RESULT        //双整数累加
+D      2,#POINT             //指针值加 2,指向下一个字
```

网络 3:

```
NEXT                         //循环结束
```

图 5.36 是调用求和子程序的主程序,在 I0.1 的上升沿,计算 VW100～VW108 中 5 个字的和。调用时指定的 POINT 的值"&VW100"是源地址指针的初始值,即数据字从 VW100 开始存放;数据字个数 NUMB 为常数 5,求和的结果存放在 VD0 中。

将上述主程序和求和子程序输入编程软件,下载到 PLC 后运行程序。

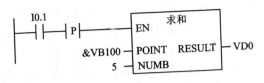

图 5.36　OB1 中的子程序调用

打开状态表,在"地址"列输入 VW100～VW108 和储存累加和的 VW20,"格式"均为默认的"有符号"。

在 VW100～VW108 的"新值"列写入数据,单击工具栏"全部写入"按钮,各行的"新值"被写入 PLC。

接通 PLC 外接 I0.1 对应的开关后马上断开,调用求和子程序,观察输出变量 RESULT 指定地址 VW20 中的求和运算的结果是否正确。

5.3.8　暂停、结束和看门狗复位指令

1. 结束指令 END/MEND

结束指令的功能是结束主程序结束指令。只能在主程序中使用,不能在子程序和中断服务程序中使用。

梯形图结束指令直接连在左侧电源母线时,为无条件结束指令(MEND);不连在左侧母线时,为条件结束指令(END)。

条件结束指令在使能输入有效时,终止用户程序的执行,返回执行主程序的第一条指令(循环扫描工作方式)。

无条件结束指令执行时(指令直接连在左侧母线,无使能输入),立即终止用户程序的执行,返回主程序的第一条指令执行。

STEP 7 - Micro/WIN32 编程软件在主程序的结尾自动生成无条件结束(MEND)指令,用户不得输入无条件结束指令,否则编译出错。

2. 暂停指令 STOP

暂停指令的功能是使能输入有效时,立即终止程序的执行,CPU 工作方式由 RUN 切换到 STOP 方式。在中断程序中执行 STOP 指令,则该中断立即终止,并且忽略所有挂起的中断,继续扫描程序的剩余部分,在本次扫描的最后,将 CPU 由 RUN 切换到 STOP。

3. 看门狗复位指令 WDR

在 PLC 中,为了避免出现程序死循环的情况,有一个专门监视扫描周期的警戒时钟,常称为看门狗定时器。看门狗定时器中设定重启动时间,若程序扫描周期超过 300 ms,则看门狗复位指令重新触发看门狗定时器,可以增加一次扫描时间。

　　看门狗复位指令的功能是使能输入有效时，将看门狗定时器复位。在没有错误的情况下，可以增加一次扫描允许的时间。若使能输入无效，且看门狗定时器定时时间到，则程序将中止当前指令的执行，重新启动，返回到第一条指令重新执行。使用WDR指令时，要防止过度延迟扫描完成时间；否则，在终止本扫描之前，下列操作过程将被禁止(不予执行)：通信(自由端口方式除外)、I/O 更新(立即 I/O 除外)、强制更新、SM 更新(SM0、SM5～SM29 不能被更新)、运行时间诊断、中断程序中的STOP 指令。扫描时间超过 25 s、10 ms 和 100 ms，则定时器将不能正确计时。

　　暂停(STOP)、条件结束(END)、看门狗指令应用如图 5.37 所示。

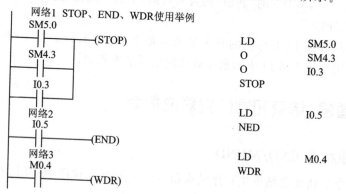

图 5.37　暂停、结束、看门狗指令应用程序

➢ SM5.0：如果出现任何 I/O 错误，置位为 1；

➢ SM4.3：检测到运行时间编程错误时，置位为 1。

5.3.9　顺序控制指令

1. 顺序控制指令格式

　　顺序控制用 3 条指令描述程序的顺序控制步进状态，指令格式如表 5.13 所列。

表 5.13　顺序控制指令格式

LAD	STL	说　明
??,? SCR	LSCR S	步开始指令，为步开始的标志。该步的状态元件的位置 1 时，执行该步
??,? —(SCRT)	SCRT S	步转移指令，使能有效时，则将本顺序步的顺序控制继电器位清零，下一步顺序控制继电器位置 1，进入下一步。该指令由转换条件的触点启动，S 为下一步的顺序控制状态元件
—(SCRE)	SCRE	步结束指令，为步结束的标志

顺序控制指令的操作对象为状态继电器 S,每一个 S 的位都表示功能图中的一步。S7 - 200 系列中 S 的范围为 S0.0~S31.7。

从 LSCR 指令开始到 SCRE 指令结束的所有指令组成一个顺序控制(SCR)段,对应功能图中的一步。LSCR 指令标记一个 SCR 步的开始,当该步的状态元件置位时,允许该 SCR 步工作。SCR 步必须用 SCRE 指令结束。

2. 举例说明

图 5.38 为顺序控制指令使用的一个简单例子。

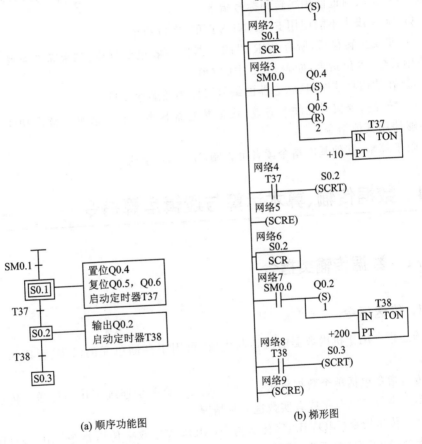

(a) 顺序功能图 (b) 梯形图

图 5.38 顺序控制指令应用程序

(1) 程序分析

在该例中,初始化脉冲 SM0.1 用来置位 S0.1,即把 S0.1(步 1)步激活;在步 1 的 SCR 段要做的工作是置位 Q0.4,复位 Q0.5 和 Q0.6。T37 同时计时,1 s 计时到后则步发生转移,T37 即为步转移条件,T37 的常开触点将 S0.2(步 2)置位(激活)的同时,自动使原步 S0.1 复位。在步 2 的 SCR 段要做的工作是置位 Q0.2,同时 T38 计时;20 s 计时到后,步从步 2(S0.2)转移到步 3(S0.3),同时步 2 复位。

在 SCR 段输出时,常用特殊中间继电器 SM0.0(常 ON 继电器)执行 SCR 段的输出操作。因为线圈不能直接和母线相连,所以必须借助于一个常 ON 的 SM0.0 来完成任务。

(2) 注意事项

① 不能把同一个 S 位用于不同程序中,例如,如果在主程序中用了 S0.1,则在子程序中就不能再使用。

② SCR 段中不能使用 JMP 和 LBL 指令,即不允许跳入、跳出或在内部跳转,但可以在 SCR 段附近使用跳转和标号指令。

③ SCR 段中不能使用 FOR、NEXT 和 END 指令。

④ 步发生转移后,所有 SCR 段的元器件一般也要复位;如果希望继续输出,则可使用置位/复位指令,如表 5.12 中的 Q0.4。

⑤ 在使用功能图时,状态器的编号可以不按顺序安排。

⑥ 顺控指令仅对元件 S 有效,状态继电器 S 也具有一般继电器的功能,所以对它能够使用其他指令。

限于篇幅,其他基本指令读者可查阅 S7 - 200 手册。

5.4　数据传输、算术运算与逻辑运算指令

5.4.1　数据传输类指令

1. 传送指令

传送指令用于机内数据的流传与生成,可用于存储单元的清零、程序初始化等场合。

传送指令包括单个数据传送、一次性传送以及多个连续字块的传送。传送数据的类型有字节、字、双字或者实数这 4 种情况。

字节传送指令(MOVB)、字传送指令(MOVW)、双字传送指令(MOVD)和实数传送指令(MOVR)在不改变原值的情况下将 IN 中的值传送到 OUT。表 5.14 给出了以上指令的表达形式。图 5.39 为传送指令编程应用实例。

2. 字节填充指令

字节填充指令(FILL)用于存储器区域的填充。使能输入 EN 有效时,用输入 IN 存储器中的字值填充从输出 OUT 指定单元开始的 N 个连续的字存储单元中。N 的

数据范围为 $1\sim255$。其指令格式如图 5.40 所示。

表 5.14　字节、字、双字、实数传送指令

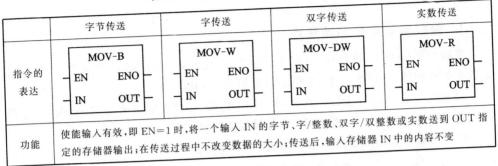

	字节传送	字传送	双字传送	实数传送
指令的表达	MOV-B EN　ENO IN　OUT	MOV-W EN　ENO IN　OUT	MOV-DW EN　ENO IN　OUT	MOV-R EN　ENO IN　OUT
功能	使能输入有效,即 EN＝1 时,将一个输入 IN 的字节、字/整数、双字/双整数或实数送到 OUT 指定的存储器输出;在传送过程中不改变数据的大小;传送后,输入存储器 IN 中的内容不变			

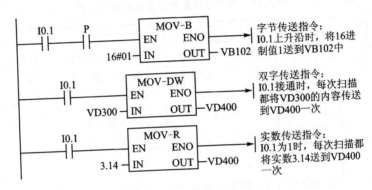

字节传送指令:
I0.1 上升沿时,将16进制值1送到VB102中

双字传送指令:
I0.1接通时,每次扫描都将VD300的内容传送到VD400一次

实数传送指令:
I0.1为1时,每次扫描都将实数3.14送到VD400一次

图 5.39　传送指令编程实例

使 ENO＝0 的错误条件:SM4.3(运行时间),0006(间接地址),0091(操作数超出范围)。

【例 5.3】　将 0 填入 VW0～VW18(10 个字),程序及运行结果如图 5.41 所示。

从图 5.41 中可以看出,程序运行结果将从 VW0 开始的 10 个字(20 个字节)的存储单元清零。

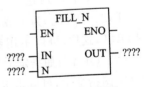

FILL-N, IN,OUT,N

图 5.40　字节填充指令格式

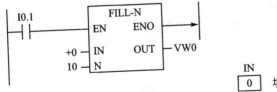

LD　I0.1
FILL+0, VW0, 10

图 5.41　例 5.3 图

5.4.2　算术运算指令

1. 整数与双整数加减法指令

整数加法(ADD - I)和减法(SUB - I)指令:使能输入有效时,将两个 16 位符号整数相加或相减,并产生一个 16 位的结果输出到 OUT。

双整数加法(ADD - DI)和减法(SUB - DI)指令:使能输入有效时,将两个 32 位符号整数相加或相减,并产生一个 32 位结果输出到 OUT。

整数与双整数加减法指令格式如表 5.15 所列。

表 5.15　整数与双整数加减法指令格式

梯形图 LAD	ADD-I EN　ENO IN1　OUT IN2	SUB-I EN　ENO IN1　OUT IN2	ADD-DI EN　ENO IN1　OUT IN2	SUB-DI EN　ENO IN1　OUT IN2
功　能	整数加法 IN1+IN2=OUT	整数减法 IN1−IN2=OUT	双整数加法 IN1+IN2=OUT	双整数减法 IN1−IN2=OUT

说明

① 当 IN1、IN2 和 OUT 操作数的地址不同时,在 STL 指令中,首先用数据传送指令将 IN1 中的数值送入 OUT,然后再执行加、减运算,即 OUT + IN2 = OUT、OUT − IN2 = OUT。为了节省内存,在整数加法的梯形图指令中可以指定 IN1 或 IN2=OUT,这样,可以不用数据传送指令。如指定 IN1 = OUT,则语句表指令为"+I　IN2,OUT";如指定 IN2 = OUT,则语句表指令为"+I IN1,OUT"。在整数减法的梯形图指令中,可以指定 IN1 = OUT,则语句表指令为"−I IN2,OUT"。这个原则适用于所有的算术运算指令,且乘法和加法对应、减法和除法对应。

② 整数与双整数加减法指令影响算术标志位 SM1.0(零标志位)、SM1.1(溢出标志位)和 SM1.2(负数标志位)。

【例 5.4】 求 5 000 加 400 的和,5 000 在数据存储器 VW200 中,结果放入 AC0。程序如图 5.42 所示。

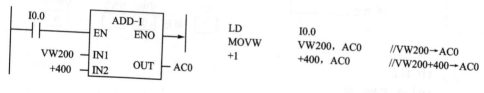

图 5.42　例 5.4 图

2. 整数乘除法指令

整数乘法指令（MUL - I）：使能输入有效时，将两个 16 位符号整数相乘，并产生一个 16 位积，从 OUT 指定的存储单元输出。

整数除法指令（DIV - I）：使能输入有效时，将两个 16 位符号整数相除，并产生一个 16 位商，从 OUT 指定的存储单元输出，不保留余数。如果输出结果大于一个字，则溢出位 SM1.1 置位为 1。

双整数乘法指令（MUL - DI）：使能输入有效时，将两个 32 位符号整数相乘，并产生一个 32 位乘积，从 OUT 指定的存储单元输出。

双整数除法指令（DIV - DI）：使能输入有效时，将两个 32 位整数相除，并产生一个 32 位商，从 OUT 指定的存储单元输出，不保留余数。

整数乘法产生双整数指令（MUL）：使能输入有效时，将两个 16 位整数相乘，得出一个 32 位乘积，从 OUT 指定的存储单元输出。

整数除法产生双整数指令（DIV）：使能输入有效时，将两个 16 位整数相除，得出一个 32 位结果，从 OUT 指定的存储单元输出。其中，高 16 位放余数，低 16 位放商。

整数乘除法指令格式如表 5.16 所列。

表 5.16　整数乘除法指令格式

梯形图 LAD	MUL-I EN　ENO IN1　OUT IN2	DIV-I EN　ENO IN1　OUT IN2	MUL-DI EN　ENO IN1　OUT IN2	DIV-DI EN　ENO IN1　OUT IN2	MUL EN　ENO IN1　OUT IN2	DIV EN　ENO IN1　OUT IN2
功　能	整数乘法 IN1 * IN2 = OUT	整数除法 IN1/IN2 = OUT	双整数乘法 IN1 * IN2 = OUT	双整数除法 IN1/IN2 = OUT	整数乘法产生 双整数 IN1 * IN2 = OUT	整数除法产生 双整数 IN1/IN2 = OUT

【**例 5.5**】　乘除法指令应用举例，程序如图 5.43 所示。

注意：因为 VD100 包含 VW100 和 VW102 两个字，VD200 包含 VW200 和 VW202 两个字，所以在语句表指令中不需要使用数据传送指令。

3. 实数加减乘除指令

实数加法（ADD - R）、减法（SUB - R）指令：将两个 32 位实数相加或相减，并产生一个 32 位实数结果，从 OUT 指定的存储单元输出。

实数乘法（MUL - R）、除法（DIV - R）指令：使能输入有效时，将两个 32 位实数相乘（除），并产生一个 32 位积（商），从 OUT 指定的存储单元输出。

实数加减乘除指令格式如表 5.17 所列。

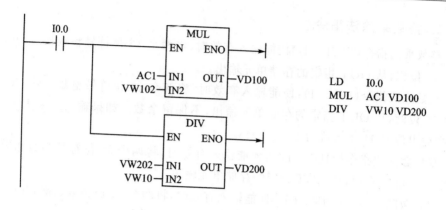

图 5.43　例 5.5 图

表 5.17　实数加减乘除指令

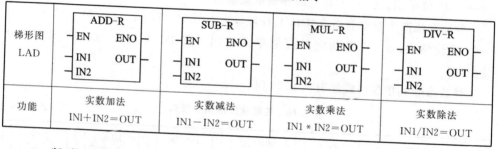

梯形图 LAD	ADD-R	SUB-R	MUL-R	DIV-R
功能	实数加法 IN1+IN2=OUT	实数减法 IN1-IN2=OUT	实数乘法 IN1 * IN2=OUT	实数除法 IN1/IN2=OUT

4. 数学函数变换指令

数学函数变换指令包括平方根、自然对数、自然指数、三角函数等。

① 平方根(SQRT)指令:对 32 位实数(IN)取平方根,并产生一个 32 位实数结果,从 OUT 指定的存储单元输出。

② 自然对数(LN)指令:对 IN 中的数值进行自然对数计算,并将结果置于 OUT 指定的存储单元中。

求以 10 为底数的对数时,用自然对数除以 2.302 585(约等于 10 的自然对数)。

③ 自然指数(EXP)指令:将 IN 取以 e 为底的指数,并将结果置于 OUT 指定的存储单元中。

将自然指数指令与自然对数指令相结合,则可以实现以任意数为底、任意数为指数的计算。例如,求 y^x,则输入指令"EXP(x * LN(y))"。

例如:2^3=EXP(3 * LN(2))=8;27 的 3 次方根=$27^{1/3}$=EXP(1/3 * LN(27))=3。

④ 三角函数指令:将一个实数的弧度值 IN 分别求 SIN、COS、TAN,得到实数运算结果,从 OUT 指定的存储单元输出。

函数变换指令格式及功能如表 5.18 所列。

表 5.18　函数变换指令格式及功能

梯形图 LAD	SQRT EN　ENO IN1　OUT	LN EN　ENO IN1　OUT	EXP EN　ENO IN1　OUT	SIN EN　ENO IN1　OUT	COS EN　ENO IN1　OUT	TAN EN　ENO IN1　OUT
功　能	平方根 SQRT(IN)= OUT	自然对数 LN(IN)= OUT	自然指数 EXP(IN)= OUT	正弦函数 SIN(IN)= OUT	余弦函数 COS(IN)= OUT	正切函数 TAN(IN)= OUT

【例 5.6】　求 45°正弦值。

先将 45°转换为弧度:(3.141 59/180)×45,再求正弦值。程序如图 5.44 所示。

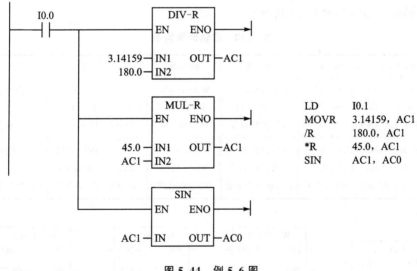

图 5.44　例 5.6 图

5. 递增、递减指令

递增、递减指令用于对输入无符号数字节、符号数字、符号数双字进行加 1 或减 1 的操作。递增、递减指令格式如表 5.19 所列。

① 递增字节(INC－B)/递减字节(DEC－B)指令。递增字节和递减字节指令在输入字节(IN)上加 1 或减 1,并将结果置入 OUT 指定的变量中。递增和递减字节运算不带符号。

② 递增字(INC－W)/递减字(DEC－W)指令。递增字和递减字指令在输入字(IN)上加 1 或减 1,并将结果置入 OUT。递增和递减字运算带符号(16♯7FFF＞16♯8000)。

③ 递增双字(INC－DW)/递减双字(DEC－DW)指令。递增双字和递减双字指

令在输入双字(IN)上加 1 或减 1,并将结果置入 OUT。递增和递减双字运算带符号
(16#7FFFFFFF>16#80000000)。

表 5.19　递增、递减指令格式

梯形图 LAD	INC-B EN　ENO IN1　OUT	DEC-B EN　ENO IN1　OUT	INC-W EN　ENO IN1　OUT	DEC-W EN　ENO IN1　OUT	INC-DW EN　ENO IN1　OUT	DEC-DW EN　ENO IN1　OUT
功能	字节加 1	字节减 1	字加 1	字减 1	双字加 1	双字减 1

5.4.3　逻辑运算指令

逻辑运算指令如表 5.20 和图 5.45 所示。

表 5.20　逻辑运算指令

梯形图	语句表	描　述	梯形图	语句表	描　述
INV - B INV - W INV - DW	1NVB　OUT INVW　OUT INVD　OUT	字节按位取反 字按位取反 双字按位取反	WAND - W WOR - W WXOR - W	ANDW　IN1,OUT ORW　　IN1,OUT XORW　1N1,OUT	字按位相与 字按位相或 字异或
WAND - B WOR - B WXOR - B	ANDB IN1,OUT ORB　IN1,OUT XORB 1N11,OUT	字节按位相与 字节按位相或 字节按位相异或	WAND - DW WOR - DW WXOR - DW	ANDD　IN1,OUT ORD　　IN1,OLIT XORD　IN1,OUT	双字按位相与 双字按位相或 双字按位相异或

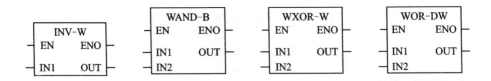

图 5.45　逻辑运算指令

【例 5.7】　在 I4.0 的上升沿执行下列的逻辑运算。

```
LD        14.0
EU
MOVB      VB0
ANDB      VB1,VB2
ORB       VB3,VB4
XORB      VB5,VB6
```

运算前后各存储单元中的值如图 5.46 所示。

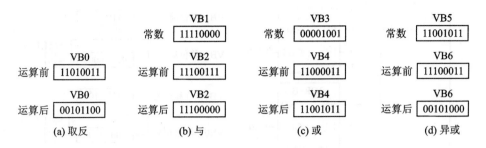

图 5.46　逻辑运算举例

5.5　移位、循环和数据转换指令

5.5.1　移位与循环指令

1. 右移位和左移位指令

移位指令(见表 5.21)将输入 IN 中的数的各位向右或向左移动 N 位后,送给输出 OUT 指定的地址。移位指令对移出位自动补 0(见图 5.47),如果移动的位数 N 大于允许值(字节操作为 8,字操作为 16,双字操作为 32),实际移位的位数为最大允许值。所有的循环和移位指令中的 N 均为字节变量。字节移位操作是无符号的,有符号的字和双字移位时符号位也被移位。

表 5.21　移位与循环指令

梯形图	语句表	描　　述	梯形图	语句表	描　　述
SHR - B	SRB OUT,N	字节右移位	ROR B	RRB OUT,N	字节循环右移
SHL - B	SLB OUT,N	字节左移位	ROL B	RLB OUT,N	字节循环左移
SHR - W	SRW OUT,N	字右移位	ROR W	RRW OUT,N	字循环右移
SHL - W	SLW OUT,N	字左移位	ROL W	RLW OUT,N	字循环左移
SHR - DW	SRD OUT,N	双字右移位	ROR DW	RRD OUT,N	双字循环右移
SHL - DW	SLD OUT,N	双字左移位	ROL DW	RLD OUT,N	双字循环左移
SHR - B	SHRB DATA,3 BIT,N	移位寄存器			

如果移位次数大于 0,则溢出位 SM1.1 保存最后一次被移出的位的值。如果移位结果为 0,则零标志位 SM1.0 被置 1。

2. 循环右移位和循环左移位指令

循环移位指令将输入 IN 中的各位向右或向左循环移动 N 位后,送给输出 OUT

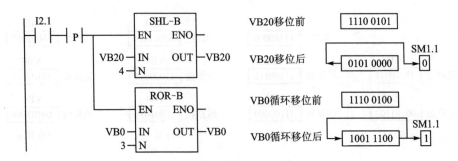

图 5.47　移位与循环移位指令

指定的地址。循环移位是环形的,即被移出来的位将返回到另一端空出来的位置(见图 5.47),移出的最后一位的数值存放在溢出位 SM1.1。

如果移动的位数 N 大于允许值(字节操作为 8,字操作为 16,双字操作为 32),则执行循环移位之前先对 N 进行取模操作,例如,对于字移位时,将 N 除以 16 后取余数,从而得到一个有效的移位次数(对于字节操作是 0~7,对于字操作是 0~15,对于双字操作是 0~31)。如果取模操作的结果为 0,则不进行循环移位操作,零标志 SM1.0 被置为 1。

字节操作是无符号的,如果对有符号的字和双字操作,则符号位也被移位。

【例 5.8】　用 I0.0 控制接在 Q0.0~Q0.7 上的 8 个彩灯循环移位,从左到右以 0.5 s 的速度依次点亮,保持任意时刻只有一个指示灯亮,到达最右端后,再从左到右依次点亮。

分析:8 个彩灯循环移位控制,可以用字节的循环移位指令。根据控制要求,首先应置彩灯的初始状态为 QB0=1,即左边第一盏灯亮;接着灯从左到右以 0.5 s 的速度依次点亮,即要求字节 QB0 中的"1"用循环左移位指令每 0.5 s 移动一位,因此须在 ROL-B 指令的 EN 端接一个 0.5 s 的移位脉冲(可用定时器指令实现)。梯形图程序和语句表程序如图 5.48 所示。

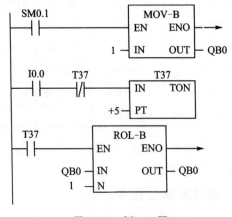

图 5.48　例 5.8 图

3. 寄存器移位

移位寄存器指令 SHRB 将 DATA 数值移入移位寄存器。梯形图中 EN 为使能输入端,连接移位脉冲信号,每次使能有效时,整个移位寄存器移动一位。DATA 为数据输入端,连接移入移位寄存器的二进制数值,执行指令时将该位的值移入寄存器。S-BIT 指定移位寄存器的最低位。N 指定移位寄存器的长度和移位方向,移位寄存器的最大长度为 64 位。N 为正值表示左移位,输入数据(DATA)移入移位寄存器的最低位(S-BIT),并移出移位寄存器的最高位,移出的数据被放置在溢出内存位(SM1.1)中;N 为负值表示右移位,输入数据移入移位寄存器的最高位中,并移出最低位(S-BIT),移出的数据被放置在溢出内存位(SM1.1)中。

【例 5.9】　移位寄存器应用举例。程序及运行结果如图 5.49 所示。

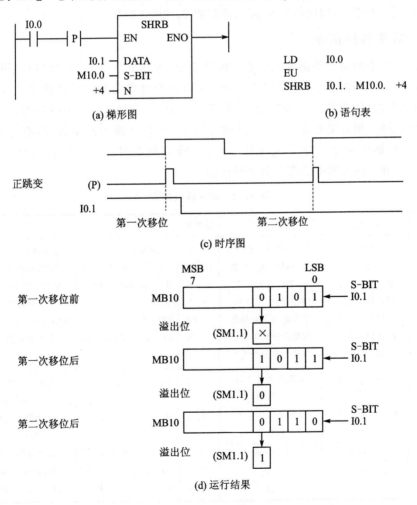

图 5.49　例 5.9 的梯形图、语句表、时序图及运行结果

5.5.2　数据转换指令

1. 段译码指令

段译码指令 SEG 根据输入字节(IN)低 4 位的十六进制数(16♯0～F)产生点亮 7 段显示器各段的代码,并送到输出字节 OUT。图 5.50 中 7 段显示器的 D0～D6 段分别对应于输出字节的最低位(第 0 位)～第 6 位,某段应亮时输出字节中对应的位为 1,反之为 0。例如,显示数字"1"时,仅 D1 和 D2 为 1,其余位为 0,输出值为 6,或二进制数 2♯0000 0110。

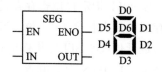

图 5.50　7 段译码指令

2. 数字转换指令

表 5.22 中的前 7 条指令属于数字转换指令,包括字节(B)与整数(I)之间(数值范围为 0～255)、整数与双整数(DI)之间、BCD 码与整数之间的转换指令,以及双整数转换为实数(R)的指令。BCD 码的允许范围为 0～9999,如果转换后的数超出输出的允许范围,则溢出标志 SM1.1 将被置为 1。整数转换为双整数时,有符号数的符号位被扩展到高字。字节是无符号的,转换为整数时没有扩展符号位的问题。图 5.51 给出了梯形图中的部分数字转换指令。

表 5.22　数字转换指令

梯形图	语句表	描　述	梯形图	语句表	描　述
I - BCD	IBCD OUT	整数转换为 BCD 码	I - S	ITSIN,OUT,FMT	整数转换为字符串
BCD - I	BCDI OUT	BCD 码转换为整数	DI - S	DTS IN,OUT,FMT	双整数转换为字符串
B - I	BTIIN,OUT	字节转换为整数	R - S	RTS IN,OUT,FMT	实数转换为字符串
I - B	ITB IN,OUT	整数转换为字节	S - I	STIIN,INDX,OUT	子字符串转换为整数
I - DI	ITD IN,OUT	整数转换为双整数	S - DI	STD IN,INDX,OUT	子字符串转换为双整数
DI - I	DTI IN,OUT	双整数转换为整数	S - R	STR IN,INDX,OUT	子字符串转换为实数
DI - R	DTR IN,OUT	双整数转换为实数			
ROUND	ROUND 1N,OUT	实数四舍五入为双整数	ATH	ATH IN,OUT,LEN	ASCII 码转换为 16 进制数
TRUNC	TRUNC IN,OUT	实数截位取整为双整数	HTA	HTA IN,OUT,LEN	16 进制数转换为 ASCII 码
SEG	SEG IN,OUT	7 段译码	ITA	ITA IN,OUT,FMT	整数转换为 ASCII 码
DECO	DECO IN,OUT	译码	DTA	DTA IN,OUT,FMT	双整数转换为 ASCII 码
ENCO	ENCO IN,OUT	编码	RTA	RTA IN,OUT,FMT	实数转换为 ASCII 码

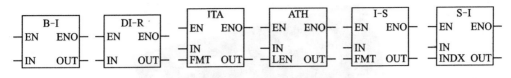

图 5.51　部分数字转换指令

3. 实数转换为双整数的指令

指令 ROUND 将实数(IN)四舍五入后转换成双字整数,如果小数部分≥0.5,则整数部分加 1。截位取整指令 TRUNC 将 32 位实数(IN)转换成 32 位带符号整数,小数部分被舍去。如果转换后的数超出双整数的允许范围,则溢出标志 SM1.1 被置为 1。

4. 译码指令

译码(Decode)指令 DECO 根据输入字节(IN)的低 4 位表示的位号,将输出字(OUT)相应的位置位为 1,输出字的其他位均为 0。

假设用触摸屏上的 16 个指示灯来显示 16 个不会同时出现的错误,每一个指示灯对应于 MW2 中的一位。如果 VB0 中的错误代码为 3,译码指令"DECO VB0,MW2"将 MW2 的第 3 位(即 M3.3)置 1,则显示 3 号错误的灯亮,其余的灯不亮。在MW2 中,MB3 为低位字节。

5. 编码指令

编码(Encode)指令 ENCO 将输入字(IN)中为 1 的最低有效位的位数写入输出通道(OUT)的最低 4 位。

设某系统不会同时出现的 16 个错误对应于 MW2 中的 16 位(M2.0～M3.7),地址越低的错误的优先级越高。编码指令"ENCO MW2,VB20"将 MW2 中地址最低的为 1 状态的位在字中的位数写入 VB20。设 MW2 中仅有 M3.5 和 M3.2 为 1状态,M3.2 在 MW2 中的位数为 2,指令执行完后写入 VB20 中的数为错误代码 2。在触摸屏中,用 16 状态的信息显示单元来显示 16 条错误信息,用 VB20 中的数字来控制显示哪一条信息。

5.5.3　数据转换指令的应用举例

1. 控制要求

转换从拨码开关读取的 BCD 码值。

拨码开关(见图 5.52)的圆盘的圆周面上有 0～9 这 10 个数字,用户用按钮来增、减各位要输入的数字。它的内部用硬件编码的方式将 10 个数字转换为 4 位二进制数,加上公共端,每一位有 5 根输出线。

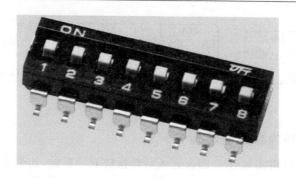

图 5.52　拨码开关

2. 输入/输出分配

假设用 CPU 224 的 I0.0～I1.3 来读取 3 位拨码开关输入的数值(见图 5.53),其中 I0.0、I0.4 和 I1.0 接拨码开关输出的 4 位二进制数的最低位,I0.3、I0.7 和 I1.3 接最高位。

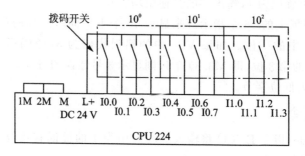

图 5.53　CPU 224 的输入电路

3. 程序设计

为了将从拨码开关读取的 BCD 码数据转换为二进制数,首先将它们传送到 VW10。IB0 读取的是个位和十位的拨码开关的值,将它的值传送到 VB11(VW10 的低位字节)。

百位拨码开关接在 I1.0～I1.3,将 IB1 的值传送到 VB10 后,还需要用"字逻辑与"指令 ANDW 去掉 VW10 的最高 4 位中没有用到的来自 I1.4 和 I1.5 的值。下面是读取和转换拨码开关数据的语句表程序:

```
LD      I1.4
EU                          //在 I1.4 的上升沿
MOVB    IB0,VB11            //将个位、十位拨码开关的值送 VW10 的低字节
MOVB    IB1,VB10            //将百位拨码开关的值送 VW10 的高字节
ANDW    16#0FFF,VW10        //去掉 VW10 的高 4 位
MOVW    VW10,VW12
BCDI    VW12               //转换为二进制数
```

4．程序调试

将程序写入 OB1，下载到 PLC 后运行程序。实验步骤如下：

① 按图 5.53 的要求，将拨码开关连接到 CPU 224 的输入端。将上述程序输入 OB1，下载到 PLC 后运行程序。如果没有拨码开关，则可以用接在输入端的小开关代替。

② 打开状态表，在地址列输入 IB0、IB1；VW10 和 VW12，后者的格式为有符号，其余均为十六进制。单击工具栏上的状态表监控按钮，启动监控功能。

③ 用拨码开关（或外接的小开关）设置 3 位十进制数，接通 I1.4 对应的小开关后马上断开，观察 VW10 和 VW12 的值与拨码开关设定值的关系，VW12 的值是否与拨码开关设置的相同？

④ 用拨码开关设置新的值，接通 I1.4 对应的小开关后马上断开，观察 BCD 转换的结果。

上述程序将 VW10 传送到 VW12，只是为了便于查看转换之前的 BCD 码。实际上可以删除上述程序中倒数第 2 条指令，同时将最后一条指令改为"BCDI VW10"，即直接将 VW10 中的 BCD 码转换为二进制数。

5.6　洗衣机的西门子 PLC 程序控制

5.6.1　控制要求和 I/O 分配

1．控制要求

进水时，通过电控系统使进水阀打开，经进水管将水注入外桶。排水时，通过电控系统使排水阀打开，将水由外桶排出到机外。

洗涤过程：电动机"正-停-反"间歇转动。排水电磁阀无电，其拉杆档套脱离制动拉杆，经离合器使波轮低速转动。此时脱水桶并不旋转。洗衣电动机一般采用单相异步电动机，正反转是由两个定子绕组交替起着正、副绕组的作用。

脱水时，排水电磁阀得电，排水同时移动其拉杆档套推动制动拉杆，经离合器（本机电控系统将离合器合上）使波轮和脱水桶一起高速旋转甩干。

高、低水位开关分别用来检测高、低水位。启动按钮用来启动洗衣机工作。

软件控制要求为：PLC 投入运行时，系统处于初始状态，准备好启动。按下启动按钮，则开始进水，到达中水位开关时停止进水，开始正转，40 s 后停止正转，停 2 s 之后反转，停 2 s，再正转，如此反复 4 次。之后排水，再重新进水漂洗。漂洗过程同上。漂洗 3 次后，蜂鸣器报警 5 s，之后停止，返回初始状态。

2. I/O 分配

输入:启动按钮→I0.0；　　　　　输出:进水电磁阀→Q0.0；
　　　高水位开关→I0.1；　　　　　　　离合器→Q0.1；
　　　中水位开关→I0.2；　　　　　　　正搅拌接触器→Q0.2；
　　　低水位开关→I0.3；　　　　　　　反搅拌接触器→Q0.3；
　　　　　　　　　　　　　　　　　　排水电磁阀→Q0.4；
　　　　　　　　　　　　　　　　　　蜂鸣器指示灯→Q0.5。

3. 顺序功能图

全自动洗衣机顺序功能图如图 5.54 所示。

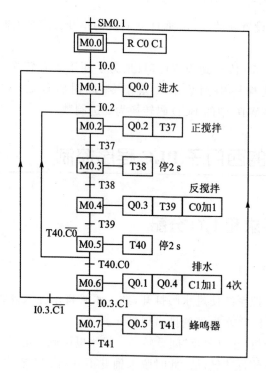

图 5.54　全自动洗衣机顺序功能图

5.6.2　控制程序和接线图

1. 控制程序

根据顺序功能图写出洗衣机控制程序图如图 5.55 所示。

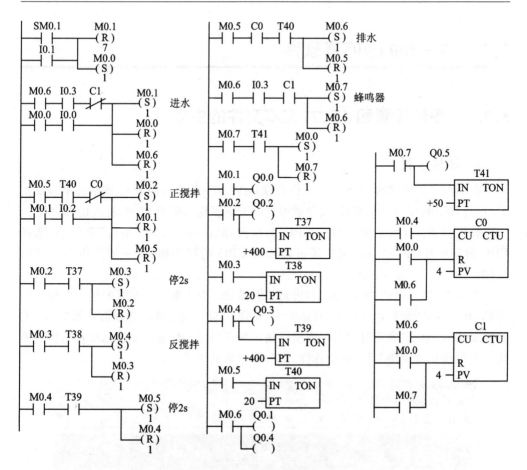

图 5.55　洗衣机控制程序图

2. PLC 接线图

洗衣机 PLC 的 I/O 接线图如图 5.56 所示。

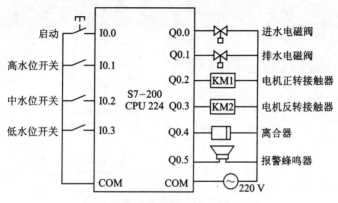

图 5.56　洗衣机 PLC 的 I/O 接线图

5.7 S7 - 200 的仿真软件

5.7.1 硬件设置和 ASCII 文本文件的生成

1. 硬件设置

在西门子官网等搜索"S7 - 200 仿真软件 V2.0"(用空格隔开)。该软件不需要安装,执行其中的 S7 - 200.EXE 文件就可以打开它。输入密码 6596,进入仿真软件。

软件自动打开的是老型号的 CPU 214,选择"配置→ CPU 型号"菜单项,选择 CPU 的新型号 CPU 22x。用户还可以修改 CPU 的网络地址,一般使用默认的地址(2)。

图 5.57 的左边是 CPU 224,右边是扩展模块。双击紧靠已配置的模块右侧空的方框,在出现的"配置扩展模块"对话框中(见图 5.58),用单选框选择需要添加的 I/O 扩展模块后,单击"确定"按钮,则该模块便出现在指定的位置。双击已存在的扩展模块,在"配置扩展模块"对话框中选择"无",可以取消该模块。

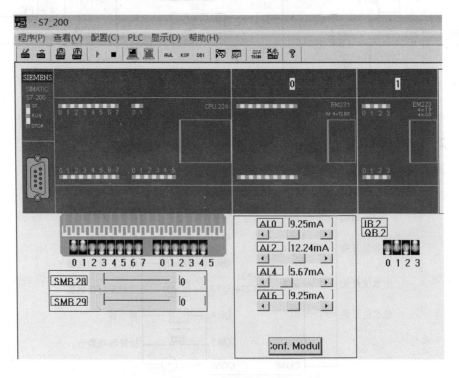

图 5.57 仿真软件画面

图 5.57 紧靠 CPU 模块的 0 号扩展模块是 4 通道的模拟量输入模块 EM 231，单击模块下面的 Conf. Module（设置模块）按钮，则在弹出的对话框中（见图 5.59）可以设置模拟量输入信号的量程。模块下面的 4 个滚动条用来设置各个通道的模拟量输入值。

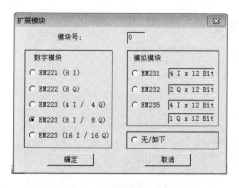

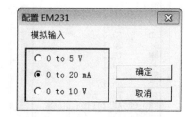

图 5.58　模块配置选择对话框　　　　　**图 5.59　设置模块量程**

图 5.57 的 1 号扩展模块是有 4 点数字量输入、4 点数字量输出的 EM 223 模块，模块下面的 IB2 和 QB2 是它的输入点和输出点的字节地址。

CPU 模块下面是用于输入数字量信号的小开关板，它上面有 14 个输入信号用的小开关与 CPU 224 的 14 个输入点对应，单击小开关，向上为接通，向下为断开。开关板下面有两个直线电位器，即 SMB28 和 SMB29，分别是 CPU 224 的两个 8 位模拟量输入电位器对应的特殊存储器字节，可以用电位器的滑动块来置它们的值（0～255）。

2. 生成 ASCII 文本文件

仿真软件不能直接接收 S7‑200 的程序代码，必须用导出功能将 S7‑200 的用户程序转换为 ASCII 文本文件，然后再下载到仿真 PLC 中去。

在编程软件中打开一个编译成功的程序块，选择“文件→导出”菜单项，或用鼠标右击某一程序块，在弹出的级联菜单中选择“导出”，则在弹出的“导出程序块”对话框中输入导出的 ASCII 文本文件的文件名，文件扩展名为“awl”。

如果打开的是 OB1（主程序），则导出当前项目所有 POU（包括子程序和中断程序）的 ASCII 文本文件的组合。如果打开的是子程序或中断程序，则只能导出当前打开的单个程序的 ASCII 文本文件。

5.7.2　下载程序和调试

1. 下载程序

生成文本文件后，单击仿真软件工具栏的下载按钮，开始下载程序。在弹出的

"下载 CPU"对话框中选择下载什么块,一般选择下载逻辑块。单击"确定"按钮后,在弹出的"打开"对话框中双击要下载的 *.awl 文件,开始下载。下载成功后,图 5.57 的 CPU 模块中出现下载的 ASCII 文件的名称,同时会出现下载的程序代码文本框和梯形图(见图 5.60)界面,关闭它们不会影响仿真;也可以将它们拖到别的位置。

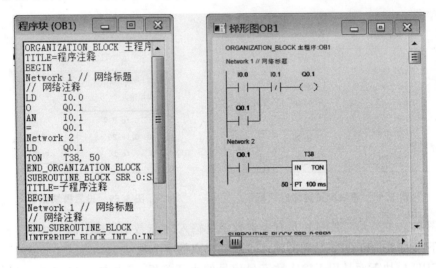

图 5.60　语句表与梯形图显示

如果用户程序中有仿真软件不支持的指令或功能,单击工具栏上的"运行"按钮后,则弹出的对话框显示出仿真软件不能识别的指令。单击"确定"按钮后,不能切换到 RUN 模式。

如果仿真软件支持用户程序中的全部指令和功能,单击工具栏上的"运行"按钮,则从 STOP 模式切换到 RUN 模式,CPU 模块左侧的"RUN"和"STOP"LED 的状态随之变化。

2. 模拟调试程序

单击 CPU 模块下面开关板上小开关的上面黑色部分,则可以使小开关的手柄向上,其常开触点闭合,对应的输入点的 LED 变为绿色。单击闭合的小开关下面的黑色部分,则可以使小开关的手柄向下,其常开触点断开,对应的输入点的 LED 变为灰色。图中扩展模块的下面也有 4 个小开关。

在 RUN 模式单击工具栏上的"监视梯形图"按钮,则可以用程序状态功能监视梯形图窗口中触点和线圈的状态。

3. 监视变量

单击工具栏上的"监视内存"按钮,则在弹出的对话框中(见图 5.61)可以监控 V、M、T、C 等内部变量的值。输入需要监控的变量的地址后,选择数据格式。图中的 wish sign 是有符号数,用来监视 T38 的当前值。T38 的数据格式为 Bit 时,监视

它的位的状态。Withoutsign 是无符号数,Hexadecimal 是十六进制数,Eat floating
是浮点数。用二进制格式(Binary)监控字节、字和双字,可以在一行中同时监控 8
个、16 个和 32 个位变量(见图 5.61 中对 QB0 的监控)。"开始"和"停止"按钮用来启
动和停止监控。

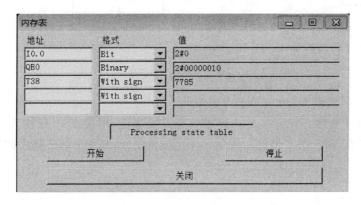

图 5.61　变量监控对话框

习　题

5.1　西门子 PLC 内部编程元件有哪几种?

5.2　编程中有哪几种常用常数形式?

5.3　何谓直接寻址和间接寻址?

5.4　S7 - 200 可编程控制器提供了哪几种类型的定时器?

5.5　完成下面子程序的编程操作:

在编程软件中创建一个新的项目,在程序编辑器中打开自动生成的子程序 SBR -
0,在局部变量表中生成输入位变量"启动按钮"、"停止按钮"和输出位变量"电动机"。
观察为它们自动分配的局部存储器地址。在梯形图编辑器中生成用两个输入变量控
制输出变量的"启-保-停"电路(见图 5.62(a))。生成程序时可以输入变量的绝对地
址或符号地址,图中局部变量之前的"♯"号是编程软件自动添加的。保存 SBR - 0
后,打开主程序 OB1。在 OB1 中用 I1.0 的常开触点调用子程序 SBR - 0,为 SBR - 0
的 3 个形参指定实参(见图 5.62(b))。

将编写好的程序块下载到 PLC 后运行程序,在 OB1 中启动程序状态监控功能。
调试如下步骤:

① 用接在 PLC 输入端的外接开关使子程序的使能信号 I1.0 为 0 状态,用 PLC
外接开关产生启动按钮和停止按钮信号,观察 Q0.0 的状态是否变化。

② 用接在 PLC 输入端的开关使 I1.0 为 1 状态,用 I0.0 和 I0.1 产生启动按钮和

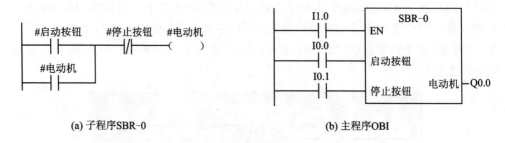

图 5.62　习题 5.5 图

停止按钮信号,观察 Q0.0 的状态是否变化。

　　③ 打开子程序 SBR - 0,启动程序状态监控功能,用接在 PLC 输入端的开关使 I1.0 为 1 状态,用开关产生启动按钮和停止按钮信号,观察梯形图程序的执行情况。

第**6**章

变频器和触摸屏实训环节

　　变频器是把工频电源(50 Hz 或 60 Hz)变换成各种频率的交流电源,以实现电动机的变速运行的设备。其中,控制电路完成对主电路的控制,整流电路将交流电变换成直流电,直流中间电路对整流电路的输出进行平滑滤波,逆变电路将直流电再逆变成交流电。对于如矢量控制变频器这种需要大量运算的变频器来说,有时还需要一个进行转矩计算的 CPU 以及一些相应的电路。

　　变频器的分类方法有多种,按照主电路工作方式分类,可以分为电压型变频器和电流型变频器;按照开关方式分类,可以分为 PAM 控制变频器、PWM 控制变频器和高载频 PWM 控制变频器;按照工作原理分类,可以分为 V/f 控制变频器、转差频率控制变频器和矢量控制变频器等;按照用途分类,可以分为通用变频器、高性能专用变频器、高频变频器、单相变频器和三相变频器等。

　　PLC 控制变频器主要有两种方式,一种是连接变频器外部控制端子,这些外部端子有开关量和模拟量之分,开关量完成变频器状态间断变化控制,模拟量完成变频器状态连续变化控制;另一种是连接变频器通信端口,通过数据传输方式进行开关量和模拟量控制。同样,变频器控制 PLC 也有两种方式,一种是连接变频器外部控制端子,这些外部端子有开关量和模拟量之分,开关量反映变频器状态间断变化情况,模拟量反映变频器状态连续变化情况;另一种是连接变频器通信端口,通过数据传输方式反映开关量和模拟量变化情况。这两种控制方式变频器信息直接显示了被控电动机的运行状态,如电流、电压、频率等,PLC 检测到这些信息,根据控制要求对电动机实施控制。

6.1　西门子 MM420 通用型变频器简介

6.1.1　MM420 通用型变频器的基本结构

1. 变频器的方框图

西门子 MICROMASTER 420 通用型变频器的方框图如图 6.1 所示。

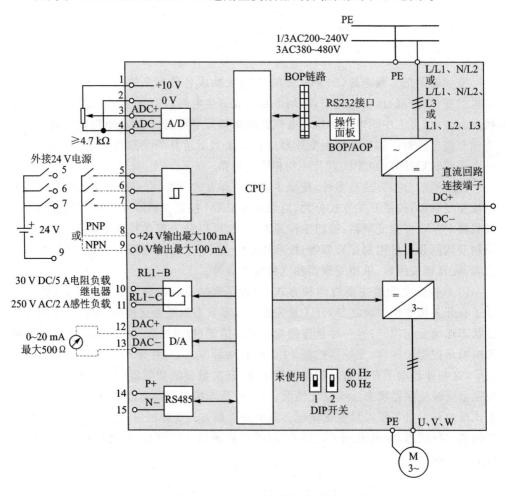

图 6.1　MM420 变频器的方框图

2. 功率接线端子

西门子 MM420 通用型变频器的功率接线端子如图 6.2 所示。

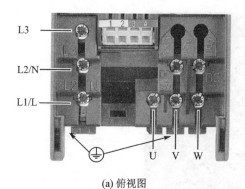

(a) 俯视图　　　　　　　　　　　　(b) 正视图

图 6.2　MM420 变频器的功率接线端子

3. 控制端子

MM420 变频器控制端子如图 6.3 所示, 功能如表 6.1 所列。

表 6.1　MM420 变频器控制端子功能

端子号	标　识	功　能
1		输出 +10 V
2		输出 0 V
3	ADC+	模拟输入（+）
4	ADC−	模拟输入（−）
5	DIN1	数字输入 1
6	DIN2	数字输入 2
7	DIN3	数字输入 3
8		输出 +24 V / 最大 100 mA
9		输出 0 V / 最大 100 mA
10	RL1-B	数字输出 / NO（常开）触头
11	RL1-C	数字输出 / 切换触头
12	DAC+	模拟输出（+）
13	DAC−	模拟输出（−）
14	P+	RS485 串行接口
15	N−	RS485 串行接口

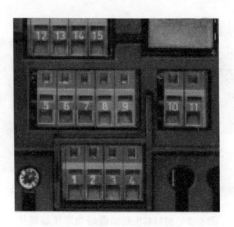

图 6.3　MM420 控制端子

6.1.2　MM420 通用型变频器的默认设置和按钮功能

1. 工厂的默认设置

　　MM420 变频器的模拟和数字输入接线图如图 6.4 所示。在出厂时具有这样参数设置:即不需要再进行任何参数化就可以投入运行。为此,出厂时电动机的参数(P0304、P0305、P0307、P0310)是按照西门子公司 1LA7 型 4 极电动机进行设置的,实际连接的电动机额定参数必须与该电动机的额定参数相匹配(参看电动机的铭牌数据)。

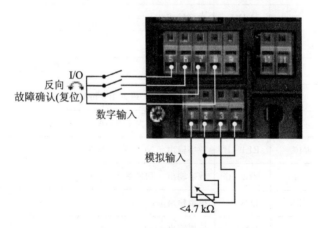

图 6.4　模拟和数字输入

2. 出厂设置的复位

MM420 变频器出厂设置的复位过程如图 6.5 所示。

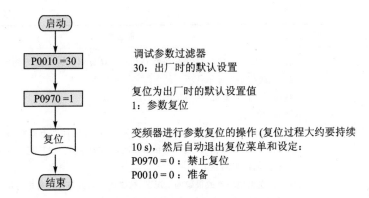

调试参数过滤器
30：出厂时的默认设置

复位为出厂时的默认设置值
1：参数复位

变频器进行参数复位的操作 (复位过程大约要持续
10 s)，然后自动退出复位菜单和设定：
P0970 = 0：禁止复位
P0010 = 0：准备

图 6.5　MM420 变频器出厂设置

3. BOP/AOP 的按钮及其功能

MM420 变频器 BOP/AOP 的按钮及其功能如表 6.2 所列。

表 6.2　BOP/AOP 的按钮及其功能

显示/按钮	功　能	功能说明
0000	状态显示	LCD 显示变频器当前所用的设定值
Ⓘ	启动 变频器	按此键启动变频器。默认值运行时此键是被封锁的。为了使此键的操作有效，应按照下面的数值修改 P0700 或 P0719 的设定值： BOP：P0700 = 1 或 P0719 = 10～16； AOP：P0700 = 4 或 P0719 = 40～46 按 BOP 连接； P0700 = 5 或 P0719 = 50～56 按 COM 连接
▢	停止 变频器	OFF1：按此键，变频器将按选定的斜坡下降速率减速停车。默认值运行时此键被封锁； OFF2：按此键两次(或一次，但时间较长)，则电动机将在惯性作用下自由停车
Ⓜ	改变电动机 的方向	按此键可以改变电动机的转动方向。电动机的反向用负号(—)表示或用闪烁的小数点表示。默认值运行时此键是被封锁的
jog	电动机 点动	在变频器"运行准备就绪"的状态下，按下此键，则将使电动机启动，并按预设定的点动频率运行。释放此键时，变频器停车。如果变频器 / 电动机正在运行，则按此键将不起作用
Fn	功能	此键用于浏览辅助信息。变频器运行过程中，在显示任何一个参数时按下此键并保持不动 2 s，则将显示以下参数的数值： 1. 直流回路电压(用 d 表示，单位是 V)； 2. 输出电流(A)； 3. 输出频率(Hz)； 4. 输出电压(用 O 表示，单位是 V)；

续表 6.2

显示/按钮	功　能	功能说明
(Fn)	功能	5. 由 P0005 选定的数值（ 如果 P0005 选择显示上述参数的任何一个(1— 4),这里将不再显示)。 连续多次按下此键,则将轮流显示以上参数。 跳转功能: 在显示任何一个参数(rXXXX 或 PXXXX)时短时间按下此键,则将立即跳转到 r0000;如果需要,则可以接着修改其他的参数。跳转到 r0000 后,按此键将返回原来的显示点。 确认:在出现故障或报警的情况下,按键可以对故障或报警进行确认,并将操作板上显示的故障或报警信号复位
(P)	参数访问	按此键即可访问参数
(▲)	增加数值	按此键即可增加面板上显示的参数数值
(▼)	减少数值	按此键即可减少面板上显示的参数数值
(Fn)＋(P)	AOP 菜单	直接调用 AOP 主菜单(仅对 AOP 有效)

4. 更改参数的方法举例, P0003"访问级"

P0003 设为"访问级"的操作步骤如表 6.3 所列。

表 6.3   P0003 设为"访问级"的操作步骤

	操作步骤	显示的结果
1	按(P)键,访问参数	r 0000
2	按(▲)键,直到显示出 P0003	P0003
3	按(P)键,进入参数访问级	1
4	按(▲)或(▼)键,达到所要求的数值（例如:3）	3
5	按(P)键,确认并存储参数的数值	P0003
6	已设定为第 3 访问级,可以看到第 1 至第 3 级的全部参数	

限于篇幅,关于 MM420 变频器的安装、通信、调试、LED 状态显示、故障信息和报警信息可参阅 MM 420 通用型变频器简明操作手册。

6.1.3 西门子 MM420 变频器实验

1. BOP 操作面板控制变频器运行实验

（1）实验内容

学习并且掌握西门子 MM420 变频器基本操作面板（BOP）的使用。其面板如

图 6.6 所示。

（2）实验步骤

1）实验接线

按照图 6.7 进行变频器基本操作实验接线。

图 **6.6　MM420 变频器操作面板**

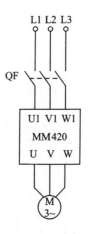

图 **6.7　变频器基本操作实验接线**

2）参数设定

在默认状态下,面板上的操作按钮"启动"、"停止"、"换向"被锁住。要使用该功能,则需要把参数 P0700 设置为 1,并将 P1000 的参数设为 1。

3）操　作

① 按下"启动"按钮,可以启动变频器。

② 按下"停止"按钮,变频器将按确定好的停车斜坡减速停车。

③ 按下"换向"按钮可以改变电动机方向。

④ 在变频器无输出的情况下,按下"点动"按钮,电动机按预定的点动频率运行。

⑤ 按下"增加"按钮可以增加变频器输出频率。

⑥ 按下"减小"按钮可以减小变频器输出频率。

注意:若变频器出现"A0922:负载消失"报警,则是电机功率小的原因造成的,为了能正常完成实验可以将参数 P2179 设为"0"(需要首先把 P0003 设为"3")。后面实验与此相同。

2. 变频器点动运行实验

（1）实验内容

设计变频器参数设置,实现下述功能:数字输入 1 为点动正转,数字输入 2 为点动反转,正向点动频率为 20 Hz,反向点动频率为 25 Hz,点动的斜坡上升时间为 5 s,点动的斜坡下降时间为 2 s。

(2) 实验步骤

1) 实验接线

按照图 6.8 进行点动实验接线。

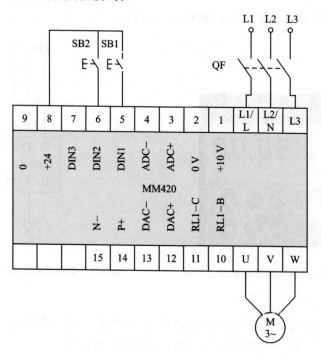

图 6.8　点动实验接线

2) 参数设定

➤ P0010 参数为 30,P0970 参数设为 1(变频器复位到工厂设定值);

➤ P0003 参数为 2(扩展用户的参数访问范围);

➤ P0700 参数为 2(由端子排输入);

➤ P0701 参数为 10(正向点动);

➤ P0702 参数为 11(反向点动);

➤ P1058 参数为 20(正向点动频率);

➤ P1059 参数为 25(反向点动频率);

➤ P1060 参数为 5(点动的斜坡上升时间);

➤ P1061 参数为 2(点动的斜坡下降时间)。

3) 操　作

分别按下按钮 SB1 和 SB2,观察电动机的正向点动与反向点动。

3. 变频器多段速度控制实验

(1) 实验内容

用变频器完成一个可以输出 0 Hz、10 Hz、15 Hz、20 Hz、25 Hz、30 Hz、40 Hz、

50 Hz 的多段频率输出的实验。

(2) 实验步骤

1) 实验接线

按照图 6.9 进行多段速度控制实验接线。

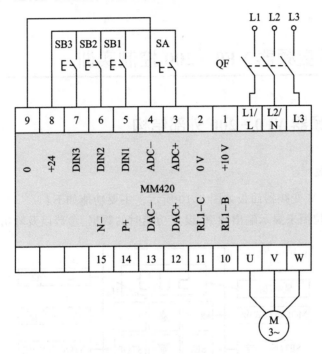

图 6.9　多段速度控制实验

2) 参数设定

➢ P0010 参数为 30,P0970 参数设为 1(变频器复位到工厂设定值);

➢ P0003 参数为 2(扩展用户的参数访问范围);

➢ P0700 参数为 2(由模拟输入端子/数字输入控制变频器);

➢ P0701 参数为 17(BCD 码选择＋ON 命令);

➢ P0702 参数为 17(BCD 码选择＋ON 命令);

➢ P0703 参数为 17(BCD 码选择＋ON 命令);

➢ P0704 参数为 1(正转启动);

➢ P1000 参数为 3(固定频率设定值);

➢ P1001 参数为 10(固定频率 1 为 10 Hz);

➢ P1002 参数为 15(固定频率 2 为 15 Hz);

➢ P1003 参数为 20(固定频率 3 为 20 Hz);

➢ P1004 参数为 25(固定频率 4 为 25 Hz);

➢ P1005 参数为 30(固定频率 5 为 30 Hz);

> P1006 参数为 40(固定频率 6 为 40 Hz);

> P1007 参数为 50(固定频率 7 为 50 Hz)。

(3) 操　作

按下启动/停止键 SA,按下 SB1、SB2、SB3 的不同组合,记录对应变频器输出频率。

6.2　松下变频器 VF0 - 200 控制实训

6.2.1　变频器 VF0 - 200 外部结构

1. 面　板

VF0 - 200 V 变频器面板如图 6.10 所示。主要功能如下:

> 显示部位用来显示输出频率、设定功能时的数据、参数以及输出电流等。

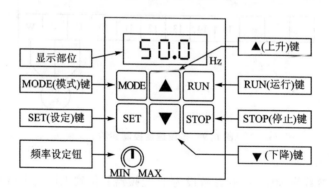

图 6.10　操作面板

> RUN(运行)和 STOP(停止)键用来控制变频器运行和停止。

> MODE(模式)键用来切换"输出频率"、"频率设定"、"旋转方向设定"、"功能设定"等各种模式,以及将数据显示切换为模式显示。

> SET(设定)键用来切换模式和数据显示,以及用来存储数据等。

> 频率设定旋钮用来设定运行频率。

其中,▲(上升)键和▼(下降)键用来改变数据或输出频率等。

打开 VF0 变频器端子罩,下面为接线端子。其中,有与主电路连接的 5 个端子,包括与 220 V 交流电源相接的输入端子 L、N,与三相交流电机的相接的输出端子 U、V、W,与制动电阻相接的接线端子,还有地线端子以及与控制电路相接的端子排,如图 6.11 所示。

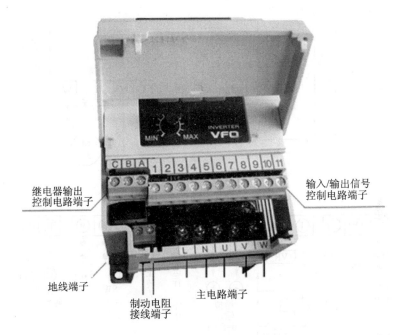

图 6.11　VF0 - 200 V 变频器接线端子

2. 主电路端子

(1) 电源输入端子(L、N)

VF0 - 200 V 系列变频器为单相 220 V 输入电源,主电路电源端子 L、N 用断路器或带漏电保护的断路器连接至单相交流电源。

(2) 变频器输出端子(U、V、W)

3. 其他接线端子

其他接线端子还包括变频器接地端子、制动电阻接线端子。

电动机在快速停车过程中,由于惯性作用,会产生大量的再生电能,如果不及时消耗掉,则会直接作用于变频器的直流电路部分,从而可能使变频器报故障,甚至损害变频器。制动电阻可以很好地解决这个问题,将产生的再生电能转化为热能,从而实现对变频器的保护。制动电阻分为内置和外接两种,VF0 - 0.4 kW 变频器为外部连接制动电阻。

变频器与主电路连接如图 6.12 所示。其中,图中变频器为 VF0 - 200 V 系列产品,输入为单相交流电,输出为三相交流电,由变频器输出的额定三相交流电压为200~230 V。

4. 控制电路端子

变频器控制电路端子排如图 6.13 所示。

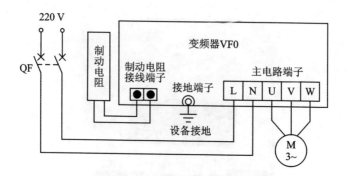

图 6.12　主电路端子连接图

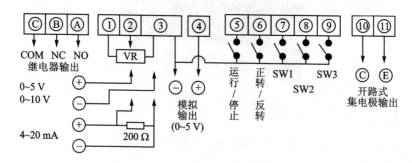

图 6.13　控制电路端子排

控制电路端子与外电路连接时,应注意以下各项:

(1) 共用端子③

共用端子一般是指共用接地、共用接零,但该端子为电源负极,其他端子可以与端子③构成回路。构成回路的端子有①、②、④~⑨。

(2) 电位器连接端子①和模拟信号输入端子②

在端子①和③之间接入电位器首尾两端,端子②接电位器中心引线,通过改变电位器端子②和③之间输入 0~5 V 或 0~10 V 模拟电压,或 4~20 mA 电流,从而改变变频器的输出频率。

(3) 模拟信号输出端子④

变频器端子④和③之间输出 0~5 V 的电压信号,该信号与变频器输出频率或输出电流成比例。

(4) 运行/停止、正转/反转、运行信号输入端子⑤和⑥

用遥控开关控制端子③、⑤和端子③、⑥的通断,可实现对变频器运行、停止、正转、反转控制。

(5) 多功能控制信号输入端子⑦~⑨

用开关控制端子⑦~⑨的通断,可实现对变频器的多段速控制,点动控制,频率上升、下降控制;还可通过端子⑨接收 PWM 信号,控制变频器输出频率等。

(6) 输出端子⑩、⑪、Ⓐ、Ⓑ和Ⓒ

开路式集电极输出端子⑩和⑪，主要用来运行状态指示和异常报警。例如，当变频器输出频率达到设定频率，或变频器工作在反转时，或变频器处于异常跳闸时，端子⑩和⑪之间为 ON；否则，为 OFF。继电器输出端Ⓐ、Ⓑ和Ⓒ有类似的功能。此外，输出端子⑩和⑪还可以有 PWM 输出，详见使用说明书。

特别注意，端子⑤～⑨是变频器的输入端子，用来接受外部的控制，可以是按钮、中间继电器、交流接触器的触点或其他低压电器触点以及 PLC 输出触点；端子⑩和⑪及Ⓐ、Ⓑ和Ⓒ是变频器的输出端子，通过端子之间的通断向外电路发出信号，从而控制中间继电器、交流接触器的线圈或 PLC 的输入端子。与外电路连接时要考虑通过端子的电流大小，以保障变频器的安全。

6.2.2　变频器 VF0–200 实验

1. 变频器外控电位器方式检测

a. 变频器按图 6.14 所示进行连接，将电机操作板接于端子排 U、V、W 处。电位器由端子①、②和③输入，端子①和③之间接入 10 kΩ 电位器的首尾两端，电位器中心引线接到端子②。

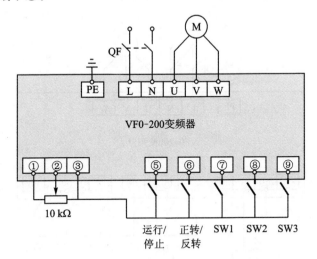

图 6.14　变频器外控电位器连接

b. 合上变频器电源开关，变频器面板点亮；按 MODE 键，使面板窗口显示 P01；点按▲键选 P08 参数；按 SET 键，则显示 P08 参数内容，将 P08 参数设置为"2"（外控方式），将 P09 参数设置为"2"；按 MODE 键，使窗口显示"000"。

c. 按下启动/停止键，面板窗口变为"0.0"；旋动电位器，窗口显示变化频率，同时电机随频率变化做变速运转。按外接正反转按钮来观察电机转向。测量记录最高和最低频率所对应的电压。

说明：

P09 参数设置值"2"为外控方式时,调节外部电位器可改变变频器的设定输出频率。

P08 参数设置值"2"为外控方式。

P10:反转锁定的参数,

　　数值设定:0(能够正转/反转运行);

　　数值设定:1(禁止反转运行,只能单向运行)。

一旦设定反转锁定,则面板操作和外控操作的反转控制功能均被封锁。

P66:设定数据清除的参数,

　　数值设定:0(显示通常状态的数据值);

　　数值设定:1(将所有数据恢复为出厂时数据)。

操作方法:将面板显示器显示值改为"1",按下 SET 键,则显示值自动由"1"恢复为"0",设定数据清除工作结束。

2. 外控电压方式测试

a. 变频器按图 6.15 进行连接,将操作电机板接于端子 U、V、W 处。模拟电压由端子②和③输入,给定电压有两种,即 0～5 V 和 0～10 V。端子②接正极,端子③接负极。

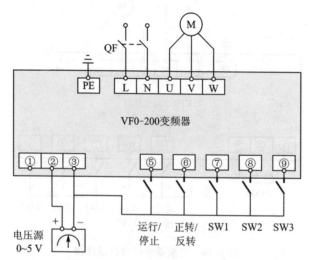

图 6.15　外控电压方式连接

b. 合上变频器电源开关,则变频器面板点亮,将 P08 参数设置为"2",将 P09 参数设置为"3"。

c. 按下启动/停止键来调节电压源电位器旋钮,观察面板窗口,显示频率不断变化,同时电机做变速转动。按外接正反转按钮观察电机转向。

说明:

P09 参数设置值"3"为外控方式时,调节外部模拟电压(0~5 V)可改变变频器的设定输出频率。P09 参数设置值"4"为 0~10 V。

P08 参数设置值"2"为外控方式。

3. 外控电流方式测试

a. 变频器按图 6.16 进行连接,将操作电机板接于端子 U、V、W 处。模拟电流由端子②和③输入,必须在端子②和③之间连接 200 Ω 电阻,否则会造成变频器损坏。给定电流为 4~20 mA。

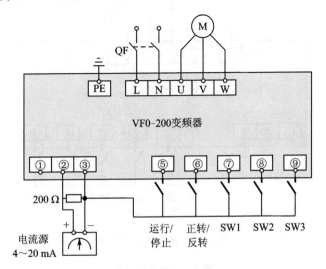

图 6.16　外控电流方式连接图

b. 合上变频器电源开关,则变频器面板点亮,将 P08 参数设置为"2",将 P09 参数设置为"5"。

c. 按下启动/停止键,并调节电流源电位器旋钮,观察面板窗口可以发现,显示频率不断变化,同时电机做变速转动。按外接正反转按钮来观察电机转向。

说明:

P09 参数设置值"5"为外控方式时,调节外部模拟电流(4~20 mA)可改变变频器的设定输出频率。

P08 参数设置值"2"为外控方式。

4. 多段速度测试

步骤如下:

① 按图 6.17 所示进行接线,操作板电机接于端子 U、V、W 处。

② 设变频器 P08 参数为"2",P09 参数为"2"。

③ 按下启动/停止键,将 SW1、SW2、SW3 按 7 种不同组合按下,则相应电机按

出厂设定好的 7 种频率速度进行转动。填写对应频率记录表 6.4。按外接正反转按钮观察电机转向。

说明：

多段速控制的参数：P19、P20、P21；数值设定：0。

第一速频率设定可通过面板电位器中▲上升/▼下降键或端子①、②和③开关的操作，并更改参数 P09 来完成。

第 2 速～第 8 速频率设定的参数：P32～P38；数值设定范围：0.5～250 Hz。

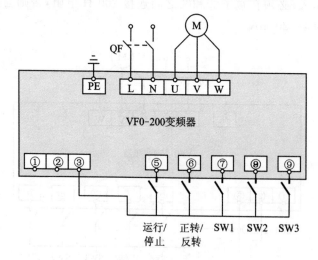

图 6.17　多段速方式连接

表 6.4　频率记录表

SW1 端子 7	SW2 端子 8	SW3 端子 9	各段速运行频率/Hz
断开	断开	断开	第 1 速 = ?
闭合	断开	断开	第 2 速 = ?
断开	闭合	断开	第 3 速 = ?
闭合	闭合	断开	第 4 速 = ?
断开	断开	闭合	第 5 速 = ?
闭合	断开	闭合	第 6 速 = ?
断开	闭合	闭合	第 7 速 = ?
闭合	闭合	闭合	第 8 速 = ?

5. 面板操作方式测试

步骤如下：

① 变频器按图 6.18 所示进行连接，将操作电机板接于端子 U、V、W 处。

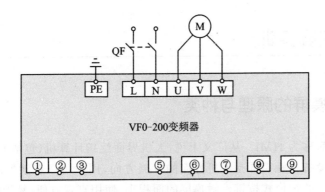

图 6.18　面板操作方式连接

② 合上变频器电源开关,则变频器面板点亮,并将 P08 参数设置为"0",将 P09 参数设置为"1"。按下启动/停止键。在运行过程中,试用面板的▲上升或▼下降键来改变输出频率(如调为 13.5 Hz)。

③ 将 P08 参数设置为"0",将 P09 参数设置为"0"。按下启动/停止键。在运行过程中,试用面板的电位器来改变输出频率(如调为 13.5 Hz)。

④ 将 P08 参数设置为"1",将 P09 参数设置为"1"。先将频率设定(如设为 13.5 Hz),然后按下启动/停止键。在运行过程中,试用面板的▲上升或▼下降键来改变电动机的正反转。

说明:

P09 参数设定"0"为频率的电位器设定方式。在运行过程中,可以通过转动频率设定旋钮来不断改变输出频率。

P09 参数设定"1"为频率数字设定方式。在运行过程中,可持续按压▲(上升)键或 V(下降)键改变输出频率。方法:按下 MODE 键,在显示器部位选择 Fr(频率设定模式);按下 SET 键,显示出用▲(上升)键和▼(下降)键设定的频率;按下 SET 键设定频率;按下 RUN 键,电动机运行速度逐渐达到设定频率。如果要求保存设定频率,那么在决定工作频率后,需要按下 MODE 键,再按两次 SET 键。这样,变频器再次被启动后会自动运行到设定频率。

P08 参数设定"1"为正反转运行方式。方法:按▲(上升)键,则在显示部位选择字形 0 - F(正转);按下 RUN 键,则电动机开始正转运行;按下 STOP 键,则电动机减速直至停止。类似地,按▼(下降)键,则在显示部位选择字形 0 - r(反转),电动机反转。

P08 参数设定"0"为运行/停止、旋转方向模式设定。方法:按下 MODE 键,直至在显示部位显示字形 d - r(旋转方向设定);按 SET 键,则显示部位闪现 L - F(正转)或 L - r(反转);按▲或▼键选择正反转;按下 SET 键,存储设定的数据。按下 RUN 键表示运行,按下 STOP 键表示停止。

6.3 触摸屏实训

6.3.1 触摸屏的原理与种类

人机界面简称为 HMI。从广义上说,人机界面泛指计算机(包括 PLC)与操作人员交换信息的设备。触摸屏是人机界面的发展方向,用户可以在触摸屏的屏幕上生成满足自己要求的触摸式按键。触摸屏的面积小,使用直观方便,易于操作。画面上的按钮和指示灯可以取代相应的硬件元件,减少 PLC 需要的 I/O 点数,降低系统的成本,提高设备的性能和附加价值。

1. 触摸屏的基本结构

典型触摸屏的工作部分一般由三部分组成,如图 6.19 所示,即两层透明的阻性导体层、两层导体之间的隔离层、电极。阻性导体层选用阻性材料,如铟锡氧化物(ITO),涂在衬底上构成,上层衬底用塑料,下层衬底用玻璃。隔离层

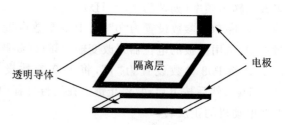

图 6.19 触摸屏结构

为黏性绝缘液体材料,如聚酯薄膜。电极选用导电性能极好的材料(如银粉墨)构成,其导电性能大约为 ITO 的 1 000 倍。

触摸屏工作时,上下导体层相当于电阻网络,如图 6.20 所示。当某一层电极加上电压时,会在该网络上形成电压梯度。如有外力使得上下两层在某一点接触,则在电极未加电压的另一层可以测得接触点处的电压,从而知道接触点处的坐标。例如,在顶层的电极(X+,X−)加上电压,则在顶层导体层上形成电压梯度;当有外力使得上下两层在某一点接触时,在底层就可以测得接触点处的电压,再根据该电压与电极(X+)之间的距离关系,就可以知道该处的 X 坐标。然后,将电压切换到底层电极(Y+,Y−)上,并在顶层测量接触点处的电压,从而知道 Y 坐标。

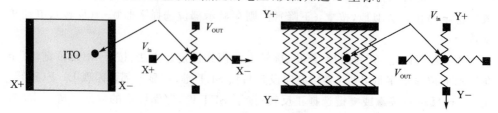

图 6.20 工作时的导体层

2. 触摸屏的工作原理

触摸屏的工作原理:用手指或其他物体触摸安装在显示器前端的触摸屏时,触摸的位置由触摸屏控制器检测,并通过接口(如 RS-232 串行口)送到 CPU,从而确定输入的信息。

触摸屏系统一般包括触摸屏控制器(卡)和触摸检测装置两个部分。其中,触摸屏控制器(卡)的主要作用是从触摸点检测装置上接收触摸信息,并将它转换成触点坐标送给 CPU,它同时能接收 CPU 发来的命令并加以执行。触摸检测装置一般安装在显示器的前端,主要作用是检测用户的触摸位置,并传送给触摸屏控制卡。

常用触摸屏种类有电阻式、红外线式、电容式、声表面波式和近场成像触摸屏。

6.3.2　触摸屏实训

触摸屏和 PLC 的种类和厂家很多,本小节通过实例介绍昆仑通态 TPC7062KX触摸屏和西门子 S7-200 联合工作的基本操作实训 。首先在计算机上安装 MCGS嵌入版组态软件,并建立同西门子 S7-200 的通信。完成下列基本实训步骤。

1. 建立工程

鼠标双击 Windows 操作系统桌面上的组态环境快捷方式,则可打开嵌入版组态软件,然后按如下步骤建立通信工程:

① 选择"文件→新建工程"菜单项,则弹出"新建工程设置"对话框,TPC 类型选择为"TPC7062K",再单击"确认"。

② 选择文件菜单中的"工程另存为"菜单项,则弹出文件保存窗口。

③ 在文件名文本框内输入"TPC 通信控制工程",单击"保存"按钮,则工程创建完毕。

2. 设备组态

① 在工作台中激活设备窗口,双击"设备窗口"进入设备组态界面,如图 6.21 所示,单击工具条中的 ✖ 打开"设备工具箱"。

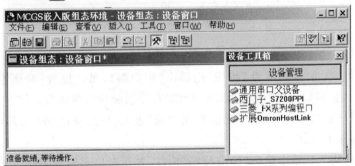

图 6.21　设备组态画面

② 在设备工具箱中,用鼠标按顺序先后双击"通用串口父设备"和"西门子_ S7200PPI"添加至组态画面窗口,如图 6.22 所示,双击通用串口父设备并将其中的端口设为 COM2,奇偶效验设为偶效验,传输速率设为 9 600 bit/s。选择使用西门子默认通信参数设置父设备。

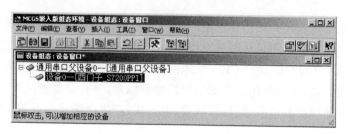

图 6.22　添加组态画面窗口

所有操作完成后关闭设备窗口,则返回工作台。

3. 窗口组态

① 在工作台中激活用户窗口,用鼠标单击"新建窗口"按钮,则可以建立新画面"窗口 0",如图 6.23 所示。

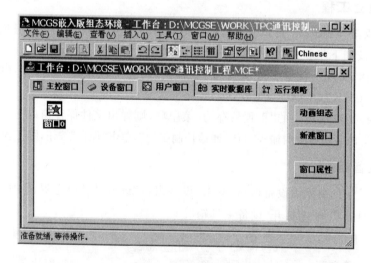

图 6.23　新建窗口

② 接下来单击"窗口属性"按钮,则弹出"用户窗口属性设置"对话框,在基本属性选项卡中,将"窗口名称"修改为"西门子 200 控制画面",单击"确认"进行保存。

③ 在用户窗口双击"西门子 200 控制画面"进入,单击 打开"工具箱"。

④ 建立基本元件 。

a. 按钮:从工具箱中单击"标准按钮"构件,并在窗口编辑位置按住鼠标左键,拖放出一定大小后松开鼠标左键,这样一个按钮构件就绘制在窗口中,如图 6.24 所示。

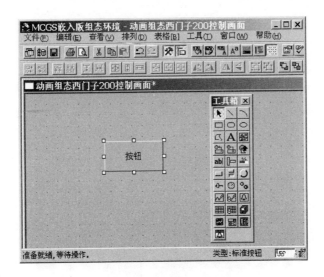

图 6.24　按钮绘制

接下来双击该按钮打开"标准按钮构件属性设置"对话框,在基本属性选项卡中将"文本"修改为 M0.0,单击"确认"按钮保存,如图 6.25 所示。

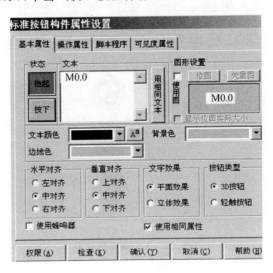

图 6.25　按钮属性

使用同样的操作分别绘制另外两个按钮,文本修改为 M0.1 和 M0.2,完成后如图 6.26 所示。

b. 指示灯:单击工具箱中的"插入元件"按钮,则打开"对象元件库管理"对话框,选中图形对象库指示灯中的一款,单击"确认"添加到窗口画面中,并调整到合适大小。同样的方法再添加两个指示灯,摆放在窗口中按钮旁边的位置,如图 6.27 所示。

图 6.26 3 个按钮绘制

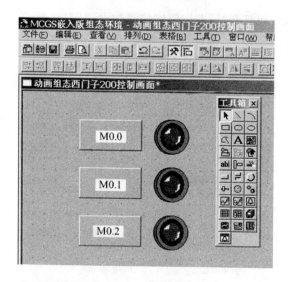

图 6.27 3 个指示灯绘制

⑤ 建立数据链接。

a. 按钮:双击 M0.0 按钮,则弹出"标准按钮构件属性设置"对话框,如图 6.28 所示。在操作属性选项卡中,默认"抬起功能"按钮为按下状态,选中"数据对象值操作",选择"清 0",单击 ⬛ 弹出"变量选择"对话框,选择"根据采集信息生成",通道类型选择"M 寄存器",通道地址为"0",数据类型选择"通道第 00 位",读写类型选择"读写"。如图 6.29 所示,设置完成后单击"确认"。即在 M0.0 按钮抬起时,对西门子 200 的 M0.0 地址"清 0",如图 6.30 所示。

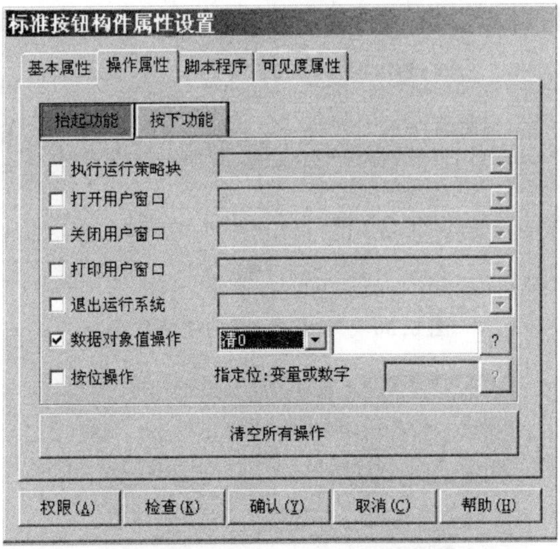

图 6.28 按钮操作属性

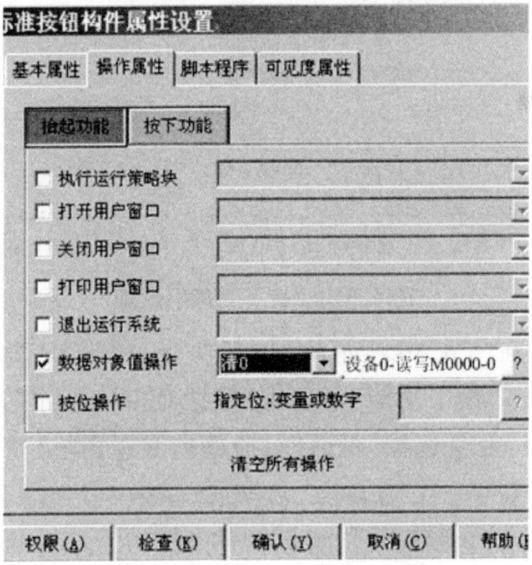

图 6.29 "抬起功能"设置完成

使用同样的方法,单击"按下功能"按钮进行设置,选中"数据对象值操作",并在下拉列表框中选择"置 1",同时在后面的文本框输入"设备 0_读写 M000_0",如图 6.31 所示。

同样的方法分别对 M0.1 和 M0.2 的按钮进行设置。

双击 M0.1 按钮,然后在图 6.31 所示的"抬起功能"栏选中"数据对象值操作",并在下拉列表框中选择"清 0";"按下功能"栏选中"数据对象值操作",并在下拉列框中选择"置 1",再单击 [?] 弹出"变量选择"对话框,通道类型选择"M 寄存器",通道地址为 0,数据类型为通道第 01 位。

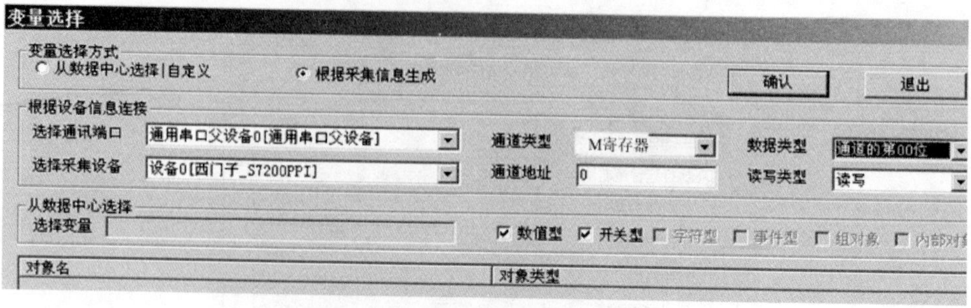

图 6.30　"抬起功能"的变量选择

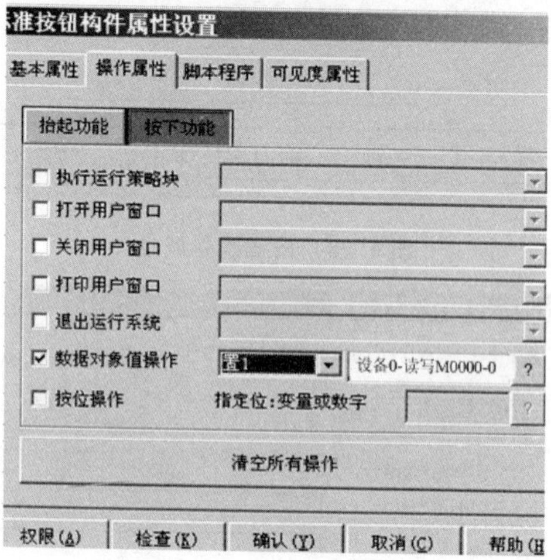

图 6.31　"按下功能"设置

　　双击 M0.2 按钮,在图 6.30 所示的"抬起功能"栏选中"数据对象值操作",并在下拉列表框选择"清 0";"按下功能"栏选中"数据对象值操作",并在下拉列框中选择"置 1",再单击 ? 弹出"变量选择"对话框,通道类型选择"M 寄存器",通道地址为 0,数据类型为通道第 02 位。

　　b. 指示灯:双击 M0.0 旁边的指示灯构件,则弹出"单元属性设置"对话框;在数据对象选项卡,单击来选择数据对象"设备 0_读写 M000_0",如图 6.32 所示。同样的方法,将 M0.1 按钮和 M0.2 按钮旁边的指示灯分别连接变量"设备 0_读写 M000_1"和"设备 0_读写 M000_2"。

4. 工程下载

(1) 连接 TPC7062K 和 PC 机

　　对于普通的 USB 线,一端为扁平接口,插到计算机的 USB 口;一端为微型接口,插到 TPC 端的 USB2 口。

(2) 工程下载

　　单击工具条中的"下载"按钮进行下载配置,如图 6.33 所示。选择"连机运行",

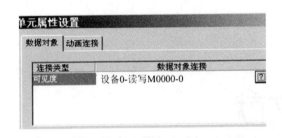

图 6.32　指示灯数据对象设置

连接方式选择"USB 通讯",然后单击"通讯测试"按扭。通信测试正常后,单击"工程下载"。

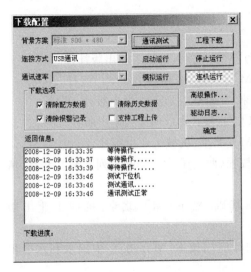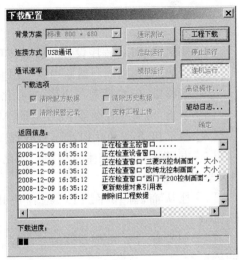

图 6.33　下载配置

5. STEP 7 – Micro/WIN 32 编程

① 在 STEP 7 – Micro/WIN 32 编程软件中编制"启-保-停"梯形图,如图 6.34 所示,并下载到 PLC。

② 在触摸屏按下 M0.0、M0.1、M0.2 的虚拟按钮,观察:

➤ 对应触摸屏上虚拟指示灯的亮和灭。

➤ 计算机上 PLC 梯形图监控画面的相应指示。

➤ 西门子 PLC 的对应输出指示灯和所控制负载的工作情况。

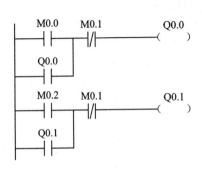

图 6.34　"启-保-停"梯形图

参考文献

[1] 郑凤翼. PLC 程序设计方法与技巧[M]. 北京:机械工业出版社,2014.

[2] 管旭. 可编程控制器原理及应用[M]. 大连:大连理工大学出版社,2008.

[3] 李树雄. PLC 原理与应用[M]. 北京:北京航空航天大学出版社,2013.

[4] 李迅. 可编程控制器 PLC 实训[M]. 北京:北京理工大学出版社,2011.

[5] 廖常初. S7－200 PLC 基础教程[M]. 北京:机械工业出版社,2009.

[6] 方凤铃. PLC 技术及应用一体化教程(西门子 S7－200 系列)[M]. 北京:清华大学出版社,2011.

[7] 杜从商,陈伟平. PLC 编程应用基础. 松下[M]. 北京:机械工业出版社,2010.

[8] 李雪梅. 工厂电气与可编程序控制器应用技术[M]. 北京:中国水利水电出版社,2006.

[9] 丁洪起. PLC 技术及工程应用[M]. 北京:清华大学出版社,2011.

[10] 赵江稳. 西门子 S7－200 PLC 编程从入门到精通[M]. 北京:中国电力出版社,2013.